Gloger/Häusling

Erfolgreich mit Scrum – Einflussfaktor Personalmanagement

Stimmen zu diesem Buch

„Bei Mister Spex haben wir Scrum vor geraumer Zeit eingeführt. Daher kennen wir die in diesem Buch beschriebenen Veränderungsprozesse und neuen Herausforderungen an Führungskräfte, Personalabteilung und letztendlich alle Mitarbeiter aus eigener Erfahrung. Aus meiner Sicht ist es wichtig, sich ganzheitlich mit Scrum zu beschäftigen und es zu wagen, klassische Denkweisen über Bord zu werfen. Dabei hat mir dieses Buch sehr geholfen. Eine Pflichtlektüre für alle, die ihr Unternehmen zu einer agilen Organisation umbauen wollen."

Dirk Graber, Gründer und Geschäftsführer Mister Spex GmbH

„Mit diesem Buch ist den beiden Autoren ein großer Wurf gelungen. Kompetent und ausgestattet mit dem entsprechenden Erfahrungsschatz führen sie umfassend und gut lesbar in die Thematik ein, geben neue Denkanstöße, praktische Umsetzungstipps und scheuen sich auch nicht, den Finger in die Wunden klassischen Personalmanagements zu legen. Für jeden veränderungsbereiten Personaler, der sich bei der Einführung von Scrum nicht vor den Anforderungen einer neuen Organisationsentwicklung wegduckt, ein Muss."

Michael Treiling, Leiter Personal, codecentric AG

„In der Praxis ist für viele offen, welche Rahmenbedingungen für die Einbettung von Scrum in die Organisationsumgebung nötig sind bzw. was man an dieser verändern sollte, damit Scrum funktioniert. Boris Gloger und André Häusling widmen sich daher speziell dem Thema Personalmanagement mit Fragestellungen wie der Begleitung von Veränderungsprozessen, moderner Mitarbeiterführung und -entwicklung, Kommunikation und Werten. Damit ist dieses Buch nicht nur für HR-Mitarbeiter interessant, sondern für alle, die sich mit den in Scrum involvierten Menschen beschäftigen, ob Scrum Master, Product Owner, Coach, Abteilungsleiter oder Geschäftsführung."

Stefan Klein, Abteilungsleitung Software Engineering, INFONOVA GmbH

„Die erfolgreiche Einführung von Scrum erfordert Paradigmenwechsel im Großen (Selbstverständnis/Kultur der Organisation) wie im Kleinen (Arbeitsebene). Die daraus resultierenden, potentiell weitreichenden Veränderungsprozesse betreffen demnach ebenfalls stark das Selbstverständnis der Führungsfunktion, das Rollenverständnis der beteiligten Akteure und deren Verortung in der Gesamtorganisation, sowie die Art und Weise der Zusammenarbeit, und damit das Selbstverständnis des Personalmanagements und der -führung. Boris Gloger und André Häusling stellen diese Zusammenhänge eindrücklich dar und adressieren diese mit wertvollen Ansätzen zur Lösung der Herausforderungen an Organisation, Kultur und den kritischen Erfolgsfaktor Mensch im agilen Umfeld."

Joachim Gmeinwieser, Teamleader & Scrum Coach, AutoScout 24 GmbH

„Zum Thema Scrum in einem Team gibt es hunderte Bücher. Denkt man aber ernsthaft über Scrum in einer größeren Organisation nach, stößt man bald an die Grenzen des heute Praktizierten und Publizierten. Dieses Vakuum füllen die Autoren mit einer gelungenen Mischung aus Prägnanz und Tiefgang, die ihre Erfahrung aus vielen großen Organisationen und Projekten wiedergibt. Für den an Scrum interessierten IT-Manager wird ein sehr plastisches Bild des angestrebten „Future state" gezeichnet."

Thomas Tik, ABS Core Competence Center, Allianz Elementar Versicherungs-Aktiengesellschaft

„Das Buch widmet sich einem zentralen Thema, das bisher leider viel zu wenig beachtet wurde. Scrum hat Veränderungskraft und definiert auch Personalmanagement neu. Der Weg zur agilen Organisation wird vor diesem Hintergrund von Boris Gloger und André Häusling sehr deutlich und ganzheitlich beschrieben. Ein „must read" für alle HR-Verantwortlichen, die das Scrum-Prinzip annehmen wollen."

Andrea Hollenburger, Vice President Human Ressources, Scout24 Gruppe

Boris Gloger
André Häusling

Erfolgreich mit Scrum – Einflussfaktor Personalmanagement

Finden und Binden von Mitarbeitern in agilen Unternehmen

HANSER

Boris Gloger, Gründer der bor!sgloger consulting, Baden-Baden, und bor!sgloger training KG, Wien
Kontakt: boris.gloger@borisgloger.com

André Häusling, gemeinsam mit Boris Gloger Gründer von Scrumjobs, Köln
Kontakt: andre.haeusling@scrumjobs.com

Bibliografische Information der Deutschen Nationalbibliothek:

Die Deutsche Nationalbibliothek verzeichnet diese Publikation in der Deutschen Nationalbibliografie; detaillierte bibliografische Daten sind im Internet über http://dnb.d-nb.de abrufbar.

Lektorat: Margarete Metzger
Cartoons: Jo Legat, Wien, cartoons.jolegat.com
Herstellung: Irene Weilhart
Copy editing: Stefanie Gerhards
Umschlagdesign: Marc Müller-Bremer, www.rebranding.de, München
Umschlagrealisation: Stephan Rönigk
Datenbelichtung, Druck und Bindung: Hubert & Co., Göttingen
Printed in Germany

Print-ISBN 978-3-446-42515-6
E-Book-ISBN 978-3-446-42837-9

Inhalt

Vorwort

Die ersten ScrumMaster wurden gefeuert. Plötzlich war da jemand, der die Kultur und das Machtgefüge eines Unternehmens durch neue Arbeitsweisen in Frage stellte. Gar nicht so sehr durch explizites Hinterfragen, aber der Versuch, Impediments aus dem Weg zu räumen, war und ist oftmals ein Rühren an wunden Punkten. Sie verstießen damit gegen die ungeschriebenen Gesetze der Organisation, der sie eigentlich dabei helfen wollten, produktiver zu werden. Scrum war zunächst eine Randerscheinung und nur wenige waren der Meinung, dass in der agilen Sichtweise tatsächlich das Potenzial liegt, unsere Industrie in das 21. Jahrhundert zu führen.

Mittlerweile sind Scrum und andere agile Denkweisen State-of-the-Art der Produktentwicklung in vielen Industriezweigen. Mitarbeiter und Führungskräfte sind aber auch verunsichert, weil in agilen Unternehmen Instrumente fehlen, die dabei helfen, dauerhafte Veränderungen als Normalität zu begreifen. Die neuen Methoden bringen keine Werkzeuge mit, um den Mitarbeitern ihre neue Rolle in der Organisation verständlich zu machen. Tragischerweise haben auch die meisten selbsterkorenen Berater wenig bis keine Kompetenz darin, die neue Dynamik für Unternehmen nutzbar zu machen. Immer wieder beobachten wir bei Scrum-Implementierungen das gleiche Spiel: Das Framework ist einfach zu installieren, aber die Auswirkungen auf die Organisation zu verstehen und zu beherrschen, fordert oftmals einen hohen Tribut. Manager wissen nicht mehr, welche Rolle sie nun haben, Teamleiter bangen um ihre Karriere und Teammitglieder wissen nicht mehr, wer sie führt. Existierende Personalinstrumente, wie individuelle Zielvereinbarungen, Leistungsbeurteilungen oder Vergütungssysteme, scheitern oft in agilen Unternehmen, wenn sie in ihrer traditionellen Form bestehen bleiben, und hemmen die agilen Prozesse.

In den letzten Jahren haben wir vielen Unternehmen dabei geholfen, die auftretenden Herausforderungen des Personalmanagements, die bei der oder auch nach der Einführung von Scrum entstehen, auf ein neues Fundament zu stellen: Das betrifft die Mitarbeitersuche und -auswahl für agile Teams, Karrieremodelle in agilen Unternehmen oder jegliche Fragen der Führung und des Change Managements bei der Implementierung von Scrum.

Unsere Antworten haben wir in diesem Buch gebündelt. Diese Antworten haben unseren Kunden und unseren Teams geholfen, ihre eigenen individuellen Lösungen zu erarbeiten. Wir stellen hier keine Patentrezepte bereit, aber wir bieten Best-Practices und unsere Erfahrungen. Unsere Kunden waren in der Praxis erfolgreich, weil wir als Berater mit ihnen in den

Dialog gegangen sind. Das eigene Denken und die Anwendung des Hausverstandes können und wollen wir nicht ersetzen, aber vielleicht mit diesem Buch befruchten. Es kann dabei nur ein erster Schritt sein, eine Initialzündung, um das Bewusstsein dafür zu schaffen, dass Scrum wesentlich weitere Kreise in einem Unternehmen ziehen muss und nicht nur die Softwareentwicklung selbst betrifft.

Wir versuchen daher, mit diesem Buch nicht nur die eingefleischten Scrummer anzusprechen, sondern vor allem auch ihre Kollegen in den Personalbereichen und im Management. Unsere Vision ist, dass diese Zielgruppen in Zukunft zueinander finden, BEVOR Scrum in einer Organisation eingeführt wird, um die zwangsläufigen Veränderungsprozesse gemeinsam besser zu bewältigen.

Danke!

"We'd like to thank the Academy" :) - nein, im Ernst. Ein herzliches Dankeschön an alle, die uns bei diesem Buch unterstützt haben:

- unsere Kunden,
- den Teilnehmern der Umfrage in Kapitel 3,
- allen Freunden und Sparringpartnern, mit denen wir unsere Ideen immer wieder teilen konnten,
- Dolores Omann, die „Frau am Rande des Nervenzusammenbruchs", die uns dauernd dazu drängen musste, unsere Deadlines einzuhalten (was ironischerweise gerade uns extrem schwergefallen ist),
- Margarete Metzger und Stefanie Gerhards vom Hanser Verlag, die unsere Texte vor dem Redigieren ertragen mussten,
- unseren Teams von bor!sgloger und scrumjobs, die mit uns jeden Tag die Ideen in die Praxis umsetzen.

Aber der ganz besondere Dank gilt unseren Frauen, die hoffentlich noch wissen, wie wir aussehen. Danke, dass ihr uns in unserem Tun unterstützt.

Boris Gloger und André Häusling

Wien und Köln im Mai 2011

Die Autoren

Boris Gloger
Als erster Certified ScrumTrainer, direkt von Ken Schwaber ausgebildet, ist Boris Gloger einer der Scrum-Pioniere. In dem Bewusstsein, dass unterschiedliche Wirtschafts- und Kulturräume auch unterschiedliche Herangehensweisen hervorbringen, hat er die Scrum-Praktiken weiterentwickelt und in der Vermittlung von Scrum Standards für den deutschsprachigen Raum, Skandinavien, Brasilien und Südafrika gesetzt. So ist die Retrospektive durch Boris Gloger in Scrum eingeflossen und er hat die Scrum Checkliste ausgearbeitet, die Teams in der ganzen Welt dabei hilft, schnell in die Arbeit mit Scrum zu finden. Boris Gloger hat seit 2004 über 5.000 Menschen in Scrum ausgebildet und über 3.000 zu ScrumMastern zertifiziert. Mit seinem Team hilft er Unternehmen in Europa, Südafrika und Brasilien, die Produktivität von Teams mit dem richtigen Einsatz von Scrum zu steigern und damit Produkte effektiver, schneller und zuverlässiger zu entwickeln.

André Häusling
Personalmanagement in IT-Unternehmen ist der Arbeitsschwerpunkt von André Häusling. Gemeinsam mit Boris Gloger hat er scrumjobs gegründet, das erste Personalberatungsunternehmen für die Suche und Vermittlung von IT-Experten im Scrum-Umfeld. Vor dem Schritt in die Selbständigkeit war André Häusling Leiter des unternehmensübergreifenden HR-Competence Centers der Fujitsu Services GmbH und TDS AG und dort mit seinem Team für Recruiting, Talent Management, Personal- und Organisationsentwicklung verantwortlich. Davor war er Head of HR der ehemaligen WEB.DE AG (heute KIZOO AG) und als Consultant in HR-Beratungsgesellschaften tätig. André Häusling hat das Studium der Sozialwissenschaften absolviert und um einen Master of Arts in „Human Resources Development“ ergänzt. Er ist Dozent für Human Resource Management an der Hochschule für Management in Essen und darüber hinaus in der Deutschen Gesellschaft für Personalführung (DGFP e.V.) aktiv.

1 Rahmenbedingungen für ein agiles Personalmanagement

Die App zählt die Tage bis Weihnachten. Nicht nur die Tage, auch die Stunden, Minuten, Sekunden. Klar, man könnte auch im Kalender nachsehen, dieses Papierding dort am Tisch. Aber wozu, es gibt schließlich eine App. In diesen drei Buchstaben ballt sich all das zusammen, wohin uns die Entwicklung in der Softwareindustrie in den letzten 20 Jahren geführt hat. Softwarefreie Bereiche gibt es in unserem Leben heute kaum mehr. Die Idee zu dieser App stammt vielleicht aus dem christlichen Abendland, programmiert wurde der Countdown möglicherweise von einem Hindu, einsetzbar auf einem Endgerät Made in China, für ungeduldige Weihnachtsfans weltweit verfügbar. Es gab einmal Zeiten, in denen Softwarereleases groß zelebriert wurden und Entwickler sehr gefragt waren.

Jedes autodidaktische Code-Kid, das nicht schnell genug davonlaufen konnte, wurde in den 90ern für viel Geld am Markt eingekauft. In endlosen Sessions programmierten die neuen Superstars der Wirtschaft bis zum Umfallen, während sich die dotcom-Blase aufblähte und das Internet unaufhaltsam damit begann, die Welt schrumpfen zu lassen. Zwischenzeitlich glaubten wir noch, der Y2K-Bug würde uns alle umbringen, aber dann mussten wir feststellen, dass heiße Luft allein genügt, um die Welt ins Wanken zu bringen.

Für einen Moment mussten die Protagonisten der Boom-Branche erkennen, dass auch sie verwundbar waren, dass Stellenabbau nicht nur klassische Industriezweige trifft. Für kurze Zeit wurde die IT- und Softwareindustrie zum Paria der Wirtschaft. Aber nach einer Phase der Selbstbereinigung des Marktes trat umso klarer zutage, dass in den 90ern etwas Unaufhaltbares begonnen hatte. Hochtechnologie und Software haben sich rasend schnell bis in jedes Detail unseres Lebens vorgearbeitet. Software ist heute eine Querschnittstechnologie, die von denen, die sie entwickeln, das Denken über den Horizont des bloßen Programmierens hinaus fordert. Gleichzeitig ist Softwareentwicklung auch keine Geheimwissenschaft mehr.

1.1 Globalisierte Wissensarbeit

Es ist paradox: Die Auswirkungen dessen, was von den Developern selbst mitentwickelt wurde, stellen sie jetzt auch vor neue Herausforderungen. Sie waren an vorderster Front, als der Grundstein der Globalisierung gelegt wurde, die jetzt auf sie zurückwirkt und von ihnen verlangt, nicht nur Geeks zu sein, sondern Geeks mit Mehrwert. Nach wie vor sind sie die Gesuchten, aber den Nimbus der Unantastbarkeit haben sie - zumindest in Europa und den USA - teilweise eingebüßt. Kopfarbeiter in der IT- und Softwareindustrie befinden sich in einer zwiespältigen Situation:

- **Überall dabei.** Mittlerweile arbeiten beinahe mehr IT- und Softwarespezialisten außerhalb des eigentlichen Sektors. Software ist der Enabler für viele andere Branchen geworden. In Deutschland sind mehr als die Hälfte aller Industrieprodukte vom Einsatz von IKT-Technologien abhängig. Nach dem Maschinenbau sind die Anbieter von Informationstechnik, Telekommunikation und Internetdiensten zweitgrößter Arbeitgeber der deutschen Industrie.[1] Über 40% des gesamtwirtschaftlichen Wachstums gehen auf die Informations- und Kommunikationstechnologie zurück.[2] Die IT- und Softwareindustrie ist nach wie vor sehr gründungsaktiv und bleibt auch in den kommenden Jahrzehnten eine Wachstumsbranche. Aber es fällt Unternehmen inzwischen oft ziemlich schwer, genügend und vor allem die richtigen Talente vor Ort zu finden. Denn die Anforderungen sind gestiegen: IT-Unternehmen suchen heute auch für die Softwareentwicklung vorwiegend Mitarbeiter mit Hochschulabschluss. Quereinsteiger und Autodidakten haben es immer schwerer.
- **Überall dabei?** Offshore-Partner, vor allem in Indien, wurden bisher hauptsächlich als die Fließbandarbeiter der Programmierung gesehen. Indien kennt aber das Potenzial seiner Menschen und investiert massiv in Ausbildung und Unternehmensgründungen. In der Folge wandern allmählich auch die wertschöpfungsintensiven Aufgaben wie Forschung und Entwicklung in aufstrebende Staaten ab.

Gesamtwirtschaftlich gesehen traf die Globalisierung zuerst Produktionsarbeiter. Die Prozesse und Herstellungsverfahren der industriellen Fertigung ließen sich durch ihren iterativen Charakter standardisieren und auslagern. Ähnlich war es auch in der IT-Industrie: Software-Konzepte, Know-how und die Kundenkontakte blieben in den USA und Europa, den „Zusammenbau" übertrug man an Programmierer-Heerscharen in Indien. Von Anfang an wurde der Trend zum Offshoring von der Diskussion begleitet, wohin das führen würde. Rasch kamen Beratungsunternehmen wie McKinsey, Deloitte oder Forrester Research zu dem Schluss, dass auch die in Europa und den USA verbliebenen Wissensarbeiter nicht auf sicherem Posten sitzen würden.[3] Auch sie, die einst Umworbenen, würden um ihre Arbeitsplätze bangen und schließlich kämpfen müssen. Davon betroffen seien vor allem die Bereiche IT-Services und Softwareentwicklung, aber auch Ingenieurstätigkeiten. Was vor ein paar Jahren noch gemutmaßt wurde, ist mittlerweile Realität. Die Komplexität und vertikale Integration der Offshore-Services nimmt konstant zu. So ist Indien heute nicht mehr nur ein nachgelager-

---

1 http://www.bitkom.org/de/markt_statistik/64054_65555.aspx
2 Leimbach 2010
3 Boes, Kämpf 2008

ter IT-Dienstleister oder eine „verlängerte Werkbank“ für „niederwertige“ Tätigkeiten in der Softwareentwicklung, sondern übernimmt sämtliche Aufgaben der Prozesskette. Viele Unternehmen sehen in den Emerging Markets kostengünstigere „innovation hubs“, wollen dort neue Talentpools erschließen und damit näher an den aufstrebenden Märkten sein.

Während in Europa über PISA-Studien diskutiert wird und uns deren Ergebnisse immer ratloser zurücklassen, investiert Indien massiv in seine Wissensarbeiter. In den letzten zehn Jahren hat sich der „Output“ an graduierten Ingenieuren in Indien mehr als verdoppelt.[4] In der Qualität der Ausbildung in Mathematik und anderen Wissenschaften hat Indien die USA bereits überholt, darüber hinaus ist Indien die zweitgrößte englischsprechende Population. Dazu kommt ein neuer, staatsgeförderter Unternehmergeist, der Mut zur Selbständigkeit macht, vor allem auch, um die wachsenden lokalen und regionalen Bedürfnisse nach IT-Lösungen zu befriedigen. Und während Indien bereits drauf und dran ist, sich selbst aus der Rolle des Billiglohnlandes zu katapultieren, locken schon die nächsten Off-Strände - vor allem der BRIC-Staaten[5] - mit attraktiven Fiskalcocktails und niedrigeren Löhnen für gut ausgebildete, lokale Fachkräfte.

1.1.1 Das Talent zur Innovation

Innovations-, Aktions- und Reaktionsfähigkeit bleiben in dieser zweiten, von den Schwellenländern ausgehenden Globalisierungswelle die kritischen Faktoren, wenn man nicht ertrinken will. Viele Unternehmen kennen in einer solchen Situation nur eine Antwort: Standardisierung, und das bis auf die Prozessebene. Auch in der Softwareentwicklung wird mittlerweile versucht, die iterativen Komponenten zu identifizieren und Prozesse dadurch kontrollierbar zu machen. Das macht Arbeitsteilung möglich, und damit die Entscheidung, was zuhause und was offshore „produziert“ wird. Standardisierung senkt die Kosten, sie darf aber nicht die Menschen standardisieren wollen. Wenn die Standardisierung bis in das Denken und Handeln hineinreicht, ist sie der Hemmschuh jeglicher Innovation. Dann tappen Unternehmen von der Kosten- in die Innovationsfalle.[6]

Und die Menschen? Die Helden von einst stehen plötzlich auf einer Stufe mit den leicht auslagerbaren Fließbandarbeitern. Dass den Unternehmen die Internationalisierung leichter fällt, verschlechtert ihre Verhandlungsposition. Denn wer seine Talente nicht hier findet, findet sie eben am anderen Ende der Welt. Sogar die Kopfarbeit wird zum Gegenstand der Standardisierung. Wissen soll vom Individuum gelöst und allzeit verfügbar werden, zum Beispiel durch Dokumentationszwang. Unter Druck vom Markt setzen Unternehmen noch stärker auf die Steuerung durch Kennzahlen, mit der Folge, dass Mitarbeiter eigenverantwortliches Denken und Kritikfreudigkeit nicht mehr mit in die Arbeit nehmen, sondern lieber zuhause lassen. Ein Management, das übermäßig auf die Kontrolle durch Kennzahlen setzt, verliert das Engagement und Vertrauen der Mitarbeiter, weil sich zu Variablen degradierte Menschen nur noch schwer mit dem Unternehmen identifizieren. Viel zu oft verliert sich die Freude am

4 NASSCOM 2010
5 BRIC-Staaten: Brasilien, Russland, Indien, China
6 Boes et al. 2008

Schaffen von etwas Neuem dabei in der angemessenen Gehaltshöhe, die zum einzigen Wertkriterium der Arbeit wird.

Unternehmen, die überleben wollen, sollten sich bewusst sein, dass Standardisierung nicht der Weisheit letzter Schluss ist, sondern dass sie ganz besonders auf die Innovationskraft ihrer Mitarbeiter setzen müssen. Sie müssen die Talente ihrer Mitarbeiter kennen und fördern und ein Umfeld schaffen, in dem Talente herausragende Leistungen erbringen können. Egal, ob sie mit ihren Standorten in Europa oder den USA bleiben wollen, ob sie ganz abwandern oder nur Teile auslagern: Sie wissen, dass Standardisierung und die Freiheit mitzudenken sich nicht ausschließen müssen. Innovation baut auf Kompetenz, Motivation, Begeisterung und der Möglichkeit des Scheiterns auf. Innovation bedeutet Abschied von der Planung der Zukunft, die sich ohnehin in kein Wunsch-Korsett zwängen lässt, sie bedeutet das Erkennen von Entwicklungen und die schnelle Reaktion darauf. Innovation lebt von der Möglichkeit des Feedbacks und des Lernens und davon, in geordneten Bahnen unordentlich denken zu dürfen. Oder wie es Tom Peters sagt: „Still ... the essential, unsolvable dilemma remains: Organization versus Disorganization. Order versus Disorder (aka Chaos, aka Freedom). Even as we move aggressively toward one end of that spectrum, we must negotiate the complex ways in which Order and Disorder (and so on) coexist.“[7]

1.1.2 Mehr als nur Kundenzufriedenheit

Eine der seltsamsten Fragen in Bewerbungsgesprächen ist: „Wo sehen Sie sich in fünf Jahren?“ Möglicherweise gibt es noch Personalverantwortliche, die sich auf diese Frage eine ehrliche Antwort erwarten. Was soll ein Bewerber auf diese Frage antworten? „In fünf Jahren werde ich den Job meines Chefs haben“, „In fünf Jahren habe ich ein Haus, eine Frau, eine Geliebte und zwei Kinder“, „In fünf Jahren sitze ich auf den Fiji-Inseln, weil mich das hier alles unsäglich nervt“? Wir meinen, die Zielstrebigkeit von Menschen an ihren Fünfjahres-Plänen ablesen zu können. Aber sollten uns definitive Ansagen zur gewünschten Zukunft nicht eher Angst machen? Ziele sind wichtig, aber sie verändern sich: Sie gewinnen oder verlieren an Sinn durch neue Entwicklungen, die wir in den meisten Fällen nicht direkt beeinflussen können. Sie müssen womöglich revidiert werden oder neue Ausrichtungen bekommen. Das bedingt eine Annäherung in kleinen Schritten, die Möglichkeit zur Reflexion geben.

Klassisches Projektmanagement und damit auch klassische Formen der Softwareentwicklung halten an starren Zielen fest. Erst am Ende der gesamten geplanten Entwicklungszeit soll das eigentliche Produkt geliefert werden. Ihnen gemeinsam ist die Annahme, das eigentliche Produkt erst am Ende der Entwicklungszeit zu liefern. Sie gehen von Vorhersehbarkeit aus - doch wer will heute noch von Vorhersehbarkeit sprechen?

Der Fokus klassischen Projektmanagements ist die Kundenzufriedenheit, was soviel heißt wie: Der Kunde hat das bekommen, was er vor Urzeiten von uns wollte und wurde zufrieden „gestellt“ - im Sinne von ruhig gestellt. Möglicherweise kann er das Produkt in dieser Form gar nicht mehr brauchen, aber egal: mission accomplished. Tom Peters fordert als Kontra-

---

[7] Peters 2003

punkt die „customer experience“.[8] Diese Experience hat in erster Linie eine menschliche Komponente und ist wesentlich mehr als die bloße Abarbeitung von Anforderungen. Hier geht es mehr um die Interaktion im Software-Entwicklungsprozess, das Wahrnehmen von und das Eingehen auf Veränderungen, die sich entlang des Prozesses ergeben.

Peters' Forderung lässt sich erweitern. Brauchen wir vielleicht auch eine „Employee experience“? Eine der erstaunlichsten Erfahrungen für Menschen, die mit Scrum arbeiten, ist das direkte Feedback von Kunden. Es ist die direkte und unverblümte Wertschätzung ihres Talents als Innovationsmotor. Menschen sind am einfachsten und direktesten zu motivieren, wenn sie unmittelbar erfahren können, welchen Sinn ihre Arbeit stiftet. Eine der wenigen sinnvollen Antworten auf die Frage „Wo sehen Sie sich in fünf Jahren?“ könnte also lauten: „Keine Ahnung, vielleicht werde ich ja heute noch vom Auto überfahren. Aber wenn ich es mir aussuchen darf, möchte ich meinen Job in fünf Jahren noch genauso gerne machen wie heute.“

1.2 Scrum

Womit wir beim Kern von Scrum angelangt wären: Die Arbeit gerne machen. Spaß daran haben. Die grauen Zellen tanzen lassen (wollen). Scrum ist keine *Methode* der Softwareentwicklung, sondern ein Managementframework, innerhalb dessen die Softwareentwicklung - auf welche Art und Weise auch immer - stattfindet. Es gibt wenige Prinzipien und sehr wenige Regeln. Prinzipien, die verstanden werden, und Regeln, die konsequent eingehalten werden. Aus Menschen, die in Firmen Positionen innehaben, werden Menschen, die Rollen - und damit Verantwortung - übernehmen. Das ist aber nicht eine bloße Umbenennung des gleichen Faktums, sondern Ausdruck eines neuen Selbstverständnisses der handelnden Personen. Aus den agilen Ansätzen der Softwareentwicklung entstanden, liegt Scrum ein vollkommen anderes Menschenbild zugrunde als das eines isolierten Fließbandarbeiters. Scrum dient dazu, Teams Freiräume zu verschaffen, damit die Talente ihrer Mitglieder zur Entfaltung kommen und der Spaß am produktiven Schaffen entstehen kann. Scrum in unserer Interpretation gibt dem Einzelnen im Team die Kompetenzen zurück, die er benötigt, um Verantwortung zu übernehmen. Dass Scrum eine Entwicklungsmethode ist, ist eines der beiden gängigsten Missverständnisse. Dass Scrum den Mitarbeitern uneingeschränkte Freiheiten lässt, ist das andere Missverständnis. Agile Methoden, wie Scrum eine ist, basieren auf dem sinnvollen Zusammenspiel von:

- Regeln,
- Disziplin,
- Eigenverantwortlichkeit,
- Mitdenken dürfen und sollen,
- einander helfen und das eigene Wissen nicht nur nutzen, um selbst zu glänzen.

---

8 Peters 2003

Innerhalb des Regelwerks kann frei entschieden werden. Die Entscheidungen müssen allerdings immer der übergeordneten Vision folgen.

1.2.1 Klassisches Projektmanagement

Scrum steht in einem sehr direkten Widerspruch zu klassischen Projektmanagement-Methoden in der Softwareentwicklung, vor allem der „Wasserfalltechnik". Das Wasserfallmodell zerlegt den Software-Entwicklungsprozess linear in einzelne Phasen. Diese Phasen haben definierte Start- und Endpunkte und müssen nach ihrem Abschluss ein bestimmtes Ergebnis zeitigen.[9] Diese Ergebnisse werden in Meilensteinsitzungen am Ende jeder Phase abgesegnet und umfangreich dokumentiert. Jede Phase muss abgeschlossen sein, bevor die nächste Phase beginnen kann. Die typischen Phasen im Wasserfallansatz sind: Planung, Definition, Entwurf, Implementierung, Testen, Einsatz und Wartung. So wie die Phasen genau definiert sind, sind auch die Positionen im Team genau definiert und schreiben jedem Teammitglied das Spezialistentum für bestimmte Aufgaben zu – zum Beispiel Systemanalyst, Programmierer, Tester. Während des gesamten Zyklus kommen die Teammitglieder auch nur diesen Aufgaben nach. Winston Royce, Direktor im Lockheed Software Technology Center und eine der Leitfiguren der Softwareentwicklung, hat das Wasserfallmodell als Erster genauer beschrieben. Bereits 1970 sagte er zum rein sequenziellen Wasserfallmodell: „I believe in this concept, but the implementation described above is risky and invites failure."[10]

In einer perfekten Welt der vollkommenen Planbarkeit hat ein solches Modell auch seine Berechtigung. Der Auftraggeber tritt nur zwei Mal wesentlich in Erscheinung: Bei der Definition der Anforderungen in Form des Lastenheftes und bei der Abnahme des fertigen Produkts. Die Reaktion auf Änderungen in den Voraussetzungen und Gegebenheiten für das Endergebnis, die sich im Laufe des Entwicklungsprozesses ergeben können, ist im Wasserfallmodell nicht wirklich vorgesehen. Aus Managementsicht mag das den Vorteil haben, dass der Prozess überschaubar bleibt, das Ergebnis vorhersagbar und dadurch die maximale Kontrollmöglichkeit gegeben ist. Probleme ergeben sich meistens dann, wenn die Deadlines näher rücken. Dann kumulieren plötzlich Bugs und Irrtümer, die in den Phasen zuvor wegen des rigorosen „stick to the plan" ignoriert oder schlichtweg übersehen wurden. Oder wie es einer unserer Kunden einmal ausgedrückt hat: „Man merkt, dass man die zeitlichen Vorgaben nicht schafft. Also nimmt man Qualität raus und wird noch langsamer, weil man nacharbeiten muss. Schließlich wirft man mehr Ressourcen drauf und führt härter. Am Ende hat man frustrierte Mitarbeiter und nichts erreicht." Die große Gefahr beim Wasserfallmodell besteht darin, dass das Produkt schon veraltet ist, bevor es überhaupt fertig ist.

Aus menschlicher Sicht engt das Wasserfallmodell die Sichtweise der einzelnen Teammitglieder ein. Sie sehen nur ihre spezifische Funktion und wollen sich daher auch nicht in andere Aufgaben einbringen, z.B. will oder soll der Programmierer nur programmieren und der Tester nur testen. Genau in der Verflechtung von Aufgaben und dem Austausch von individuellem Wissen würde aber die Kraft liegen, Fehler rechtzeitig zu erkennen und schon im Anfangsstadium zu eliminieren. Die Wasserfallmethode fördert die Abkapselung der handeln-

[9] http://de.wikipedia.org/wiki/Wasserfallmodell
[10] Royce 1970

den Personen, wodurch der Blick auf das übergeordnete Ziel, und damit auf das, was für das eigene Unternehmen gut und sinnvoll ist, verloren geht. Im Vordergrund steht die Ablieferung des im Vorhinein spezifizierten Endprodukts. Wir wollen aber Produkte, die den Kunden begeistern, weil sie an Veränderungen während des Entwicklungsprozesses genau so angepasst wurden, dass sie bei Lieferung in die aktuelle Situation des Kunden passen.

1.2.2 Was machen agile Methoden anders?

Die agilen Prinzipien der Softwareentwicklung wurden von den „Erfindern" der agilen Softwareentwicklung im „Agile Manifesto" festgehalten. Dieses Manifest stellt den Menschen in den Mittelpunkt der Softwareentwicklung, weil (gute) Software nur durch Interaktion und Kollaboration von Menschen entstehen kann.[11]

Manifest für agile Softwareentwicklung

„Wir zeigen bessere Wege auf, um Software zu entwickeln, indem wir genau das tun und anderen dabei helfen, es auch zu tun.

Durch unsere Arbeit haben wir folgende Werte für uns entdeckt:

- **Individuen und Interaktionen** stehen vor Prozessen und Werkzeugen.
- **Funktionierende Software** steht über umfangreicher Dokumentation.
- **Die Zusammenarbeit mit dem Kunden** steht über der Verhandlung von Verträgen.
- **Das Reagieren auf Veränderungen** steht über dem Befolgen eines Planes.

Das bedeutet: Obwohl die Dinge auf der rechten Seite ihren Wert haben, messen wir den Dingen auf der linken Seite größeren Wert bei."

Anders als die traditionellen Ansätze der Softwareentwicklung beziehen agile Methoden die Unvorhersehbarkeit ein und vertrauen auf die kreative Anpassungsfähigkeit des Menschen statt auf vorgegebene Prozesse.

Das „Agile Manifest" wird durch Prinzipien ergänzt, die die oben erwähnten Werte konkretisieren:[12]

Wir folgen diesen Prinzipien:

- Unsere höchste Priorität ist Kundenzufriedenheit durch frühe und kontinuierliche Lieferung lauffähiger Software.
- Veränderte Anforderungen sind willkommen, auch in späteren Phasen der Entwicklung. Agile Prozesse machen sich Veränderungen zunutze, um den Wettbewerbsvorteil des Kunden zu sichern.

[11] Pichler 2008
[12] Übersetzung der Verfasser

- Funktionierende Software wird häufig ausgeliefert, im Abstand von einigen Wochen bis einigen Monaten. Angestrebt sind kürzere Zeitspannen.
- Geschäftsverantwortliche und Entwickler müssen während des Projekts täglich zusammenarbeiten. Projekte sollten von motivierten Individuen umgesetzt werden. Gib ihnen die Umgebung und die Unterstützung, die sie brauchen, und vertraue darauf, dass sie die Aufgabe erledigen.
- Die effizienteste und effektivste Methode, um Informationen an ein Team und innerhalb eines Teams weiterzugeben, ist das direkte Gespräch.
- Funktionierende Software ist der primäre Maßstab des Fortschritts.
- Agile Prozesse fördern nachhaltige Entwicklung. Auftraggeber, Entwickler und User sollten eine konstante Geschwindigkeit unbegrenzt beibehalten können.
- Die kontinuierliche Aufmerksamkeit für technische Exzellenz und gutes Design verbessern die Agilität.
- Einfachheit ist essenziell. Es ist die Kunst, den Anteil der Arbeit, der nicht geleistet werden muss, zu maximieren.
- Die besten Architekturen, Anforderungen und Designs entstehen im selbstorganisierten Team.

In regelmäßigen Abständen reflektiert das Team darüber, wie es noch effektiver werden kann und passt dann sein Verhalten entsprechend daran an.

■

Agile Methoden zerlegen nicht den Entwicklungsprozess, sondern das Produkt in Einzelschritte, in Scrum „Sprints" genannt. Diese produktfokussierten kurzen, iterativen Entwicklungszyklen sind durch Phasen der Reflektion und Introspektion gekennzeichnet, durch gemeinsames Treffen von Entscheidungen, Einbindung von raschem Feedback und damit einhergehender kontinuierlicher Integration von Änderungen in das System, das sich in Entwicklung befindet.[13] In jeden dieser Zyklen ist auch der Kunde eingebunden. Gemeinsam mit ihm werden Entscheidungen darüber getroffen, welche Features dazukommen sollen oder weggelassen werden können. Am Ende jedes Zyklus soll ein Stück Code entstanden sein, das der Kunde theoretisch bereits einsetzen kann. Tabelle 1.1 bietet noch einmal einen Gesamtüberblick über die Unterschiede zwischen traditioneller und agiler Softwareentwicklung.

Die Ursprünge agiler Softwareentwicklung, und damit von Scrum, liegen in den 1990er-Jahren. Im Zentrum stand die Erkenntnis, dass kleine Entwicklungsteams mit Teammitgliedern, die im Wesentlichen alle Skills haben, effektiver und schneller mit höherer Qualität Softwareapplikationen liefern als große Teams. Im Prinzip sind diese Ansätze nichts Neues. Sie stammen aus den Paradigmen der Lean Production. Kennzeichnend für alle Ansätze der Lean Production sind

- die Wertschöpfungsorientierung, also die Konzentration auf den wertschöpfenden Prozess, und damit die Vermeidung von Verschwendung,
- die Kundenorientierung, also die Ausrichtung aller Aktivitäten auf die Kundenwünsche,

[13] In Anlehnung an Nerur et al. 2005 und Schmidt 2008

- die Mitarbeiterorientierung, also die Erkenntnis, dass qualifizierte Mitarbeiter ein entscheidender Produktionsfaktor sind,
- die Kooperationsorientierung, also der Fokus auf langfristige und vertrauensvolle Zusammenarbeit mit Zulieferern.[14]

TABELLE 1.1 Traditionelle vs. Agile Softwareentwicklung[15]

	Traditionelle, plangetriebene Methoden	Agile Methoden
Fundamentale Annahmen	Systeme sind zur Gänze spezifizierbar, vorhersagbar und können durch akribische und extensive Planung erzeugt werden.	Hochqualitative, adaptive Software kann nur von kleinen Teams entwickelt werden, die das Prinzip der ständigen Design-Verbesserung und des ständigen Testens anwenden, basierend auf schnellem Feedback und schneller Veränderung.
Kontrolle	Prozesszentriert	Menschenzentriert
Managementstil	Kommando und Kontrolle	Führung und Zusammenarbeit
Wissensmanagement	Explizit	Durch Weitergabe in der Zusammenarbeit
Rollenzuteilung	Individuelles Spezialistentum	Selbstorganisierende, cross-funktionale Teams, in denen jeder unterschiedliche Aufgaben übernehmen kann
Kommunikation	Formell Programmieren als einsamer geistiger Prozess	Informell Programmieren als kooperativer, kommunikativer Prozess
Rolle des Kunden	Wichtig	Entscheidend
Entwicklungsmodell	Lebenszyklusmodelle (Wasserfall, Spirale o.Ä.)	Modelle evolutionären Lieferns
Gewünschte Organisationsstruktur	Mechanistisch (bürokratisch mit einem hohen Formalisierungsgrad)	Organisch (flexibel und partizipativ, fördernde, kooperative soziale Interaktion)

[14] Kaluza, Kemminer 1997
[15] Nerur et al. 2005

1.2.3 Das Toyota Production System – ein Kulturwandel

Von allen Ausgestaltungsvarianten der Lean Production wurde vor allem das Toyota Production System (TPS) zum Vorbild für agile Methoden in der Softwareentwicklung. Dabei wird die Produktivität der Massenproduktion mit der Qualität der Werkstattfertigung kombiniert.[16] Ziel ist es, die Autos, die von Kunden bestellt werden, auf die schnellste und effizienteste Art zu produzieren, um sie so schnell wie möglich zu liefern.[17] Über allem steht die Vermeidung von Verschwendung. Verschwendung ist dabei ein weitläufiger Begriff und bezieht sich auf unnötige Arbeitsschritte und Hindernisse im Prozess genauso wie auf Produktionsfehler. Das TPS-Konzept fußt dabei auf zwei Säulen: „Jidoka" und „Just in Time".

Kurzgesagt bedeutet Jidoka, dass die Qualität schon im Produktionsprozess eingebaut werden muss. Sobald ein Fehler entdeckt wird, wird der Prozess gestoppt und der Fehler sofort behoben. Just in Time bedeutet: nur das machen, was gebraucht wird, und zwar zu dem Zeitpunkt, zu dem es gebraucht wird, und in der Menge, in der es gebraucht wird.

Besonderes Kennzeichen des TPS ist die Zerteilung der Produktionsstraße in kleine, crossfunktionale, eigenverantwortliche Teams. Um Lagerbestände an Zwischenprodukten niedrig zu halten, ist immer nur ein Teil des Produktes in Arbeit und die Teams agieren nach dem Kanban- bzw. Hol-Prinzip, sie fordern Nachschub an Produktionsmitteln also erst bei Bedarf an. Alle Mitarbeiter sind im Sinne von Kaizen – der ständigen Verbesserung – dazu aufgefordert, die Augen nach Fehlerquellen und Verbesserungspotenzialen offen zu halten.

Toyota kam erst 2010 nach mehreren Jahrzehnten an der Weltmarktspitze in Bedrängnis. Das lag zu einem großen Teil an äußeren wirtschaftlichen Umständen, wie europäischen Abwrackprämien, um die Verkäufe anzukurbeln. Zum ersten Mal schlichen sich aber auch ernsthafte Qualitätsprobleme ein, die mit einem zu schnellen Wachstum und daraus resultierenden Fehlentscheidungen zusammenhängen können. Genaues weiß man dazu allerdings (noch) nicht.

Das ändert nichts an der unvergleichlichen Erfolgsgeschichte von Toyota. Eine bloße Umstellung des Produktionsprozesses kann nicht so lange nachhaltig wirken, wenn dahinter nicht eine entsprechende Unternehmenskultur steht. Hirotaka Takeuchi, Emi Osono und Norihiko Shimizu haben in einer sechs Jahre dauernden Studie herausgefunden, dass es das Zulassen von Gegensätzen ist, das Toyota so einzigartig macht.[18] Einige dieser Gegensatzpaare sind:

Effiziente Abläufe	Großer Zeit- und Personalaufwand für interne und externe Kontakte
Genügsamkeit	Große Investitionen in Produktionsstandorte und Personalentwicklung
Einfach gehaltene interne Kommunikation durch ungeschriebene Gesetze	Offensive Förderung sozialer Netzwerke unter den Mitarbeitern über hierarchische, funktionale und geografische Grenzen hinweg
Strikte Hierarchie	Aufforderung zum Widersprechen und Aufzeigen von Problemen

16 http://de.wikipedia.org/wiki/Toyota-Produktionssystem

17 http://www.toyota-global.com/company/vision_philosophy/toyota_production_system/index.html Übersetzung des Verfassers

18 Takeuchi et al. 2008

Die Autoren haben einige grundlegende Kräfte im Unternehmen identifiziert, die das (erfolgreiche) Funktionieren dieser Gegensätze möglich machen. Allesamt sind sie kulturelle Kräfte und daher ist das Toyota-Modell so schwer zu kopieren – weil es einen Kulturwandel nötig macht. Toyota sieht Standardisierung als Gefahr für neue Ideen und verhindert das Erstarren in bisher funktionierenden Prozessen durch das Setzen manchmal unerreichbarer Ziele, kompromisslose lokale Anpassung von Produkten und Prozessen und Experimentierfreudigkeit. Die Mitarbeiter sind dadurch aufgefordert, ständig über neue Kunden, neue Segmente, neue Absatzmärkte und neue Verfahren nachzudenken. Manche Ziele werden bewusst vage gehalten, damit sich die Spezialisten aus verschiedenen Abteilungen zusammenfinden und in die unterschiedlichsten Richtungen denken. Zu konkrete Ziele werden als Gefahr für die Kreativität der Mitarbeiter betrachtet. Experimentieren und Fehler machen ist erlaubt – vorausgesetzt, man ist auch bereit, daraus zu lernen. Große, scheinbar unerreichbare Herausforderungen werden in kleine, bewältigbare Herausforderungen zerlegt.

Um die Folgen von Expansion – zum Beispiel eine schwierigere interne Kommunikation und Koordination – abzufangen, lassen sich bei Toyota drei „Kräfte der Integration" identifizieren. Das sind zunächst die Werte der Gründerfamilie Toyoda und vieler anderer herausragender Persönlichkeiten in der Geschichte des Unternehmens. Die Relevanz der Werte im täglichen Geschäft wird den Angestellten in On-the-job-Trainings deutlich gemacht und durch Geschichten, die ältere Manager den nachfolgenden Mitarbeiter-Generationen mit auf den Weg geben. Eine weitere Integrationskraft: Bei Toyota werden Underperformer selten entlassen. Es werden stattdessen Wege gesucht, um ihre Fähigkeiten auszubauen. Generell setzt Toyota mehr auf die Entwicklung von Problemlösungsfertigkeiten als das Befolgen von strikten Regeln. Jungen Managern werden Mentoren zur Seite gestellt, unter deren Führung das Experimentieren ermöglicht wird. Und schließlich die offene Kommunikation: Obwohl Toyota weltweit etwa 300.000 Angestellte hat, funktioniert die Kommunikation wie in einem kleinstädtischen Unternehmen. Die Top Executives sind der Ansicht, dass jeder das Business jedes Anderen kennen sollte. Das persönliche Kennenlernen, häufige direkte Gespräche, das Anhören und Akzeptieren von verschiedenen Sichtweisen, die Freiheit, die eigene – möglicherweise im Widerspruch stehende – Meinung artikulieren zu dürfen, die Verbreitung von Wissen durch offene Büros, und Möglichkeiten der für alle sichtbaren Visualisierung bilden das, was der frühere Executive Vice President Yoshimi Inaba als das „Nervensystem" von Toyota bezeichnet hat. Damit verbreitet sich Information schnell über die gesamte Organisation.

1.3 Die Prinzipien von Scrum

Scrum ist im Zuge der Bewegung zur agilen Softwareentwicklung entstanden. Es unterscheidet sich aber im Wesentlichen in drei Punkten von anderen agilen Methoden.

Produktentwicklung statt Projektmanagement. Bei Scrum geht es nicht darum, ein im Vorhinein definiertes Endergebnis zu erzeugen. Projektmanagement definiert im Jetzt ein Ergebnis, das in der Zukunft in eine Umgebung gestellt wird, die sich zwischen Jetzt und

Zukunft bereits geändert hat. Die einzige unumstößliche Definition, die ein Kunde a priori geben kann, ist die Definition eines Problems. Softwareentwickler sind aus diesem Blickwinkel Problemlöser. Wie sie es lösen, bleibt ihrer Kreativität überlassen. Sie entwickeln dabei ein Produkt, das sich durch die ständige Einbeziehung aktueller Veränderungen an die Zukunft annähert. Durch die Vorgabe von Scrum, dass am Ende jedes Sprints einsetzbare Software entstanden sein muss, entstehen außerdem laufend Zwischenprodukte. Das Prinzip der Zwischenprodukte ermöglicht es, risikofrei zu starten. Jedes Zwischenprodukt ist per Definition fertig und muss eigenständig lauffähig sein.

Managementframework statt Entwicklungsmethode. Methoden wie Extreme Programming geben vor, wie ein Softwareentwickler arbeiten sollte und sind technisch orientiert. Auch die Definition von Rollen bleibt schwammig. Beim Feature Driven Development werden überhaupt nur technische Rollen bestimmt. Scrum macht keine Vorschriften zu den technischen Methoden, die Developer anwenden sollen, legt aber die Rollen und Verantwortlichkeiten sehr klar fest. Außerdem legt Scrum deutliche Grenzen für die Entwicklung fest. Die „Zeiträume“, also das Prinzip der Timebox, erzeugen nicht nur einen Rahmen, sondern vor allem Sicherheit, die für die Entwicklung von Selbstorganisation notwendig ist.

Product Owner statt Projektmanager. Das Wort „Projektmanager“ existiert in Scrum nicht, weil es obsolet ist. Ein Projektmanager hat in erster Linie eine Abwicklungs- und Kontrollfunktion. Ein Product Owner hingegen ist ein *Produkt-Visionär*, der dem Team die Produkt-Idee so vermitteln kann, dass es die Teammitglieder zur Produktivität anspornt. Er ist dabei für den finanziellen Erfolg der Produktentwicklung verantwortlich. In Scrum wird das als die Verantwortung für den Return-On-Investment (ROI) gesehen.

Bevor wir uns Scrum etwas genauer ansehen, räumen wir noch die drei größten Missverständnisse aus dem Weg:

1. **In Scrum wird nur kurzfristig gedacht und daher nicht geplant.** Oh nein. Wer des Planens müde ist und denkt, mit Scrum hat das alles ein Ende, ist hier definitiv falsch. Planung wird in Scrum sogar noch strikter gehandhabt, denn es gibt sie auf drei Ebenen: auf Tagesebene (Daily Scrum), auf Sprintebene und auf Releaseebene. Scrum folgt dem Deming Cycle, dessen Grundgedanke die kontinuierliche Verbesserung und damit auch die permanente Planung ist.
2. **Scrum fördert unprofessionelles Arbeiten.** Diese Meinung hat ihre Berechtigung, wenn Freiheit in der Problemlösung als Bedrohung empfunden wird und zentimeterdicke Dokumentationen als Qualitätskriterium für gute Software betrachtet werden. Scrum setzt die Kreativität des Teams frei und schreibt daher keine Wege vor, WIE ein Problem zu lösen ist. In den Sprintplannings wird aber genau festgelegt, WAS am Ende eines Sprints vorhanden sein muss. Und wenn dazu eine Dokumentation gehört, gibt es am Ende des Sprints auch eine Dokumentation (wir kommen dazu später noch einmal unter dem Begriff „Definition of Done“). Genau genommen legt Scrum unprofessionelles Arbeiten sogar schonungslos offen, denn durch das Daily Scrum wird unprofessionelles Arbeiten durch einzelne Entwickler für alle Teammitglieder sichtbar. Der soziale Druck der Gruppe, peer-pressure, wirkt sehr schnell als Korrektiv.
3. **Agile Methoden und Scrum sind nicht diszipliniert.** Nichts ist weiter von der Wahrheit entfernt als das. Agile Prozesse sind in ihrer Durchführung viel konsequenter, weil perma-

nent das Ergebnis der eigenen Handlungen sichtbar und spürbar wird. Disziplin geht in Scrum so weit, dass jedes Meeting auf die Minute pünktlich beginnt, und wer dann nicht da ist, bleibt auch draußen.

1.3.1 Die Werte von Scrum

Es wurde schon recht deutlich, dass das Menschenbild im Agile Manifesto und damit auch in Scrum ein völlig anderes ist als das eines Befehlsempfängers und kontrollierten Erfüllungsgehilfen, der stur nach einem Schema arbeitet. In Scrum gehen wir davon aus, dass geistig arbeitende Menschen ein prinzipielles Interesse daran haben, ihre Ideen einzubringen, Dinge zu verbessern oder überhaupt Neues zu entwickeln.

Das betrifft insbesondere Organisationen, die unter hohem Wettbewerbsdruck stehen. Innovation entsteht, wenn man Menschen die Umgebung bietet, die sie innovativ sein lässt. Natürlich ist es aber nicht nur eine Bringschuld des Unternehmens bzw. Managements. *Commitment, Fokus, Offenheit, Mut,* und *Respekt* sind auch Bringschulden der Mitarbeiter. Zweifellos ist es auch für Mitarbeiter einfacher, sich hinter starren Prozessen und Vorgaben zu verstecken. Aber dann sind sie wahrscheinlich nicht die geeigneten Mitarbeiter für Scrum. Scrum geht davon aus, dass wir alle erwachsene Menschen, und damit erst einmal grundsätzlich verantwortlich für unser eigenes Handeln sind. In Scrum glauben wir und wissen wir, dass Menschen alles geben, wenn sie von einer Vision fasziniert sind.

1.3.2 Die Organisationsprinzipien

Ein Menschenbild, wie Scrum es propagiert, verlangt auch eine andere Form der Organisation. Im Grunde werden dabei die Vorgehensprinzipien des Toyota Production Systems auf die Softwareentwicklung übertragen.

- **Kleine, selbstorganisierte und cross-funktionale Teams.** Ein Scrum-Team besteht im Idealfall aus sieben Personen: dem ScrumMaster, dem Product Owner und den fünf Personen des Entwicklungsteams. Die Mitglieder des Entwicklungsteams ziehen sich nicht auf ihr Spezialistentum zurück, sondern sind in der Lage, verschiedene Arbeiten im Arbeitsprozess durchzuführen. Das bedeutet, dass sie ihr Wissen untereinander austauschen, in unterschiedlichen Kombinationen einsetzen und auch keine Scheu vor Aufgaben haben, die nicht direkt ihren Kernkompetenzen entsprechen. Sie organisieren ihre Aufgaben vollständig selbst. Warum aber sollten genau fünf Personen im Entwicklungsteam sein? Die einfache Erklärung finden Sie, wenn Sie einmal darüber nachdenken, wie sich ein Gespräch am Abend entwickelt, zu dem Sie zum Beispiel Freunde eingeladen haben: Laden Sie einen Freund ein, so haben Sie ein wunderbares Gespräch zwischen zwei Menschen. Laden Sie aber als Paar eine Freundin oder einen Freund dazu ein, dann fühlt sich immer jemand als das fünfte Rad am Wagen. Laden Sie als Paar ein anderes Paar ein, können Sie beobachten, wie die Kommunikation immer wieder zu Zweier-Kommunikationsbeziehungen tendiert. Erst wenn Sie sich noch eine weitere Person einladen, wenn es also insgesamt fünf Personen sind, verteilen sich die Gespräche optimal. Mal ein Zweier-Gespräch, dann ein Dreier-Gespräch, und dann hören auch wieder mal alle einer Person zu. Dieses Konstrukt ist so instabil, dass es immer wieder zerfällt und deshalb alle optimal am Gespräch beteiligt.

- **Arbeiten nach dem Pull-Prinzip.** Das Team kann als einzige Instanz entscheiden, wie viel Arbeit und Produktteile es innerhalb eines Sprints liefern kann. Das Team hat die Kontrolle darüber, was es zu tun bekommt.
- **Intervalle mit klaren zeitlichen Grenzen (Timebox).** Das Team bekommt herausfordernde Ziele, die zu Intervallen mit klaren zeitlichen Vorgaben konkretisiert werden. Alle Aktionen werden zeitlich beschränkt und es wird ein Ergebnis verlangt. Das erzeugt klare Rahmenbedingungen.
- **Nutzbare Business-Funktionalität – Potential Shippable Code.** Am Ende jedes Zeitintervalls muss das Team eine Lieferung erbringen, die den Standards, den Richtlinien und den Vorgaben des Projekts genügt.

1.3.3 Die Rollen

Die Stärke von Scrum liegt in der klaren Zuordnung und Trennung von Verantwortlichkeiten von ScrumMaster, Product Owner und Team. Um das Umfeld eines Teams bzw. einer Organisation gedanklich noch stärker mit einzubeziehen, fügen wir in der Praxis auch noch den Kunden, den Endbenutzer und den Manager als Rollen hinzu. Für das Personalmanagement sind aber in erster Linie die drei Kernrollen und der Manager relevant. Die einzelnen Rollen werden wir später noch ausführlicher kennenlernen, an dieser Stelle werfen wir einmal einen ersten Blick auf ihre Funktionen.

Das Team – die Lieferanten. Das Team liefert das Produkt. Ein Scrum-Team besteht im Idealfall aus den Personen, die für die Lieferung des Produktes erforderlich sind. Ein Scrum-Team managt seine Angelegenheiten selbst. Es ist autorisiert, alles Zielführende zu tun, um das angestrebte Ergebnis zu erreichen. Gleichzeitig muss es die Standards und Prozesse der Organisation einhalten. Das Team steuert selbst die Arbeitsmenge, die es bewältigen kann. Dafür trägt es aber auch die Verantwortung für die Qualität der Lieferung.

Der Product Owner – der Visionär. Der Product Owner plant und lenkt die Produktentwicklung. Er ist verantwortlich dafür, dass das Team die gewünschten Funktionalitäten in der richtigen Reihenfolge erstellt. Er sorgt dafür, dass die Projektergebnisse den finanziellen Aufwand für das Projekt rechtfertigen. Er arbeitet auf täglicher Basis mit dem Team, trifft zeitnah die notwendigen Entscheidungen und arbeitet kontinuierlich am Product Backlog und dem Releaseplan.

Der ScrumMaster – der Change Agent. Der ScrumMaster hilft dem Team, seine Ziele zu erreichen. Er arbeitet daran, dass alle Schwierigkeiten, Blockaden und Probleme, die das Team aufhalten, gelöst werden. Er ist nicht weisungsbefugt, sorgt jedoch dafür, dass der Scrum-Prozess eingehalten wird. Eine seiner Hauptaufgaben besteht darin, alle am Projekt beteiligten Personen zu schulen, so dass sie ihre Rolle verstehen und ausüben können.

Der Manager – die Bereitsteller. Das Management stellt die Ressourcen und die Richtlinien innerhalb einer Organisation bereit. Es schafft den Rahmen, in dem sich das Team, der Product Owner und der ScrumMaster bewegen. Oft löst das Management die vom ScrumMaster identifizierten Probleme.

1.3.4 Das Prozessmodell

Das Prozessmodell von Scrum steckt den Rahmen ab, in dem alle Aktivitäten der Produktentwicklung ablaufen. Der Scrum-Prozess besteht aus sechs Rollen, sechs Meetings und neun Artefakten.

Eine wesentliche Schwäche traditioneller Entwicklungsmethoden ist, dass sie Kunden und Entwickler separiert. Das kommt einer Trennung von strategischer und taktisch-operativer Ebene gleich. Das Team weiß dann lediglich, dass es etwas tun soll, aber nicht, warum es etwas tun soll. Die Kenntnis des „Warum“ ist aber eine wesentliche Hintergrundinformation, um innovative Problemlösungsansätze entwickeln zu können. Softwareentwickler sind meistens ausschließlich auf ihre Arbeit fokussiert und blenden mittel- bis langfristige geschäftliche Aspekte, die ihre Arbeit hat und haben muss, weitgehend aus. Scrum bezieht sie hingegen auf zwei Arten direkt in strategische Überlegungen mit ein und sie beginnen zu verstehen, in welchem Zusammenhang ihre Arbeit mit Erfolg oder Misserfolg ihres Arbeitgebers und dessen Kunden steht. Zum einen entwickelt der Product Owner für das Projekt eine Produkt-Vision – alleine oder gleich gemeinsam mit dem Team. Zum anderen wird das Team in weiterer Folge immer in die strategische Planung einbezogen. In diese zwei Teilstrategien spielen natürlich auch noch übergeordnete Strategien mit hinein: Die Produktlinienstrategie und die Organisationsstrategie.

Strategisches Planen dient uns zur Vorausschau, zur Einschätzung, ob ein Vorhaben gelingen kann, und der Entscheidung, welches Vorgehen zur Zielerreichung führen wird.

Auf den Punkt gebracht planen wir

- auf der strategischen Ebene die Ziele, die wir erreichen wollen und
- auf der taktischen Ebene die Aktionen, die nötig sind, um die Ziele zu erreichen.

Scrum auf strategischem Level

1. **Vision.** Am Anfang steht die Person mit einer Produktidee: der Product Owner. Er bearbeitet seine Idee so lange, bis er eine Produkt-Vision hat. Die Produkt-Vision enthält die grundlegende Idee für das Projekt.
2. **Product Backlog.** Der Product Owner erarbeitet – entweder alleine oder mit Hilfe der Teammitglieder – die Produkt-Funktionalitäten, die Product Backlog Items. Alle Product Backlog Items werden in eine Liste eingetragen, das Product Backlog.
3. **Priorisieren.** Der Product Owner bringt die Product Backlog Items in dieser Liste in eine Reihenfolge, die sich aus dem zu erwartenden finanziellen Gewinn der jeweiligen Funktionalitäten ergibt.

4. **Estimation Meeting.** Als Nächstes muss jedes Product Backlog Item auf seine Größe geschätzt werden. Die Schätzung wird von den Teammitgliedern durchgeführt. Ein Scrum-Team besteht aus all den Personen, die notwendig sind, um die Backlog Items in Software zu verwandeln, die ausgeliefert werden kann. Die Teammitglieder schätzen also den Umfang jedes zu liefernden Product Backlog Items und teilen das Ergebnis dem Product Owner mit.
5. **Geschätztes und priorisiertes Product Backlog.** Das Product Backlog ist nun geschätzt. Alle Teammitglieder haben eine Vorstellung davon, wie das gewünschte Produkt aussehen soll, und der Product Owner hat eine erste Vorstellung davon, welche Kosten auf ihn zukommen. Oft schließt sich nun in Organisationen eine Genehmigungsphase an, die aber nichts mit dem Scrum-Prozess zu tun hat. ScrumMaster versuchen, diese Phase möglichst kurz zu halten.
6. **Velocity bestimmen.** Um zu wissen, wann wir etwas liefern, müssen wir einerseits die Priorität und die Größe eines Backlog Items kennen und andererseits die Kapazität des Teams. In der Agile Community wird diese Kapazität als „Velocity“ bezeichnet. Sie gibt quasi an, wie schnell ein Team im Sprint ist.
7. **Releaseplan erstellen.** Mit der Kapazität des Teams kennen wir die Laufzeit des Projekts. Unter der Annahme, dass das Team so bestehen bleibt, wie es derzeit ist, lässt sich die Anzahl der Sprints festlegen und damit die Projektlänge bestimmen. Die Velocity unterliegt im Laufe des Projekts immer wieder Schwankungen, z.B. durch Urlaube, weil das Team immer besser zu schätzen lernt oder wenn sich Teams vergrößern oder verkleinern. Daher werden in den Releaseplan auch Sicherheitspuffer eingebaut.

Scrum auf taktischem Level

In der tatsächlichen Umsetzungsphase wird in Scrum in klar abgegrenzten zeitlichen Intervallen, den Sprints, gearbeitet. Am Ende eines Sprints muss das Team Software in einer Funktionalität und Qualität liefern, die ausgeliefert werden kann (potential shippable code oder neuerdings usable software).

Am Anfang eines Sprints wird basierend auf dem Plan, der in der strategischen Planungsphase entstanden ist, die taktische Umsetzung besprochen. Auf der Basis von groben Überlegungen darüber, welche Funktionalitäten (Backlog Items) im jeweiligen Sprint geliefert werden sollen, wird nun entschieden, was tatsächlich in diesem Sprint geliefert werden kann. Ein Sprint umfasst maximal einen Zeitraum von 30 Tagen und unterteilt sich durch eine Reihe von Meetings: Sprint Planning 1, Sprint Planning 2, Daily Scrum, Estimation Meeting, Sprint Review und Sprint Retrospektive.

- **Sprint Planning 1 – Anforderungen klären.** In diesem ersten Meeting eines Sprints sind der Product Owner, das Team, das Management, der Anwender und der ScrumMaster anwesend. Der Product Owner erläutert die Product Backlog Items und definiert gemeinsam mit den Teammitgliedern und dem Management das Ziel für den anstehenden Sprint. Dann werden die Backlog Items ausgewählt, die zu diesem Ziel passen und die das Team schaffen kann. So entsteht das Selected Product Backlog. Wichtig: Das Team alleine bestimmt, wie viele Backlog Items es auswählt.

- **Sprint Planning 2 – Design und Planung.** Hier planen die Teammitglieder, wie sie das im Sprint Planning 1 Meeting vereinbarte Ziel erreichen wollen. Dazu beraten sie untereinander, wie die Applikation aufgebaut sein soll, welche Architektur gewählt werden muss, welche Interfaces geschrieben werden sollen, ob bereits Test Cases erstellt und geschrieben werden sollen, kurz: sie besprechen detailliert, was getan werden muss. Am Ende dieses Meetings liegt eine Liste aller notwendigen Aufgaben vor: das Sprint Backlog.
- **Daily Scrum – Koordinieren und Feedback.** Jeden Tag treffen sich die Teammitglieder zur gleichen Zeit am selben Ort für 15 Minuten zu einem vom ScrumMaster moderierten Meeting. In diesem Meeting sprechen die Teammitglieder ab, wer an diesem Tag welche Aufgabe übernimmt. Dabei wählen die Teammitglieder selbst die Aufgabe aus, die sie als Nächstes übernehmen wollen. Die Teammitglieder informieren den ScrumMaster über Blockaden und Probleme, damit dieser sie so schnell wie möglich zur Lösung bringen kann.
- **Estimation Meeting – Vorausplanen und Schätzen.** Product Owner und Teammitglieder aktualisieren mindestens einmal im Sprint das Product Backlog. Dabei werden Backlog Items mit neuen Schätzungen versehen und neue Backlog Items in das Product Backlog aufgenommen. Gleichzeitig wird die Reihenfolge der Backlog Items angepasst, indem die neuen Informationen berücksichtigt werden. Dieses Meeting dient auch dazu, den Releaseplan des Projektes zu aktualisieren und zu vervollständigen.
- **Sprint Review – Resultate präsentieren.** Am Ende des Sprints präsentiert das Team die erarbeiteten Funktionalitäten. Das Team zeigt nur die Funktionalitäten, die so weit sind, dass sie sofort produktiv eingesetzt werden könnten. Nicht getestete oder instabile Funktionalitäten werden nicht gezeigt und gelten als nicht geliefert.

  Das entscheidende Prinzip ist: Am Ende eines Sprints hat das Entwicklungsteam potenziell nutzbare Funktionalität zu liefern. Das heißt, keine weiteren Arbeiten sind notwendig, um diese Funktionalität an den End-User zu übergeben. Diese Vorgabe muss an die jeweiligen Entwicklungsbedingungen angepasst werden. Deshalb wird zwischen dem Entwicklungsteam und dem Product Owner der Level of Done vereinbart. Der ScrumMaster arbeitet mit dem Scrum-Team daran, diesen kontinuierlich zu erhöhen. Im Idealfall wird am Ende des Sprints an den End-User ausgeliefert.
- **Sprint-Retrospektive – sich ständig verbessern.** Die Sprint Retrospektive ermöglicht dem Team, systematisch zu lernen. Hier wird analysiert, welche Arbeitsprozesse verbessert werden müssen, damit das Team effektiver arbeiten kann. Die Resultate aus der Retrospektive werden im Impediment Backlog festgehalten und lassen sich so als Verbesserungsvorschläge in das Sprint Planning einbringen.

Rocket Science oder doch nicht?

Im Prinzip ist Scrum nicht auf die Softwareentwicklung beschränkt. Manchmal wird unwillkürlich und unwissentlich gescrummt, meistens in Notsituationen. Kennen Sie den Film „Apollo 13“ über die gescheiterte und beinahe tödliche Mondmission der NASA? Einer der Sauerstofftanks war explodiert und hatte dabei auch gleich den zweiten Tank beschädigt. An eine Mondlandung war nicht mehr zu denken (auch wenn das wohl der langjährigen Planung entsprochen hätte), stattdessen musste das Kommando- und Servicemodul „Odyssey" so schnell wie möglich zur Erde zurückgeholt werden. Dafür musste die Odyssey den Mond umrunden und sich mit Hilfe des Gravitationsfeldes wieder auf den Weg zur Erde „zurückschießen". Bis dahin sollten die Astronauten in die Mondlandefähre umsteigen. Allerdings passten die Luftfiltersysteme des Lunar-Modules „Aquarius" nicht mit jenen der Odyssey zusammen und das Kohlenmonoxid stieg lebensbedrohlich an. Flight Director Eugene Kranz, im Film gespielt von Ed Harris, stellt sich zunächst die berechtigte Frage, ob denn Kommando- und Lunar-Module auf dem Beamtendienstweg zusammengebaut wurden. Danach gibt er aber seinem Team aus Technikern genau vor, was in dieser neuen Situation bis wann mit welchen Mitteln erreicht werden muss. Nämlich eine Verbindung der Luftreinigungssysteme, die nur aus Gegenständen bestehen darf, die die Astronauten auch an Bord haben. Das Team aus Ingenieuren beginnt zu arbeiten, jeder bringt sich entsprechend seinen Kompetenzen ein, alle helfen sich gegenseitig beim Nachdenken und sind lösungsorientiert, mit der nicht unwesentlichen Anforderung im Hinterkopf, dass drei Menschen überleben müssen. Und am Ende finden sie die Verbindungsmöglichkeit zwischen runden und eckigen Luftfiltern. Die Astronauten müssen nicht ersticken.

Die NASA feiert diesen Triumph der Kreativität heute noch mit ihrem Slogan „Failure is not an Option", der als Einstellung aus dem Apollo-13-Projekt hervorgegangen ist. „Failure is not an Option" heißt, dass man einen Weg finden muss. Die Ingenieure waren angetreten, um die Crew lebend nach Hause zu holen. Es ging um etwas: Keiner dieser Menschen hat nicht alles gegeben. In Scrum geht es um dieses versteckte Mindset. Selbstverständlich wird es auch in einem Scrum-Team zu Fehlern und Unzulänglichkeiten kommen, doch ist die Frage: „Wo starten wir?" „Failure is not an Option" heißt nicht, dass man auf dem Weg zum Erfolg keine Fehler machen darf. „Failure is not an Option" bedeutet vielmehr, dass am Ende der Gesamterfolg entscheidend ist und nie aus den Augen verloren werden darf. ■

Scrum kann Unternehmen dabei helfen, im globalen Wettbewerb zu bestehen. Das tut es, indem es die Software-Produktentwicklung reaktionsschneller und problemorientierter gestaltet, anstatt nur Projekte abzuarbeiten. Die Prinzipien von Scrum, die Rollen und der Prozessrahmen schaffen Strukturen und Regeln, an denen sich die Mitarbeiter orientieren können, die ihnen aber gleichzeitig Freiräume zur Entfaltung ihrer Möglichkeiten geben. So finden sie neue, innovative Ansätze und beginnen, über ihren Horizont hinauszudenken. Dass Scrum aber wesentlich mehr ist als nur eine Methode, merken viele Unternehmen erst, wenn sie bereits damit arbeiten.

2 Change Management

In der Praxis begegnet uns meistens einer der folgenden drei Anlässe, warum Scrum in eine Organisation getragen wird:

- In einem Team wird die Unzufriedenheit mit den Arbeitsprozessen, Kommunikationswegen und mit der Qualität der Ergebnisse immer größer. Aus eigenem Antrieb wird nach einer Lösung für die verfahrene Situation gesucht.
- Ein Abteilungsleiter hat auf der Suche nach effizienteren Methoden von Scrum gehört oder in einem anderen Unternehmen bereits Erfahrungen mit Scrum gesammelt und möchte es in seiner Abteilung implementieren.
- Kleine Unternehmen erkennen, dass sie mit ihren bestehenden Prozessen in der Wachstumsphase nicht mehr weiterkommen und entsprechende Strukturen brauchen.

In den seltensten Fällen sind sich die Initiatoren dabei bewusst, was sie eigentlich „anrichten". Meistens steht zunächst die Prozessmethodik im Vordergrund. Ziel ist es erst einmal, schneller und besser zu werden, sich dafür mit den Abläufen vertraut zu machen, vielleicht zunächst ein kleines Pilotprojekt zu absolvieren, um sich in das Mindset von Scrum einzuüben. Wenn die ersten Erfolge sichtbar werden, beginnt sich die Veränderung aber auch über die Grenzen der kleinsten „Scrum-Keimzelle" – des Teams – hinaus spürbar zu machen. Es stellt sich die Frage, wie zum Beispiel mit anderen Teams umgegangen werden soll, die (noch) nicht mit Scrum arbeiten. Die Schnittstellen zu anderen Linienabteilungen wie Marketing, Vertrieb oder Rechnungswesen werfen Fragen der Zusammenarbeit auf. In der Abteilung oder im Team selbst entstehen außerdem Spannungen, wenn sich nicht jeder gleich von der Denkweise des Projektmanagements auf das Denken in Produkten umstellen kann oder will.

Scrum birgt also in sich die Möglichkeit umfassender Veränderungen, die weit über die Umstellung auf eine neue Arbeitsmethodik hinausreichen. Es birgt die Chance, ein gesamtes Unternehmen zu verändern und zu einer tatsächlich agilen Organisation zu machen, deren Ziel es ist, Produkte effektiver zu erzeugen. Diese Chance kann aber auch zu einer Zerreißprobe werden, wenn nicht rechtzeitig erkannt wird, dass die in Gang gesetzten Prozesse professionell begleitet werden müssen. Die organisationsweite Einführung von Scrum funktioniert nur, wenn die Geschäftsführung und das Top-Management hinter dieser Veränderung stehen und gleichzeitig die Veränderung von unten, also von den Teams, aktiv durchgeführt wird.

Wenn man Scrum also konsequent weiterdenkt, ist es in seiner Gesamtheit eine Frage des Change Managements.

An dieser Stelle müssen wir das Verständnis dieses Begriffs klären. In IT-Unternehmen wird unter Change Management der Umgang mit der Veränderung von Anforderungen in Projekten oder das Managen von sich ändernden Anforderungen bei bestehenden Applikationen verstanden. Im Zusammenhang dieses Buches definieren wir dagegen Change Management folgendermaßen:

Unter Change Management (oder Veränderungsmanagement) im Sinne der Organisationsentwicklung werden Maßnahmen, Aufgaben und Tätigkeiten verstanden, die notwendig sind, um in einer Organisation neue Strategien, Strukturen, Systeme, Prozesse oder Verhaltensweisen einzuführen und zu verankern.[1]

Scrum tangiert mit seiner Veränderungskraft alle Bereiche eines Unternehmens. Wir konzentrieren uns in weiterer Folge auf die Implikationen, die sich vor allem für das Personalmanagement ergeben. Wir verstehen unter Personalmanagement nicht die bloße Bereitstellung, Verwaltung und Freisetzung von Arbeitskräften. Für uns umfasst dieser Begriff mehr: Es ist die Auseinandersetzung mit einem Menschen vom ersten Kennenlernen in einem Bewerbungsgespräch bis hin zu seiner Trennung von einem Unternehmen, die nicht einfach nur von der Personalabteilung (oder Human Resources, HR – wie auch immer die internen Bezeichnungen gehandhabt werden) „administriert" werden können. Die Verantwortung für das Personalmanagement muss von allen wahrgenommen werden, die den Weg eines Menschen in einer Organisation wesentlich mitbestimmen. Personalmanagement ist also auch eine Führungsfrage und eine Führungsaufgabe und die „Personalverantwortlichkeit" wird mit Scrum durch die Veränderung von Positionen zu Rollen teilweise neu definiert.

Nichtsdestotrotz hat die *Personalabteilung* einen ganz besonderen Stellenwert bei der Einführung von Scrum, da sie das nötige Know-how hat, um Veränderungsprozesse zu moderieren, zu begleiten und jene Aufgabenbereiche neu zu gestalten, die den einzelnen Mitarbeiter ganz direkt betreffen, also zum Beispiel Karriere- und Vergütungsmodelle.[2] HR muss außerdem den alten und „neuen" Personalverantwortlichen dabei helfen, mit ihrer Verantwortung richtig umzugehen und sich jene persönlichen Fähigkeiten anzueignen, die sie im Umgang mit dem Team und den einzelnen Teammitgliedern brauchen (z.B. Konfliktmanagement oder Kommunikations- und Präsentationstechniken).

Wir gehen in diesem Kapitel in einem ersten Schritt zunächst auf die Veränderungen ein, die Scrum zu einer „Kulturfrage" machen. Ob eine Organisation tatsächlich agil wird, hängt schlussendlich von der Einstellung der Menschen ab, die in ihr agieren. Wir befassen uns dann mit unserem Verständnis eines Scrum-Organisationsmodells, dem Stellenwert von HR in der Transition zu einer agilen Organisation und den Zuständigkeiten im Veränderungsprozess.

---

1 http://de.wikipedia.org/wiki/Veränderungsmanagement

2 Anmerkung: Wir verwenden in den folgenden Kapiteln neben der Bezeichnung „Personalabteilung" auch immer wieder die Abkürzung „HR" – gemeint ist damit aber auch die Personalabteilung.

2.1 Scrum - eine Kulturfrage

Ob Scrum wirklich den gewünschten Erfolg bringt, hängt stark von der Organisationskultur ab, in die es eingebettet wird. Scrum funktioniert nicht, wenn es nur oberflächlich eingeführt wird, nur damit man mitreden kann. Den Erfolgsweg des Toyota Production Systems kann man schließlich auch nicht gehen, wenn man nicht das Mindset versteht, das dahinter steht. Tabelle 2.1 fasst die wichtigsten Transitionen zusammen, die bei der Schaffung einer agilen Organisation mit Scrum bewältigt werden müssen. Sie haben teilweise strukturellen Charakter, haben aber allesamt Auswirkungen auf das Mindset und somit auf die Kultur, die sich in manchen Unternehmen erst neu formieren muss. Natürlich ist unsere Gegenüberstellung etwas zugespitzt formuliert. Wir wollen auch nicht sagen, dass alle klassisch strukturierten Unternehmen ihren Mitarbeitern prinzipiell schlechte Arbeitsbedingungen bieten. Uns ist aber wichtig, die Gegensätze klassischer und agiler Denkweisen zu verdeutlichen.

TABELLE 2.1 Transitionen von der klassischen zur agilen Organisation

Klassische Organisation	Agile Organisation
Position	Rolle
Experte	Generalist
Teamleiter	ScrumMaster
Produkt-/Projektmanager	Product Owner
Zuständigkeit Management: Team	Zuständigkeit Management: Individuum
Passivität	Aktivität
Planung des Ungewissen durch lange Zeithorizonte	Planung überschaubarer Zeitspannen
Intransparenz	Transparenz
Anwesenheit	Leistung
Kunde als fremdes Wesen	Einbindung des Kunden
Verantwortungsdelegation	Verantwortungsübernahme
Kontrolle	Selbstverantwortung - positives Menschenbild
Job	Leidenschaft

Scrum geht grundsätzlich davon aus, dass Menschen ihr Wissen miteinander in cross-funktionalen Teams einsetzen können und dass sie zu einem hohen Grad selbstbestimmt auf ein Ziel hinarbeiten können. Scrum wirkt sich in seiner Umsetzung auf drei Ebenen aus: im Management, in der Auffassung von Führung allgemein und in den Einstellungen der Mitarbeiter zu ihrer Arbeit.

2.1.1. Management – ein neues Menschenbild ist nötig

In vielen klassischen Organisationen orientiert sich das Management an Kennzahlen. Es ist klar: Kennzahlen geben Sicherheit. Sie vereinfachen das komplexe soziale Gefüge eines Unternehmens auf die zwei Faktoren Input und Output. Mit Kennzahlen kann man sich Menschen vom Leib halten und den Traum der Ersetzbarkeit träumen. Ein solch distanziertes, zahlengetriebenes Menschenbild hat zwei Folgen, die zusammen eine verhängnisvolle Entwicklung in Gang setzen:

- **Menschen denken nicht mehr mit.** Wenn Menschen wissen, dass sie prinzipiell als ersetzbar gesehen werden, stellen sie das Mitdenken ein. Sie sehen zwar, was innerhalb einer Organisation verbessert werden könnte, aber sie behalten ihre Ideen lieber für sich. Viele Unternehmen versuchen, die Kennzahlensichtweise hinter diversen Belustigungs- und Motivationsprogrammen zu verbergen und beleidigen damit ihre Mitarbeiter oft nur noch mehr. Der Einzelne nimmt also sein Wissen und seine Ideen abends wieder mit nachhause. Die große Gefahr besteht nun darin, dass die wirklich guten Ideen dabei nie ins Unternehmen eingebracht werden.
- **Ein Bild wird geprägt.** Eine der wichtigsten Erkenntnisse im Marketing ist, dass ein zufriedener Kunde seine positiven Erfahrungen mit einem Unternehmen im Durchschnitt an maximal zwei Bekannte weitergibt. Ein unzufriedener Kunde gibt seine negativen Erfahrungen an acht bis zehn Bekannte weiter. Nichts anderes passiert am Arbeitsmarkt: Jeder unzufriedene Mitarbeiter ist eine Botschaft auf zwei Beinen. Wenn auf diese Weise am Arbeitnehmermarkt langsam das Bild der Situation in einem Unternehmen geprägt wird, bewerben sich irgendwann nicht mehr die Menschen, die das Unternehmen weiterbringen könnten, sondern nur mehr die, die einen Job brauchen.

Scrum bzw. agile Methoden der Softwareentwicklung gehen hingegen von einem Menschenbild aus, das in erster Linie das Potenzial sieht, das Mitarbeiter für die Innovationskraft eines Unternehmens mitbringen.

- **Implizit unersetzlich.** Man kann es drehen und wenden, wie man will: Wissen ist der einzig bleibende Wettbewerbsvorteil in unsicheren Zeiten und sich schnell verändernden Umfeldbedingungen.[3] Wissen beginnt immer mit dem Individuum. Es mündet vielleicht in ein Produkt, dessen Spezifikationen als explizites Wissen niedergeschrieben und dokumentiert werden können. Dazwischen liegt aber ein Weg, der mit „Tacit Knowledge" gepflastert ist. Es ist das Können, das sich von seinem Besitzer nicht in Worte fassen, sondern nur durch Interaktion weitergeben lässt. Dieses implizite Wissen kann nicht einfach aus einem Menschen extrahiert werden, deshalb ist er auch nicht ohne Weiteres ersetzbar. In einem Team ist implizites Wissen eine der Kräfte, die Neues entstehen und die Menschen voneinander lernen lassen, ohne dass sie es immer bewusst wahrnehmen. Wir müssen uns also darüber im Klaren sein, dass Wissen – und damit das Innovationspotenzial einer Organisation – nicht zu 100 Prozent von den Personen trennbar ist.
- **Explizit leistungswillig.** Die „Begründer" von Scrum waren nicht nur Mit-Autoren des Agile Manifesto, sondern selbst aktive Softwareentwickler. Dieses Manifest umreißt nicht

[3] Nonaka 1998

nur Arbeitsprinzipien, sondern drückt im Wesentlichen aus: „Wir lieben, was wir tun. Wir lieben es, uns ständig zu verbessern. Wir wissen, dass unsere Arbeit kein Selbstzweck ist, sondern einen übergeordneten Nutzen für unsere Kunden und damit für unser Unternehmen hat bzw. haben muss.“ Die Prinzipien des Agile Manifesto sind ein direkter Ausdruck der Theorie Y von Douglas McGregor: Der Mensch ist von Natur aus leistungsbereit und daher intrinsisch motiviert, sein Können einzusetzen. Er will Verantwortung übernehmen, entwickelt Eigeninitiative und ist bereit zur Selbstdisziplin, wenn er sich mit dem Unternehmen identifizieren kann.

Das Management muss loslassen

Es ist schwierig, Kontrolle abzugeben und darauf zu vertrauen, dass Menschen ein Ziel erreichen, auch wenn sie einen anderen Weg als den gehen, den man selbst gehen würde. Loslassen bedeutet auch, die Möglichkeit des Scheiterns zu akzeptieren und zuzulassen, weil sie auch die Chancen der Weiterentwicklung birgt. Noch schwieriger ist es für eine hierarchisch übergeordnete Person, den Manager in der Rolle des Dienstleisters zu sehen.[4] Doch genau das muss passieren, wenn Scrum in einer Organisation funktionieren soll:

- Das Management muss der Organisation ihre Werte und Richtung geben, aber es muss auch auf seine Mitarbeiter in den Teams vertrauen und sie „machen lassen“. Nicht immer ist es die Sorge um den Machtverlust, warum ein Manager Probleme mit dem Loslassen hat. Oft ist er einfach derjenige, der weiß, wo in der Organisation die Schwierigkeiten für sein Team lauern, etwa in der Zusammenarbeit mit anderen Abteilungen. Manager sollen, dürfen und müssen sich dafür interessieren, was ihre Leute machen. Das bedeutet aber nicht Kontrolle (durch Zahlen), sondern das heißt: mit den Menschen reden, sich über Fortschritte erkundigen, nach Problemen fragen und versuchen, andere Sichtweisen zu verstehen.
- Auch in agilen Organisationen ist es die wichtigste Aufgabe des Managements, die Unternehmensstrategie festzulegen. Diese Strategien dürfen aber nicht in zahllosen Dokumenten und maximal noch in Strategiereviews für die unteren Managementlevel enden, die dann nur noch die Befehle ausgeben. Management in agilen Organisationen trägt die Strategie – auch über Product Owner und ScrumMaster – bis auf die Ebene des Mitarbeiters. Gleichzeitig stellt Management die Strukturen zur Verfügung und räumt Hindernisse aus dem Weg, damit Teams ihre Ziele erreichen und autonome, kreative Wissensarbeiter ihre Fähigkeiten voll entfalten können. Die Information dazu, was für diese Entfaltung benötigt wird, kommt von unten, aus dem Team, und kann nicht von oben diktiert werden. Manager machen es ihren Mitarbeitern schlicht und ergreifend einfach, ihre Arbeit im Sinne des Unternehmens zu erledigen.

Genau genommen setzt Scrum strategische Kapazitäten im Management frei. Dadurch, dass Verantwortung ins Team übertragen wird, können sich Manager auf ihre eigentliche Aufgabe konzentrieren: Die strategische Weiterentwicklung des Unternehmens.

---

4 Williams 1996

2.1.2 Führung – Coaches statt Vorgesetzte

Bei einem Managementframework, das die Selbstorganisation dermaßen stark betont wie Scrum, stellt sich automatisch die Frage, ob Führung damit obsolet wird. Eine der Ängste, die unter Führungskräften bei der Einführung von Scrum entstehen kann, ist die Angst, überflüssig zu werden. Auf der Mitarbeiterebene ruft Scrum hingegen oft das Bild der absoluten Freiheit hervor: kommen und gehen, wann man will, tun, was man will, und sich verhalten, wie man will. Beide Annahmen sind falsch. Zumindest wenn Sie die Absicht haben, Scrum richtig zu betreiben. Führung ist auch in Scrum nötig und ist ein immanenter Bestandteil des Prozesses. Allerdings ändert sich in Scrum das Verständnis, wie sinnvolle Führung aussehen sollte.

Führung oder Macht?

Mit Führung wird in unserer hierarchisch geprägten Gesellschaft sehr häufig automatisch das Erteilen von Befehlen assoziiert. Andere verbinden damit einen unterschriebenen Urlaubsschein oder eine zu überwindende Hürde bei Gehaltsverhandlungen. Das spiegelt das traditionelle Verständnis von Führung wider, nach dem der Führung eine gewisse Position in einer Organisation zugewiesen wird. Dieser Position sind Machtbefugnisse zugeteilt, die sozusagen „vererbbar" sind. Wenn eine Führungskraft ausgetauscht wird, kommt eine andere nach, der das Machtinventar übertragen wird, unabhängig von ihren menschlichen und fachlichen Fähigkeiten. Die Schwäche liegt darin, dass man sich leicht hinter Macht verstecken kann, indem man Anweisungen erteilt, die nicht weiter begründet werden (müssen). Im Grunde bedeutet das nichts anderes als Verantwortung abzuwälzen. Noch viel schlimmer: Führung in dieser Form bedeutet, dass ich nicht einmal vorleben muss, was ich angeblich vertrete. Menschen in Führungspositionen sind oft der irrigen Ansicht, dass Mitarbeiter nicht bemerken, wenn man selbst nicht so ganz hinter dem steht, was man sagt. Genau für diese Maskierung haben Menschen aber ein besonders feines Sensorium und gerade bei geborenen Analytikern, wie es Softwareentwickler sind, stößt diese Form der Maskierung auf noch mehr Ablehnung. Eine solche Führungskraft wird nicht ernst genommen. Software Engineering Manager Michael „Rands" Lopp, beschreibt es folgendermaßen:[5]

> *„After you have a healthy collection of stories, you're going to have a good idea about some of the culture, but you're still missing essential data for your culture chart. See, the folks who tell the stories about culture usually aren't the folks who created them.*
>
> *Stories are told, but first they are born. The people who are responsible for defining the culture are not deliberately doing so. They do not wake up in the morning and decide, „Today is the day I will steer culture of the company to value quality design." They just do it. The individuals who have the biggest impact on the culture and company, aren't doing it for any other reason than they believe it is right thing to do, and if you want to grow in this particular company it's a good idea to at least know who they are and where they sit. You need to pay attention to this core group of engineers because as they do, so will the company."*

5 Lopp 2010

Führung befähigt

Macht und Anweisung schließen sich in kreativen Prozessen wie der Softwareentwicklung eigentlich als Führungsgrundsätze aus. Kreativität lässt sich nicht verordnen. Genauso wenig lassen sich Werte verordnen. Man kann sich nur das Ziel setzen, diese Werte zu leben. Und das können Führungskräfte nur, wenn sie ihre Verantwortung ernst nehmen.

Scrum geht genau diesen Weg, indem es nicht Positionen, sondern Rollen mit Verantwortlichkeiten definiert. Der Product Owner gibt zwar vor, was erreicht werden muss, er gibt aber keine Anweisung dazu, wie es erreicht werden muss. Er sitzt mit dem Team in einem Boot und steuert das Boot auf jenem Kurs, der wirtschaftlich am sinnvollsten ist. Das tut er zum Beispiel, indem er seine Verantwortung wahrnimmt und das Product Backlog laufend aktualisiert und priorisiert, das Team nach außen schützt und die Verbindung zwischen Team und Kunden herstellt bzw. „Übersetzungsarbeit" leistet. Der ScrumMaster ist dafür verantwortlich, den Scrum-Prozess zu vermitteln und zu implementieren. Er achtet darauf, dass das Team die Regeln einhält und er räumt alle Hindernisse aus dem Weg, die das Team in seiner Arbeit behindern.

Führungskräfte haben es in agilen Organisationen mit drei sehr herausfordernden Prozessen zu tun:

1. Sie sind mit ständig lernenden und sich verbessern-wollenden Mitarbeitern und Teams konfrontiert. Diese Lernprozesse passieren auf der fachlichen, auf der persönlichen und auf der Team-Ebene. Durch das Prozessmodell von Scrum reicht die Bandbreite von täglichen kleinen Lernschleifen für das einzelne Teammitglied im Daily Scrum bis zu den großen Lernschleifen für das Team in der Retrospektive.
2. Die Teammitglieder arbeiten interdisziplinär. Plötzlich mit Vertretern einer anderen Spezies produktiv interagieren zu müssen, stellt ganz neue Anforderungen an Zusammenarbeit, Kommunikation und Kooperation.[6]
3. Bei Scrum kommen in einem hohen Maß gruppendynamische Prozesse zum Tragen, die vor allem bei der Teamfindung auftreten. Üblicherweise durchlaufen Teams die vier Phasen Forming, Storming, Norming und Performing,[7] in denen Konflikte und Machtkämpfe auftreten, in denen sich aber auch das implizite Wertesystem eines Teams herausbildet.

Führung bedeutet im Scrum-Umfeld daher: Konsequenz und Regeleinhaltung einerseits, denn Konsequenz bewirkt Stabilität. Andererseits ist es Prozessbegleitung in Form von Coaching, Moderation, Kommunikation und Konfliktlösung. In agilen Organisationen fungiert die Führung als Katalysator, der explizite und implizite Werte und Regeln konstruktiv handhabt und konvergieren lässt, ohne selbst direkt mitzuwirken.[8] Führung muss den einzelnen Teams und Menschen die Rahmenbedingungen geben, in denen selbstorganisierte und selbstgesteuerte Arbeit möglich ist. In diesem Sinne sind Führungskräfte in agilen Organisationen Katalysatoren, die es durch ihre Prozesskompetenz den Teammitgliedern ermöglichen, ihre Fachkompetenz optimal einzusetzen (Tabelle 2.2).

---

[6] Vigenschow 2008
[7] Tuckman 1965
[8] Oestereich 2008

TABELLE 2.2 Führung als Dienstleistung (in Anlehnung an Oestereich 2008)

Kompetenzen, zu denen Führungskräfte die Mitarbeiter befähigen und entwickeln	Leistungen von Führungskräften und Entscheidungsträgern für die Mitarbeiter
Kompetenz, Wissen, Können	Klare, verständliche und gemeinsame Ziele setzen
Lernfähigkeit, Veränderungsbereitschaft	Wertschätzung vermitteln, Vertrauen aufbauen
Motivation, Begeisterung	Kommunikation und Kooperation fördern
Selbstdisziplin	Eigenverantwortung und Selbstkoordination unterstützen
Wahrnehmungs- und Konfliktfähigkeit	Transparenz schaffen und vorleben
Arbeitstechniken	Effizienz und Effektivität durch Schaffen der richtigen Rahmenbedingungen ermöglichen

Auch wenn Scrum in manchen Ohren ein wenig sozialromantisch klingen mag: tatsächlich hat es in seiner praktischen Umsetzung mehr mit militärischer Führung gemeinsam (vom Kommando-Ton abgesehen). Vor allem bei Bodenoperationen herrschen ähnliche Voraussetzungen wie in der (globalisierten) Wirtschaft: Die Truppen müssen sich ständig an neue Gegebenheiten anpassen, wissen nicht, wer oder was hinter der nächsten Ecke lauert und werden im schlimmsten Fall von allen Kommando- und Versorgungsstrukturen abgeschnitten. In der US Army und vor allem im US Marine Corps ist die Führung daher stark dezentralisiert, informell und flexibel. Vom Offizier abwärts bis zum einzelnen Soldaten kennt jeder die Mission und die Absicht einer Operation. Das ist schon alleine deswegen notwendig, damit Truppen nicht orientierungslos agieren und die Operation weiterführen können, falls im Kampf ein Vorgesetzter verletzt wird oder fällt. Gleichzeitig besteht entlang der Befehlskette die Freiheit, selbständig zu handeln und die benötigten Mittel dafür anzufordern und einzusetzen, solange diese Entscheidungen der übergeordneten Mission dienen.

Michael Useem identifiziert aus dem militärischen Verständnis vier Grundsätze der adaptiven Führung in einer unvorhersehbaren Umgebung:[9]

- **Meet the troops:** Eine persönliche Verbindung zu jedem Mitarbeiter herstellen – auf individueller Basis oder bei größeren Zusammenkünften. Eine persönliche Verbindung verstärkt die Botschaft, die transportiert werden soll.
- **Make decisions:** Nicht aus der Hüfte schießen, aber mit Entscheidungen auch nicht darauf warten, bis alle einer Meinung sind.
- **Focus on mission:** Die Interessen der Organisation haben Priorität. Dann kommt das Team, und dann erst das Eigeninteresse. Was gut für den Manager ist, ist nicht zwangsläufig gut für das Unternehmen.
- **Convey strategic intent:** Die Richtung vorgeben, aber kein Mikromanagement betreiben. Mitarbeiter müssen die Freiheit zur Improvisation haben.

[9] Useem 2010

Im US Marines Leadership Manual heißt es: „(Adaptability) means a willingness to deviate from normal, accepted practices - even from doctrine - if that is what it takes.“ Das setzt absolutes Vertrauen in die Untergebenen voraus.[10]

Mitarbeiter sind Mitdenker

Sind Softwareentwickler Handwerker, Ingenieure oder gar Künstler? Softwareentwickler wissen eigentlich selbst noch nicht so ganz, wo sie sich einordnen sollen. Wahrscheinlich haben sie von allem etwas, bei einigen kommt noch Genialität als Rahmenqualifikation dazu. Eine kreative Komponente hat die Softwareentwicklung allemal, egal aus welchem Blickwinkel man sie betrachtet. Jedenfalls hat man es mit einer hochintelligenten Spezies zu tun, die Ambivalenz erschafft, in sich selbst ambivalent ist und vielleicht gerade deswegen besonders gut in agile Organisationen passt.

> *„Der Nerd ist eine Art Archetyp der Informationsgesellschaft. Ein mythologisches Rollenmodell. Zugleich ein wandelndes Klischee - ein bisschen Technikschamane, ein bisschen Freak, ein bisschen armes Schwein. Was er wirklich ist, weiß keiner so genau. (...) Nerds wollen wissen, wie Systeme funktionieren. (...) Wer Systeme versteht, kann sie beherrschen und verändern - und gegebenenfalls neue konstruieren. Diese Art zu denken hat mit Kontrolle zu tun, weniger mit Gefühlen oder Empathie. Und manche extremen Nerds glauben, dass sie ihr Beziehungsleben ähnlich steuern können.“*[11]

Natürlich ist nicht jeder Softwareentwickler ein soziophober Nerd. Was aber sehr oft zutrifft, ist eine gewisse Tendenz zur Abschottung. Die Fähigkeit, Systeme - darunter auch das System „Unternehmen“ - zu durchschauen, macht diese Menschen zu kritischen Mitarbeitern, die Managementphrasen nicht viel abgewinnen können. Sie spielen zwar das Spiel mit, aber nicht aus innerster Überzeugung. Das Kuriose ist, dass Softwareentwickler rückblickend betrachtet genau die Welt mitgeschaffen haben, die sie jetzt dazu zwingt, sich in ihr einzufügen - trotz aller Vorbehalte gegen alles, was managt.

Notorisches Einzelgängertum war vor 20 Jahren noch kein Problem, weil in der Softwareentwicklung und in allen damit zusammenhängenden Branchen Grundlagenarbeit zu leisten war. Je komplexer aber die Zusammenhänge werden und je enger die Welt zusammenrückt, desto wichtiger ist auch die Fähigkeit der Zusammenarbeit: mit anderen Entwicklern, mit Produktmanagern, mit Kunden und mitunter mit Menschen aus völlig anderen Kulturkreisen. Jeder hochqualifizierte Softwareentwickler wird nach wie vor zwischen mehreren Job-Angeboten auswählen können, aber der Abbau von Arbeitsplätzen und die damit verbundenen Sorgen machen heute keinen Unterschied mehr zwischen Produktionsmitarbeiter und Wissensarbeiter. Softwareentwickler sehen sich daher mittlerweile auch dazu gezwungen, über ihre Karriere nachzudenken und das bedeutet, sich stärker mit dem Umfeld auseinanderzusetzen, in dem man arbeiten will oder muss. Jeder muss sich bewusst sein, dass er sein eigener bester Beitrag zum Erhalt des Arbeitsplatzes ist. Dafür müssen Schrulligkeiten durchbrochen und andere Denk- und Sichtweisen akzeptiert werden - zum Beispiel die des Kunden, der vielleicht andere Maßstäbe anlegt als den des Entwicklers, der in erster Linie schönen Code

[10] Groysberg et al. 2010
[11] Vasek 2010

liefern will. „Erschwerend" kommt hinzu, dass dafür kommuniziert werden muss. Nicht per Mail, nicht auf einem Forum, nicht per Twitter oder Facebook, sondern von Angesicht zu Angesicht. Auf der anderen Seite bringen Menschen in der Softwareentwicklung Fähigkeiten mit, die ein ungeheurer Gewinn für ein Unternehmen sein können, wenn man sie richtig nutzt und gedeihen lässt:

„We're different, and understanding these differences is a good place to start. At our core, I believe geeks are system thinkers. A simpler way to think about this is that in the mind of a geek, the world is like a computer - discernible, knowable, and finite. After years of successfully using the computer as a means of interacting with the world, we've come to follow a certain credo:

We seek **definition** *to understand*

the **system** *so that we can discern*

the **rules** *so that we*

know what to do next *so that*

we **win**."

(...) A crisis occurs when a situation appears that doesn't follow the rules, doesn't fit in the system, and is inherently indefinable. We go into high alert when we see a flaw in the system because the system is what we tell ourselves to get through the day. Unfortunately, this structure is a comfortable illusion and full of certain flaws that I like to call people."[12]

Der Drang, Systeme und ihre Regeln verstehen zu wollen, schreit geradezu danach, in Sprints und Retrospektiven losgelassen zu werden. Denn in diesem Verstehenwollen liegt der Kern des Problemlösens und der Innovation. Einem Unternehmen kann nichts Besseres passieren als ein Mitarbeiter, der mitdenken will. Und dann mögen diese Menschen auch noch Regeln, was die Wahrscheinlichkeit erhöht, dass sie sich an die Regeln halten, die sie sich zum Beispiel im Rahmen von Scrum selbst setzen. Nur muss man mit einem leben können: dass solche Menschen laufend hinterfragen und in Frage stellen, und zwar alles. Was Scrum nur entgegenkommt, schließlich geht es uns um die ständige Verbesserung.

Bei der Einführung von Scrum machen unsere Kunden mit ihren Mitarbeitern - egal ob Product Owner, ScrumMaster oder Teammitglied - oft zwei substantielle Erfahrungen: Manche Mitarbeiter können sich überhaupt nicht mit Scrum anfreunden, andere dagegen, die sich bisher immer im Hintergrund gehalten haben, blühen plötzlich auf. Einer der Gründe für beide Reaktionen liegt in der Transparenz, die Scrum mit sich bringt. Der Scrum-Prozess macht es für jeden, der involviert ist, wesentlich schwerer, Nichtkönnen oder Nichtwollen hinter Vorschriften zu verstecken. Umgekehrt macht diese Transparenz genau sichtbar, was jeder kann und beiträgt. Hier kann nichts bis zum Ende eines Projekts verborgen werden, weil Daily Scrum und die Aufteilung des Projekts in Sprints das nicht zulassen. Anderes Konfliktpotenzial liegt darin, dass Menschen durch den Wechsel von einer Position in eine Rolle plötzlich nicht mehr wie bisher Macht oder Befehlsgewalt ausüben können. Manchen fällt es auch nicht leicht, ihr Wissen „zugänglich" zu machen und auch mal andere Aufgaben zu übernehmen.

Menschen, die mit Scrum arbeiten, brauchen also ein paar grundlegende Eigenschaften, einen Überblick darüber gibt Tabelle 2.3.

---

[12] Lopp 2010

TABELLE 2.3 Menschliche „Erfolgsfaktoren“ für Scrum

Werte	Intrapersonelle Fähigkeiten	Interpersonelle Fähigkeiten
Offenheit	Eigenverantwortlichkeit	Kommunikationsfähigkeit und -willigkeit
Mut	Selbstreflexion	Kritik üben und annehmen können
Respekt	Entscheidungsfreudigkeit	Hilfsbereitschaft
Commitment	Lernwilligkeit	Delegationsfähigkeit
Fokus	Qualitätsbewusstsein	Vertrauen
	Disziplin	Gemeininteressen über Eigeninteressen stellen können

2.2 Das agile Organisationsmodell

Einer der wesentlichsten Wandlungsprozesse, der auf dem Weg zu einer agilen Organisation stattfinden muss, ist die Abkehr vom abteilungsbezogenen, hierarchischen, status- und titelgetriebenen Denken. Traditionellerweise wird die Entwicklungsabteilung in die typischen Phasen der Softwareentwicklung zerlegt und das zu fertigende Produkt der Vorgangsweise

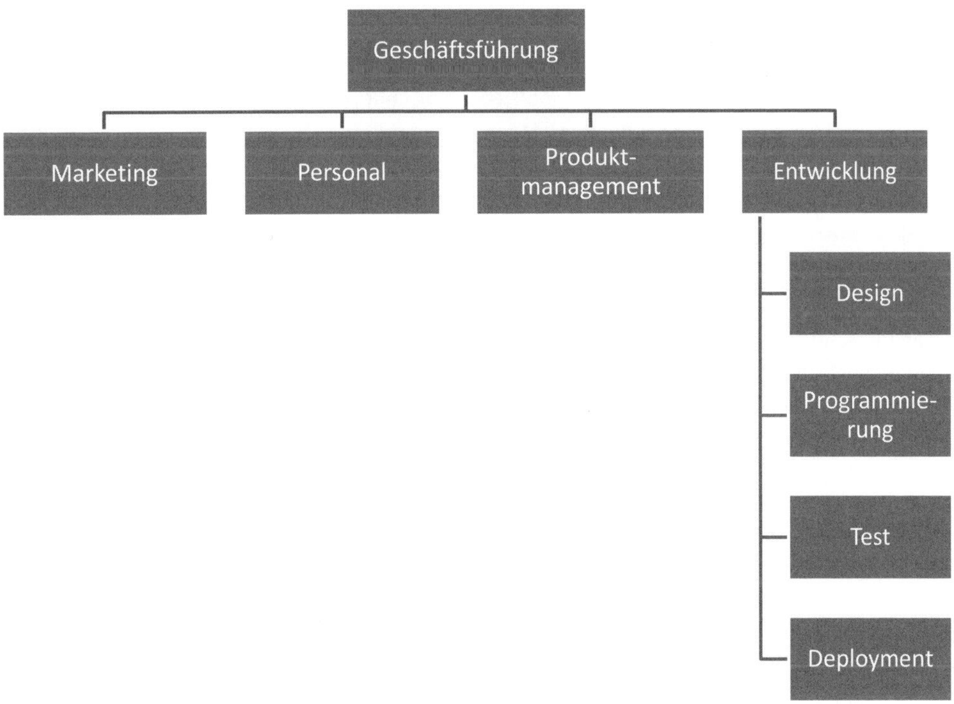

BILD 2.1 Klassische Organisationsstruktur

des Wasserfallmodells entsprechend „weitergereicht". In den meisten Firmen werden Teams entweder nach den Applikationen, an denen sie arbeiten, oder nach ihren speziellen Fähigkeiten gruppiert (siehe Bild 2.1). Jeder arbeitet nur an den Aufgaben, die ihm im Vorhinein zugewiesen wurden. Der Projektmanager peitscht die voneinander unabhängig agierenden Einheiten durch den Projektplan und erst am Ende des Projekts werden Teilsysteme zu einem Ganzen integriert.

In dieser Konstellation bekommt jeder Mitarbeiter seinen Platz zugewiesen. Der Abteilungs- oder Teamleiter ist fachliche und disziplinarische Führungskraft in einer Person. Alle Instrumente des Personalmanagements richten sich an das Individuum, Positionsbeschreibungen und Titel zeigen eindeutig, auf welchem Gebiet der Einzelne Spezialist ist und wie weit er es in der Hierarchie bereits gebracht hat. Dementsprechend verhalten sich viele Mitarbeiter in dieser Organisationsform: Sie lassen andere spüren, an welchen Hebeln sie sitzen und dass es einzig und allein ihre Entscheidung ist, ob sie andere an ihrem Wissen teilhaben lassen oder nicht. Denn das Zurückhalten von Wissen ist ein Weg, um sich unentbehrlich zu machen.

Organisationsveränderung durch Scrum

Scrum hingegen arbeitet mit interdisziplinären Teams. Alle Spezialisten, die sich bisher sequenziell das Produkt in die Hand gedrückt haben, stellen nun nicht mehr ein von Anfang bis Ende starr geplantes Projekt reihum fertig, sondern entwickeln gleichzeitig und gemeinsam ein *Produkt*. Dabei schließt es sich nicht aus, Spezialist und Generalist gleichzeitig zu sein. Es geht nicht darum, dass alle alles wissen und können müssen. Ein Generalist zu sein bedeutet nichts anderes, als eine gemeinsame „Grundkompetenz" zu haben, eine Basis, auf der sich alle, die in der Softwareentwicklung zusammenarbeiten, verstehen. So ist in einem Orchester die gemeinsame Basis die Musik, obwohl jeder ein anderes Instrument spielt. In der Softwareentwicklung ist es zum Beispiel das gemeinsame branchenspezifische Know-how über Bankensoftware, auch wenn ein Entwickler Spezialist für Zinsprogramme und der andere für Aktienkursprogramme ist. Agile Methoden der Softwareentwicklung betonen stets, wie wichtig die direkte Kommunikation ist. Und darum geht es schlussendlich auch: dass sich auf einer gemeinsamen Basis agierende Spezialisten durch intensive Kommunikation gegenseitig auf eine Stufe bringen, auf der sie regelmäßig Aufgaben voneinander übernehmen können.

Eine tatsächliche agile Organisation ist nichts anderes als eine permanente Projektorganisation (siehe Bild 2.2), in der jene Menschen laufend miteinander arbeiten, die für die Entwicklung und Fertigstellung eines Produktes gebraucht werden. In einer agilen Organisation bleiben in der konstanten „Metaorganisation" Abteilungen oder „Jobfamilien" mit ihren unterschiedlichen Schwerpunkten, wie z.B. Sales, Marketing, Software-Development, HR etc., natürlich weiterhin bestehen. In diesen Jobfamilien sitzen auch weiterhin Menschen mit unterschiedlichen „Kompetenzradien" auf der fachlichen Ebene und damit einhergehend mit unterschiedlichen Levels, was Führungsaufgaben betrifft. Angesichts der wichtigen Rolle der ScrumMaster ist es sinnvoll, auch einen Company ScrumMaster – als Manager aller ScrumMaster des Unternehmens – in der Metaorganisation zu installieren. Die Metaorganisation ist Trägerin und Vermittlerin der unternehmensweiten Strategien und der Unternehmenskultur. Aus der Metaorganisation werden je nachdem, welches Produkt entwickelt werden soll, die Experten in die jeweiligen Teams entsendet. Ein Scrum-Team ist also kein klassisches Softwareentwicklungs-Team, das nur aus Softwareentwicklern besteht. Teams sollten immer nach Funktionalitäten oder Produktteilen aufgestellt werden. Jene Abteilung, die den Auftrag für ein Produkt gibt, stellt auch den Product Owner, der also die Vision und das Product Backlog entwickelt. Am besten stellt er auch das Team zusammen, weil er genau weiß, was er haben will und was er benötigt. Diese Situation ist vergleichbar mit Theater- oder Filmproduktionen, bei denen der Produzent zunächst den Regisseur sucht und dann gemeinsam mit ihm nach einem Casting die Besetzung vornimmt. An dieses Ideal kann man nah herankommen, wenn das Management dem Product Owner einen ScrumMaster zur Seite stellt, und diese beiden gemeinsam und unter Beachtung der Rahmenbedingungen das Team zusammenstellen. Ein Scrum-Team bleibt so lange zusammen, wie es in dieser Form sinnvoll ist. Wenn es sich verändern muss, weil zum Beispiel neue Anforderungen kommen, dann wird es sich verändern.

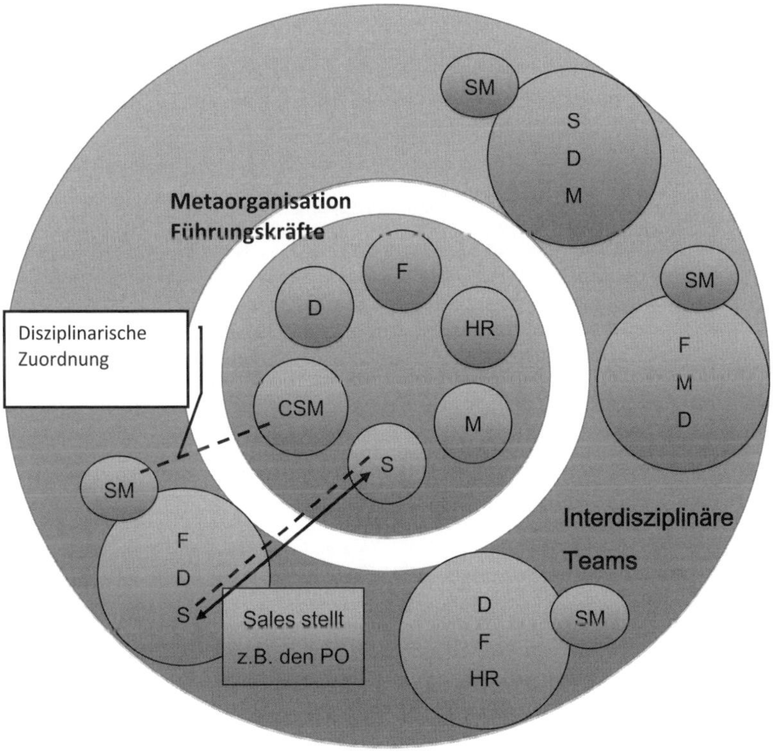

BILD 2.2 Agiles Organisationsmodell[13]

Für die Akteure im Rahmen des agilen Organisationsmodells bedeutet das:

- **Die Manager** der Metaorganisation bleiben weiterhin die disziplinarischen Führungskräfte der Mitarbeiter ihrer Abteilung. Je nachdem, woher der Auftrag kommt, gibt der Manager aber die Produktverantwortung an den Product Owner ab. Das Management „kontrolliert" auch nicht mehr das Team in seiner täglichen Arbeit. Diese Verantwortung übergibt es dem

[13] Abkürzungen: S(ales), M(arketing), F(inance), D(evelopment), CSM (Company ScrumMaster), SM (ScrumMaster)

ScrumMaster. Während sich das Management beim Thema „Führung" wieder auf seine wichtigste Funktion zurückzieht – das Schaffen der geeigneten Rahmenbedingungen für die Teams –, erweitert sich das Spektrum jener Personen, die führen müssen. Mit dem ScrumMaster entsteht eine Führungsrolle „ohne Macht", mit dem Product Owner eine produktvisionäre Führungsrolle und die Teammitglieder übernehmen situative Führungsverantwortung füreinander (mehr dazu in Kapitel 8).

- **Die Teammitglieder** – und nun meinen wir in diesem Zusammenhang speziell die tatsächlichen Softwareentwickler – „verlieren" ihre hierarchischen Positionsbezeichnungen und werden einfach nur zum Teammitglied. Damit gehen bei der Einführung von Scrum die größten Ängste einher, denn daran knüpfen sich automatisch Fragen wie „Kann ich überhaupt noch eine Karriere machen oder gehen die Karrierepfade im Teamgedanken unter? Sind wir jetzt alle ‚gleich', egal was der Einzelne bisher erreicht hat?" Rollen in Scrum sind keine hierarchischen Positionsbeschreibungen, sondern Verantwortlichkeiten. Dass man auch in einer agilen Organisation noch Karriere machen kann, zeigen wir in Kapitel 4.

Einen Überblick über die Auswirkungen auf Zuständigkeiten, Karriere und Führungsaufgaben bietet Tabelle 2.4.

TABELLE 2.4 Aufgaben, Zuständigkeiten und Führung in einer agilen Organisation

Rolle	Zuständigkeit	Karriere	Führungsaufgabe
Product Owner 	▪ Planung & Lenkung der Produktentwicklung aus Businesssicht ▪ Schnittstelle zum Kunden ▪ Kommunikation der Produktvision ▪ Verantwortlich für den Projekterfolg	Die Rolle des Product Owners ist keine in sich geschlossene Daueraufgabe, sondern eine Zusatzqualifikation, z.B. im Produktmanagement. Daher kein eigener Karrierepfad.	▪ Vision ▪ Ziel ▪ Emotion ▪ Unterstützung ▪ Restriktionen ▪ Kunden-, Business- und Ergebnisorientierung ▪ Keine disziplinarische Führung
ScrumMaster 	▪ Implementierung und Etablierung des Scrum-Prozesses und des Mindsets ▪ Beseitigen von Hindernissen ▪ Begleiten des Teambuildings ▪ Einhaltung der Prozesse ▪ Schutz des Teams vor unkontrollierten externen Eingriffen	Der starke Fokus auf die Entwicklung von Führungsqualitäten „ohne Autorität" legt einen Karrierepfad vom Junior ScrumMaster zum Senior ScrumMaster nahe. Das inhaltlich konstante, die gesamte Organisation betreffende Aufgabengebiet macht den Einsatz einer eigenen Jobfamilie „ScrumMaster" sinnvoll.	▪ Coach ▪ Change Agent ▪ Moderator ▪ Konfliktmanager ▪ Fachliche Unterstützung ▪ Teamentwicklung ▪ Keine disziplinarische Führung ▪ Keine Leistungsbeurteilung der Teammitglieder

Rolle	Zuständigkeit	Karriere	Führungsaufgabe
ScrumMaster (Forts.)	▪ Entscheidungshilfe, wenn sich Teammitglieder an ihn wenden		
Team 	▪ Produktlieferung ▪ Qualitätsverantwortung ▪ Zielorientierte Entscheidungen ▪ Selbstorganisation	Wahl zwischen fachlicher Laufbahn, „traditioneller“ Führungslaufbahn oder „lateraler“ Führungslaufbahn (ScrumMaster)	▪ Selbstführung ▪ Peer-to-peer-Führung ▪ Teaminterne Konfliktlösung ▪ Wechselnde, situativ sinnvolle Führung durch einzelne Teammitglieder in bestimmten Fragen ▪ Selbstdisziplinierung, aber keine disziplinarische Führung ▪ Mitentscheidung bei Aufnahme neuer Teammitglieder
Funktionale Führungskraft (Teamleiter, Abteilungsleiter, Bereichsleiter)	▪ Die nötige Infrastruktur zur Verfügung stellen ▪ „Befähigung“ des Teams zu Entscheidungen ▪ Strategische Planung ▪ Personalplanung ▪ „Geh hin und schau“ – sich für das Team Zeit nehmen und sich vor Ort über die Arbeit informieren	Führungslaufbahn	▪ Personalplanung ▪ Personalauswahl ▪ Netzwerkaufbau ▪ Disziplinarische Führung der einzelnen Teammitglieder ▪ Weiterentwicklung der einzelnen Mitarbeiter ▪ Talentmanagement

2.3 Die klassische Personalabteilung – zwischen den Stühlen

Verwalten und reagieren – der Ursprungsgedanke des Personalmanagements lässt sich im Wesentlichen auf diese zwei Worte reduzieren. Historisch gesehen ist das Personalmanagement eine sehr junge Disziplin, deren Ursprünge eher in einer bürokratischen Überwachung des Personalstandes, dem rechtzeitigen Auszahlen von Löhnen, Einstellen und Freisetzen und der juristischen Konfliktregelung liegen. Mit der Abkehr vom Scientific Management eines

Frederick W. Taylor, das den Menschen im Prinzip auf die Konditionierbarkeit eines Pawlowschen Hundes reduzierte, hat sich auch das Aufgabenspektrum der bisherigen Personalabteilung geändert. Sie hat sich zu einem eigenständigen, zentralen Funktionsbereich im Management entwickelt. Gleichzeitig kamen neue Aufgaben wie die Mitarbeitermotivation und Mitarbeiterbindung, Aus- und Weiterbildung, die Konzeption von Anreizsystemen, die Begleitung von Veränderungsprozessen oder das aktive Karrieremanagement dazu.[14]

Die Entwicklung aus der bürokratischen Ecke hat es den Personalabteilungen aber auch lange Zeit schwer gemacht, sich wirklich zu positionieren und ein sicheres Standing in einem Unternehmen aufzubauen: konfrontiert mit der Skepsis der Mitarbeiter einerseits und mit dem Stempel des Erfüllungsgehilfen aus Sicht der Führungsebene andererseits. Die 80er- und 90er-Jahre wimmelten darüber hinaus von neuen Managementan- und -grundsätzen, darunter viel alter Wein in lediglich generalüberholten Schläuchen. In vielen Unternehmen wurden und werden Grundsätze nicht wirklich gelebt, sondern lediglich als Aushängeschild missbraucht. Das ruft in der Belegschaft kognitive Dissonanzen hervor, denen eine Personalabteilung hilflos gegenübersteht, weil sie auf den unteren Ebenen Dinge fordern und vermitteln muss, die in den oberen Ebenen durch widersprüchliches Verhalten konterkariert werden.

Auf dem Weg zum Business-Partner

Mittlerweile hat sich die Erkenntnis durchgesetzt, dass Menschen und ihre Qualifikationen den Ausschlag für das Bestehen im Wettbewerb geben. Das hebt auch das Personalmanagement bzw. die Personalabteilung stärker als bisher in eine strategische Position, oder zumindest sollte es das. Bereits Mitte der 90er-Jahre hat Dave Ulrich ein neues Modell der Personalarbeit vorgeschlagen.[15] Er empfahl die strukturelle Aufteilung der Personalfunktion in drei Bereiche:

1. Shared Service Center für die Bündelung der klassischen Verwaltungsaufgaben.
2. Center of Expertise zur Bündelung von Expertenwissen in verschiedenen Domänen des Personalmanagements, z.B. Personal- und Organisationsentwicklung.
3. HR-Business-Partner, die sich mit dem Linienmanagement auf Augenhöhe bewegen, um bei Entscheidungen die Personalperspektive einzubringen.

Um dieser Business-Partner sein zu können, definierte Ulrich vier Rollen, die HR in diesem Zusammenhang einnehmen kann:

1. Strategic Partner: Umsetzung von Strategien in Ergebnisse, indem Organisationen „gebaut" werden, die Wert schaffen.
2. Change Agent: Veränderung möglich machen und sie beschleunigen.
3. Employee Champion: Advokat der Mitarbeiter sein, Management von Talent und intellektuellem Kapital.
4. Administrative Expert: Dafür sorgen, dass Aufgaben besser, schneller und günstiger erledigt werden.

[14] Bahnmüller, Fisecker 2003
[15] Ulrich zitiert nach Leitl 2009

Die Kunst besteht darin, alle Rollen auszufüllen und sich nicht nur auf eine zu fokussieren. Das verlangt von HR, das Geschäft des Unternehmens in sämtlichen Teilbereichen zu verstehen, aus unterschiedlichen Blickwinkeln betrachten zu können und mit der eigenen Sichtweise sinnvoll zu verbinden. Es führt aus der Ecke des Reagierens auf das weite Feld des proaktiven und partnerschaftlichen Handelns und verlangt von beiden Seiten - sowohl vom Linienmanagement als auch von HR - gegenseitiges Vertrauen und konsequentes Einbinden in Entscheidungen. Wichtig ist vor allem, dass die Ergebnisse der Arbeit der Personaler auch messbar und transparent sind. Dave Ulrich betont, wie wichtig es für HR ist, für den Rest des Unternehmens Wert zu schaffen. Es schafft Wert, wenn es den Stakeholdern im Unternehmen dabei hilft, ihre Ziele zu erreichen.[16] Und das funktioniert nur, wenn HR von Anfang an in der Strategie mitdenken darf.

„Vorausschauende Unternehmen sehen im Personalmanagement sowohl einen Motor für Kosteneinsparungen als auch für Umsatzsteigerung.“[17]

Agile Organisationen brauchen strategische HR-Business-Partner

Wenn die Personalabteilung in einem Unternehmen nicht schon ein Business-Partner ist, kann es sehr gut sein, dass sie spätestens durch die Einführung von Scrum einer werden muss. Auch wenn das Prozessmodell von Scrum hauptsächlich operative Abläufe abbildet, ist es in seinem Kern der Ausdruck einer durch und durch strategischen Denkweise. So wie die operative Befähigung des einzelnen US Marines am Ende immer der Strategie dient, um auf militärische Analogien zurückzukommen. Die Unternehmensstrategie dringt bei Scrum via Führungskräfte, Product Owner und ScrumMaster bis in die hintersten Ecken der Entwickler-Arbeitsplätze vor und verwandelt den Einzelnen in einen businessorientierten Mitdenker.

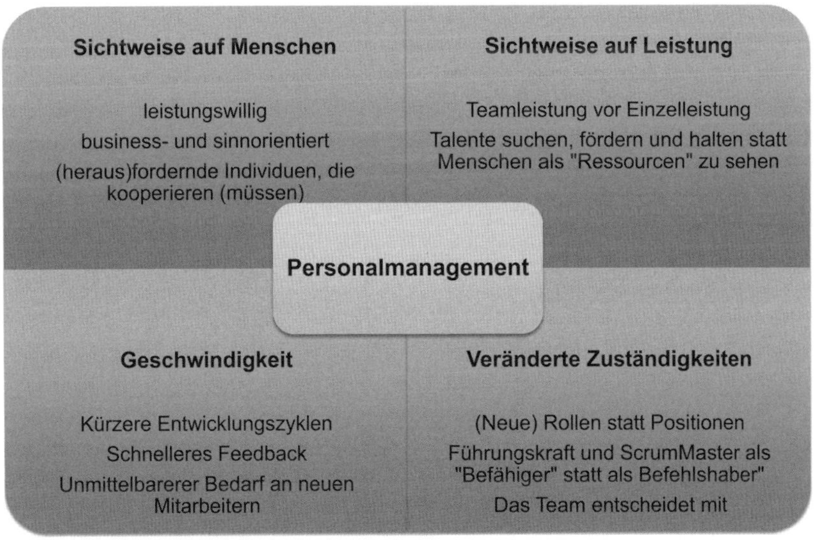

BILD 2.3 Herausforderungen für HR im Umfeld von Scrum

[16] Ulrich, Brockbank 2005
[17] Breitfelder, Dowling 2008

Scrum ist Strategie in Sprint-Form, und ein solcher Ansatz kann nichts anderes fordern als ein Personalmanagement, das sich in diesen Rhythmus einklinkt.

Die Einführung von Scrum wirkt in die Organisation zurück und löst dadurch Entwicklungen aus, die den HR Business-Partner vor neue Herausforderungen stellen (siehe Bild 2.3):

- **Sichtweise auf Menschen:** Scrum folgt der Theorie Y nach McGregor und betrachtet Menschen daher als prinzipiell leistungswillig. In der Softwareentwicklung haben wir es mit sehr intelligenten, manchmal sehr herausfordernden Individuen zu tun, die trotzdem fähig zur Kooperation sein müssen. Als Unternehmen muss man die eigenen Anforderungen an diese Individuen abstecken, aber man muss sich bewusst sein, dass auch die potenziellen Kandidaten in der Lage sind, Anforderungen zu stellen. Scrum ist für die Unternehmen, die es anwenden, mittlerweile ein strategischer Positionierungsfaktor am Arbeitsmarkt. Hochtalentierte Mitarbeiter haben nach wie vor die Wahl, für welches Unternehmen sie arbeiten möchten. Ob und wie Scrum in der Entwicklung angewendet wird, ist ein wesentliches Kriterium für potenzielle Mitarbeiter bei der Entscheidung zwischen mehreren Optionen geworden. Wer die Besten will, muss der Beste sein.
- **Geschwindigkeit:** Mehrjahrespläne haben in Scrum keinen Platz. Feedback ein Mal pro Jahr im Mitarbeitergespräch? Vergessen Sie's. Neue Mitarbeiter ja, aber erst nach dem halbjährigen Auswahlprozess? Da kann man gleich auf Scrum verzichten. Scrum macht durch sein Prozessmodell Entwicklungen, Fehler und Notwendigkeiten schneller sichtbar, als manchen vielleicht lieb ist. Vor allem bei der Personalsuche heißt das: auch bei überraschendem Bedarf an neuen Mitarbeitern immer einen Trumpf im Ärmel haben.
- **Sichtweise auf Leistung:** Bewertungs-, Entlohnungs- und Weiterentwicklungssysteme sind meistens auf das einzelne Individuum abgestimmt. Bei Scrum rückt die Teamleistung in den Vordergrund. Wie also wird die Teamleistung bewertet und belohnt?
- **Veränderte Zuständigkeiten:** Wir haben in Scrum Führungsrollen ohne disziplinarische Autorität, wie den ScrumMaster und den Product Owner. Stattdessen müssen Wege der Teamentwicklung und Konfliktlösung gefunden, begleitet und moderiert werden. In ihrer Funktion als Coaches und Moderatoren brauchen Führungskräfte selbst Coaching, und damit die tatkräftige Unterstützung von HR, das sich mit neuen Methoden und Instrumenten auseinandersetzen muss. Oder wie es Matthew D. Breitfelder, Vice President, Leadership Development bei MasterCard Worldwide ausdrückt:

  „An der Business School habe ich gelernt, Teams zu führen, die die höchste Stufe des Erfolgs erreichen können. Auch heute noch will ich dort oben hin, aber nicht als Sir Edmund Hillary, Erstbesteiger des Mount Everest. Heute bin ich eine Art Tenzing Norgay, Hillarys Sherpa-Führer auf der geschichtsträchtigen Bergtour. Ich unterstütze andere dabei, eine Strategie zu entwickeln, das Terrain zu sondieren und auf den Gipfel zu gelangen. Wie ein guter Sherpa versuche ich ständig, diesen Ansatz mit einer Reihe von Techniken zu verbessern und seine Wirkung zu maximieren.“[18]

Die Personalabteilung fungiert bei der Veränderung zu einer agilen Organisation also als „Katalysator“ (siehe Tabelle 2.5), der als Übersetzer die Anforderungen, die von „unten“ bei den

---

[18] Breitfelder 2008

Teams durch die Einführung von Scrum entstehen, dem Management erklärt (zum Beispiel das Problem des Verlustes der disziplinarischen Führungsverantwortung von Teamleitern). Andererseits ist die Aufgabe von HR die Vermittlung der Perspektive des Managements nach „unten" (z.B. die Notwendigkeit der Transparenz, um das Unternehmen zu steuern). All das mit neuen - oder neu gestalteten - Instrumenten.

TABELLE 2.5 „Katalysatorfunktionen" von HR im Veränderungsprozess

Anforderungen aus der Team-Ebene	Anforderung an das Management	Aufgabe von HR
Organisatorische Anforderungen		
Neue Infrastrukturen und neue räumliche Organisation für die Zusammenarbeit der Teams	Budgetmittel, Räumlichkeiten etc. zur Verfügung stellen	Definition der Anforderungen; Beschaffung/Änderung in die Wege leiten
Mitarbeiterbezogene Anforderungen		
Ängste der Mitarbeiter	Kommunikation der Veränderungen und Strategie	Plattformen für die Kommunikation schaffen: Workshops, Verfassen von Missionstatements, Rundschreiben, Intranet etc.
Suche nach Stabilität für die Zukunft - Karrieremöglichkeiten	Dem einzelnen Mitarbeiter Karrieremöglichkeiten eröffnen	Erarbeitung von Karrierepfaden und -modellen
Neue Skills müssen gefördert oder ausgebildet werden	Weiterentwicklungspläne für die einzelnen Mitarbeiter definieren, Trainings- und Ausbildungsbedarf ermitteln	Coaching des ScrumMasters als Veränderungsmanager, Trainings für Teammitglieder definieren, entwickeln oder zukaufen
Bedarf an neuen Mitarbeitern, die die Rollenerfordernisse erfüllen	Mitarbeitersuche; das Unternehmen als attraktive agile Organisation positionieren	Kompetenzprofile entwickeln; Employer Branding; Aufbau einer Talentpipeline
Frage nach der Bewertung von Individualleistung und damit zusammenhängender Vergütung	Trennung und gleichzeitig Verbindung von Individual- und Teamzielen in Mitarbeitergesprächen	Neue Formen des Leistungsfeedbacks installieren; Vergütungsmodelle schaffen, die nicht mehr nur die Einzelleistung, sondern auch die Teamleistung einbeziehen
Umgang mit Teammitgliedern, die ihre Leistung nicht erbringen oder nicht ins Team passen	Alternativen für den Mitarbeiter im Unternehmen suchen oder eine Trennung vom Unternehmen veranlassen	Varianten der Versetzung oder Trennung überprüfen; Vermittlung interner oder externer neuer Positionen, Nachbesetzung in die Wege leiten

Erfolgsfaktoren für die erfolgreiche Veränderung

Es ist also sinnvoll, die Personalabteilung – oder wenn die internen Ressourcen nicht reichen einen externen Partner – in diese umfassenden Veränderungsprozesse einzubeziehen. Vor allem deshalb, weil der Weg voller Stolpersteine ist, die von den rein fachlich orientierten Akteuren nicht immer sofort erkannt werden. In der Praxis gibt es Unternehmen, in denen der Leidensdruck der Mitarbeiter bereits so groß ist, dass sie die Veränderungen durch Scrum mit offenen Armen aufnehmen. Meistens ist es aber so, dass die Veränderung in Mitarbeitern auch massive Ängste auslöst. Der noble Ansatz wäre, wirklich alle Mitarbeiter auch in ein neues agiles Organisationsmodell mitzunehmen. Allerdings beobachten wir immer wieder, dass Change Management Prozesse oft am ehesten glücken, wenn – direkt gesprochen – auch „Köpfe rollen". Einige der größten Impediments, die im Veränderungsprozess auftauchen können, sind Folgende:

- Die Frage nach Karriere und Position tritt reflexartig auf. Je nachdem, welche Position ein Mitarbeiter zuvor innehatte, werden Rollen manchmal nicht als Chance zur Erweiterung von Kompetenzen erkannt, sondern als Degradierung empfunden. Meistens ist das der Fall, wenn der Teamleiter zum ScrumMaster werden soll und er mit dem „Verlust" seiner disziplinarischen Macht nicht leben kann. In diesem Fall muss man sich fragen, warum der Teamleiter einmal Teamleiter geworden ist. War er fachlich der Beste und wollte man ihn durch die Position halten? Wenn dem so ist, sollte man mit ihm alle Rollenoptionen prüfen und ihm auch klar kommunizieren, welche Karrierewege für ihn im agilen Umfeld nach wie vor in Frage kommen. Wenn auch das nicht hilft, hilft meist nur mehr die Trennung.
- Nicht immer ist das Management sofort dazu bereit, die nötigen budgetären Mittel bereitzustellen, die für das Schaffen einer adäquaten Team-Arbeitsumgebung nötig sind. Die räumliche Nähe hat aber einen ganz wesentlichen Einfluss auf die Effektivität eines Teams.
- Es ist kontraproduktiv, den Veränderungsprozess zu einer agilen Organisation mit den schwerfälligen Methoden von Steering Committees und Ausschüssen bewerkstelligen zu wollen. Der Veränderungsprozess selbst ist auch nichts anderes als ein „Produkt" und kann ebenso mit der Methodik von Scrum gestaltet werden.
- Es wird plötzlich klar, wo eine Abteilung mit ihrer Leistung wirklich steht. Die neue Transparenz legt Fehler deutlich offen, die in der Vergangenheit gerne „übersehen" wurden. Das ist schmerzhaft, vor allem deshalb, weil man diese Fehler auch anderen Abteilungen gegenüber eingestehen und erklären muss.

Es kommt nicht jeder Mensch mit Transparenz, einem neuen Rollengefüge und einem gesteigerten Kommunikationsbedarf zurecht, das ist leider eine Tatsache. Der Veränderungsprozess ist daher im Wesentlichen **ein nicht endendes Kommunikationsprojekt**, an dessen Beginn eine klare Vision steht, die an der Unternehmensspitze definiert werden muss. Für alle Betroffenen muss transparent gemacht werden, warum der Wandel nötig ist. Um Ängste zu nehmen, muss offengelegt werden, was die Veränderungen für den Einzelnen bedeuten, wie ab sofort gearbeitet wird und wie vor allem nicht mehr gearbeitet wird. Wichtig ist es, nicht nur von der Spitze abwärts zu kommandieren, sondern auch die Rückmeldung von den Mitarbeitern zuzulassen, was sich aus ihrer Sicht ändern und verbessern muss.

Implikationen der Veränderung für die Instrumente des Personalmanagements

Alle Veränderungen, die Scrum mit sich bringt, brauchen ein aktives – oder besser gesagt: agiles – Personalmanagement. Die Aufgaben – Personalbeschaffung, Personalauswahl, Talentmanagement & Retention, Performance Management, Compensation & Benefits, Trennungsmanagement – bleiben auch in einer agilen Organisation die gleichen. Aber sie bekommen nun eine neue Ausprägung. Bei der Ausgestaltung aller dieser Instrumente steht nicht mehr nur der einzelne Mitarbeiter im Zentrum. Er muss einerseits als talentierte Persönlichkeit mit hohen Ansprüchen an Arbeitsumgebung und -bedingungen gesehen werden und gleichzeitig im Gesamtbild der Teamleistung betrachtet werden. In den folgenden Kapiteln zeigen wir für jedes Instrument des Personalmanagements Möglichkeiten der Gestaltung auf.

Zusammenfassung

Auch wenn die Einführung von Scrum zunächst nur auf Team- oder Abteilungsebene passiert, ergeben sich bald Implikationen für die gesamte Organisation. Für den Umbau zu einem tatsächlich agilen Unternehmen muss zunächst ein Umdenken im Management und bei den Mitarbeitern stattfinden, ein neues Führungsverständnis „geboren“ und eine neue Kultur gestaltet werden. Die Prozesse berühren die funktionale Gestaltung und erfordern eine Neudefinition der Stellung der einzelnen Mitarbeiter im Organisationsgefüge. Die Einführung von Scrum ist in seiner Gesamtheit also eine Frage des Change Managements, oder Veränderungsmanagements, das von den organisationsinternen – oder im Bedarfsfall externen – Experten begleitet werden sollte. Die Personal- oder HR-Abteilung hat im Veränderungsprozess die Aufgabe eines „Katalysators“. Sie unterstützt einerseits die Kommunikation zwischen Management- und Teamebene in der Transition und adaptiert gleichzeitig die Instrumente des klassischen Personalmanagements (Personalbeschaffung und -auswahl, Talent Management & Retention, Performance Management, Compensation & Benefits, Trennungsmanagement) auf agile Erfordernisse.

3 Personalbeschaffung und Personalauswahl

3.1 Wie Sie die besten Mitarbeiter erst gar nicht bekommen

Die Führungskraft will eine Stelle besetzen. Für das Team wird ein ScrumMaster gesucht: motiviert, kommunikativ, hervorragend qualifiziert, schnell im Denken.

„Setzen wir uns mal zusammen und erstellen das Anforderungsprofil?"

„Ja, machen wir, nur diese Woche kann ich nicht und nächste Woche ist auch schlecht. Ich mail dir ein paar Stichworte, vielleicht kannst du da draus ja schon mal eine Anzeige basteln."

2 Wochen vergehen.

Die Personalabteilung hat gebastelt. Nach bestem Wissen und Gewissen ist, basierend auf den mit viel Motivation ausgedachten und schnell gelieferten qualifizierten Stichworten, eine ansprechende Stellenanzeige entstanden:

ScrumMaster (m/w)

Ihre Aufgaben

- Als ScrumMaster unterstützen Sie ein Team und entwickeln auch noch gerne selbst mit.
- Sie sind dafür verantwortlich, den Scrum-Prozess zu kontrollieren und ihn voranzutreiben.
- Zusammen mit Product Ownern und dem Management stellen Sie sicher, dass die Sprintziele erfüllt werden.
- Sie unterstützen Ihr Team in seiner Kreativität, fördern geschickt Eigeninitiative und helfen, die anspruchsvollen Projekte zum Erfolg zu führen.

Ihre Qualifikationen

- Entweder haben Sie ein Informatik-Studium abgeschlossen oder Sie können eine vergleichbare Ausbildung nachweisen.

- Mit agilen Methoden kennen Sie sich bestens aus.
- Ihre fundierten Kenntnisse der objektorientierten Programmierung sind überzeugend. Vor allem kennen Sie sich mit PHP5, Javascript, SQL (MySQL, Doctrine), xHTML und CSS aus.
- Sie sind sehr webaffin und haben idealerweise Erfahrung mit Unit Testing und Design Patterns.

Sie bringen Erfahrung in dem Bereich Internetanwendungen unter Unix/Linux mit.

Es geht jetzt zügig und pragmatisch, wie es sich für ein IT-Unternehmen gehört. Am Wochenende wird die erste Anzeige geschaltet: auf der eigenen Website und in den bekannten Online-Jobportalen.

4 Wochen sind vergangen.

„Du, hat sich schon jemand auf die Stellenanzeige gemeldet?"

„Ja ... nein ... nicht so wirklich. Die passen irgendwie alle nicht. Ich werde jetzt mal einen Berater dazunehmen, vielleicht finden die schneller jemanden."

„Kennt sich der Berater mit Scrum aus?"

„Wir nehmen den manchmal auch für die Besetzung anderer Positionen. Ob der sich mit Scrum auskennt, weiß ich nicht .... So wichtig ist es doch auch nicht."

7 Wochen sind vergangen.

Mit Müh und Not haben sich ein paar Bewerber gefunden. Sie sind ziemlich auf ein hohes Gehalt fixiert, aber sollen sie haben, es ist schließlich schwer, gute Leute zu finden.

9 Wochen sind vergangen.

„Wir hätten da jetzt drei Kandidaten, wann hast du denn Zeit für die Gespräche?"

„Welche Kandidaten? Aaah, ach so ... diese Woche geht's nicht mehr, ab nächster Woche dann."

„Ok, ich schick dir ein paar Termine und arrangiere das dann mit den Leuten."

„Danke, es wäre vielleicht nicht schlecht, wenn sie dann auch noch mit dem Product Owner und dem Team sprechen."

„Glaubst du, dass das nötig ist? Das verzögert die Sache ja nur, du hast doch selbst so ein gutes Gespür."

„Stimmt eigentlich."

12 Wochen sind vergangen.

„Freut uns, dass Sie mit uns arbeiten wollen! Wann können Sie anfangen?"

„Ich habe noch ein Monat Kündigungsfrist, danach kann ich anfangen. Ich habe eine Frage: Warum arbeitet Ihr Unternehmen mit Scrum?"

„Es macht einfach so schnell!"

16 Wochen sind vergangen.

An dieser Stelle wird der Neuankömmling seinem Schicksal überlassen. Bei der Vertragsunterzeichnung sieht er die Kollegen aus der Personalabteilung zum vorerst letzten Mal. Er würde gerne mal mit dem Product Owner und seiner Führungskraft intensiver über Scrum reden. Und mit den Teammitgliedern über die aktuellen Projekte, womit soll er beginnen? Naja, hat vielleicht Zeit, er muss sich sowieso erst mal darum kümmern, dass sein Arbeitsplatz eingerichtet wird. Also wenn er nicht wegen des Jobs umgezogen wäre, würde er sich das eigentlich noch mal überlegen wollen ....

Ein Jahr ist vergangen. Die Stelle muss nachbesetzt werden.

3.2 Agilität ist Wertschätzung für Talente

Natürlich laufen Prozesse der Personalauswahl in den meisten Fällen weniger desaströs ab, wie wir das gerade etwas plakativ beschrieben haben. Leider haben wir aber in der Praxis auch solche Fälle schon erlebt. In Unternehmen ohne Scrum kann das vielleicht noch so klappen. Aber wenn ein Unternehmen, das Scrum einsetzt, so agiert, dann läuft auf jeden Fall etwas falsch. Besser man besetzt die Stelle mit einem Androiden, der nicht merkt, dass ihm von Anfang an keine Wertschätzung entgegengebracht wird.

Rufen wir uns in Erinnerung, dass wir auf der Suche nach hochtalentierten Menschen sind. Nach Menschen, die nicht in erster Linie einen Job brauchen, sondern eine Herausforderung suchen. Sie bleiben einem Unternehmen treu, wenn sie dort ein Umfeld finden, das sie motiviert und in dem sie Möglichkeiten für ihre fachliche und persönliche Weiterentwicklung erkennen. Bevor ein Unternehmen noch richtig in Verbindung mit diesen Menschen getreten ist, kann es ihre Intelligenz schon auf zwei Arten beleidigen:

- **Durch Vorspiegelung falscher Tatsachen:** Nur weil in einer Stellenanzeige etwas von Scrum steht, heißt das noch lange nicht, dass Scrum auch wirklich gelebt wird. Erfahrene Bewerber erkennen falsche Federn sofort und haben außerdem ihre Netzwerke, über die sie leicht herausfinden können, wie der Hase in einem Unternehmen tatsächlich läuft.
- **Durch einschläfernde Trägheit:** Wer zunächst mal lange keine Antwort bekommt, dann einen endlosen Gesprächs- und Vorgeplänkel-Marathon durchlaufen muss und zum Schluss in der Einarbeitungszeit von allen im Regen stehen gelassen wird, kommt erst gar nicht, sucht nach der Probezeit das Weite oder hat innerlich schon gekündigt und sitzt nur noch die Zeit bis zum nächsten Angebot ab.

3.3 Grundsätze agiler Personalsuche

Wie kann oder sollte der Personalbeschaffungs- und -auswahlprozess in einer agilen Organisation aussehen, die Scrum tatsächlich nutzt und dafür die besten Mitarbeiter anziehen möchte?

Agilität bedeutet Wendigkeit. Die Hauptkriterien im agilen Personalbeschaffungs- und -auswahlprozess sind also:

1. Geschwindigkeit
2. Geschwindigkeit
3. Geschwindigkeit

Und dies bei einer sehr hohen Qualität im Prozess und im Ergebnis der Personalbeschaffung und -auswahl. Unternehmen, die die besten Mitarbeiter gewinnen wollen, müssen sich bewusst werden, dass sie nicht in eine Beziehung zu Bittstellern treten. Das Unternehmen ist das Produkt und die besten Mitarbeiter sind Kunden. „Das, was ein Bewerber von Unternehmen erwartet, die ihn für sich gewinnen wollen, ist die Wertschätzung seiner Zeit, schonungslose Aufrichtigkeit, professionelle Aufmerksamkeit während des Einstellungsprozesses, vorbereitete Gesprächspartner, ehrliche und zutreffende Stellenausschreibungen, ein effizientes System, laufendes Feedback (vor allem online), vielfältige Wege der Ansprache, eine klare Botschaft über die Erwartungen des Unternehmens, materielle und immaterielle Nutzen, einen fairen Arbeitsvertrag, Respekt vor seinen Anstrengungen, seiner Intelligenz und Kompetenz, und vieles mehr.“[1] Das bedeutet, dass sich jeder für die Personalsuche Verantwortliche in den Prozess der Suche und der Auswahl aktiv einbringen muss. Dieser Prozess ist in einem agilen Unternehmen nichts, was sich einfach auf die Personalabteilung abwälzen lässt. Schlussendlich soll ein neuer Mitarbeiter in oder mit einem Scrum-Team im Sinne des Unternehmens dazu beitragen, dass neue Produkte schneller entwickelt und geliefert werden.

- Der Manager (die disziplinarische Führungskraft) eines Teams ist der „Träger“ der langfristigen Ziele eines Unternehmens und auch der „Hüter“ der Unternehmenskultur. Gleichzeitig weiß er, dass sein(e) Team(s) im Rahmen der Kultur und der Ziele, die ihnen gesetzt werden, ihre spezifische Identität entwickeln.
- Der ScrumMaster kennt die Besonderheiten und Eigenheiten des Kern-Teams, das er in der Produktentwicklung begleitet. Er weiß, in welcher Phase der Teamentwicklung es ist, welche zusätzlichen persönlichen und fachlichen Kompetenzen es brauchen würde, um vorhandene Probleme zu überwinden und um einfach noch besser zu werden.
- Der Product Owner hat eine klare Vision für sein Produkt und ist auf der Suche nach Menschen, die ihn bei der Umsetzung dieser Vision unterstützen können. Er kennt die Anforderungen der Kundenseite und braucht daher Unterstützer, die sich dieser Sichtweise öffnen können.
- Das eigentliche Entwicklungs-Team kennt seine Fähigkeiten und Grenzen. Es ist eine Gruppe von Menschen, die sich mit ihren Persönlichkeiten aufeinander eingelassen hat und

[1] Pogorzelski et al. 2009

weiß, wie ein neues Mitglied „ticken" muss, um sich in den ausgesprochenen und unausgesprochenen Strukturen einzufügen. Das Team hat das Gefühl dafür, mit wem es passen könnte.

- Die Personalabteilung muss den eigentlichen Such- und Auswahlprozess in die Wege leiten. Sie ist einerseits auf die Informationen angewiesen, die sie für die Gestaltung der Suche bekommt, muss aber selbst zunächst auch bereit sein, das Scrum-Mindset zu verstehen.

Zwischen allen beteiligten Rollen muss also ein reger Austausch darüber bestehen, worin die aktuellen Anforderungen an einen neuen Mitarbeiter bestehen sollen. Daraus lassen sich in späterer Folge Kompetenzprofile ausarbeiten, die den Kreis der potenziellen Kandidaten eingrenzen.

Schwierig wird es allerdings, wenn in einem Unternehmen selbst noch kein klares Verständnis von Scrum vorhanden ist. Sofern ein Mitarbeiter nicht über informelle Wege gefunden wird, ist die Stellenanzeige das erste Aushängeschild eines Unternehmens auf dem agilen Arbeitsmarkt. Ist sich das Unternehmen selbst nicht über das Rollenverständnis in Scrum im Klaren, wird es mit seinen Stellenanzeigen Mitarbeiter anziehen, die ihre Aufgaben in den Rollen ebenfalls nicht verstehen und daher auch nicht so ernst nehmen, wie sie sollten. Das höhlt die Erfolge, die mit Scrum erzielt werden können, von innen aus. Und noch schlimmer: Die Mitarbeiter, die Scrum wirklich verstanden haben und daher die richtigen Bausteine für den Erfolg wären, werden sich auf solche Stellenanzeigen erst gar nicht melden.

Sehen wir uns in diesem Zusammenhang noch einmal die Stellenanzeige aus dem Recruitment-Desaster zu Beginn des Kapitels an. Sie ist Ausdruck dessen, dass das suchende Unternehmen weder ein klares Bild von sich selbst hat, noch versteht, wie Scrum richtig eingesetzt wird und welche Menschen dafür nötig sind.

Ihre Aufgaben

- Als ScrumMaster unterstützen Sie ein Team *und entwickeln auch noch gerne selbst mit*
- Sie sind dafür verantwortlich, den Scrum-Prozess *maßgeblich zu kontrollieren* und ihn voranzutreiben
- Zusammen mit Product Ownern und dem Management *stellen Sie sicher, dass die Sprintziele erfüllt werden*
- Sie unterstützen Ihr Team in seiner Kreativität, fördern geschickt Eigeninitiative und *helfen*, die anspruchsvollen Projekte zum Erfolg zu führen

Ihre Qualifikationen:

- *Entweder haben Sie ein Informatik-Studium abgeschlossen oder Sie können eine vergleichbare Ausbildung nachweisen*
- *Mit agilen Methoden kennen Sie sich bestens aus*
- *Ihre fundierten Kenntnisse der objektorientierten Programmierung sind überzeugend. Vor allem kennen Sie sich mit PHP5, Javascript, SQL (MySQL, Doctrine) und xHTML, CSS aus*

- *Sie sind sehr webaffin und haben idealerweise Erfahrung mit Unit Testing und Design Patterns*

Sie bringen Erfahrung in dem Bereich Internetanwendungen unter Unix/Linux mit

Um es gleich zu sagen: Alles, was kursiv geschrieben ist, ist zu beanstanden. Anscheinend wurde die Funktion des ScrumMasters nicht richtig verstanden. Denn ein ScrumMaster

- arbeitet nicht in der Entwicklung mit,
- stellt nicht die Sprintziele sicher,
- „kontrolliert“ das Team nicht,
- hilft zwar gerne, aber er hilft dem Team.

Offenbar soll dieser ScrumMaster auch ausschließlich ein guter Fachexperte sein. Wie sonst ist es zu erklären, dass in den Qualifikationen so gar keine sozialen und persönlichen Kompetenzen gefordert werden? Solche Anzeigen signalisieren einem potenziellen Bewerber nur eines: Hier wird kein richtiges Scrum gemacht. Dieses Unternehmen sucht einen Projektmanager, aber ganz sicher keinen ScrumMaster.

3.4 Kompetenzprofile für Product Owner und ScrumMaster

Die Selbstorganisation des Teams spielt bei Scrum die wesentliche Rolle. Der Coach und Moderator auf dem Weg zum Ziel ist der ScrumMaster, der bei der Einführung von Scrum zunächst die Aufgabe hat, die Prozesse zu etablieren. Er muss bereit sein, alle Hindernisse für das Team aus dem Weg zu räumen und sich dabei gegen organisationsinterne Widerstände durchzusetzen. Er unterstützt das Team auch dabei, gemeinsam an einem Strang zu ziehen und in sämtlichen Bereichen, von der Kommunikation und Zusammenarbeit, von der Konfliktbewältigung bis zum Einsatz neuer Entwicklungspraktiken ständig besser zu werden. Um in die richtige Richtung zu marschieren, muss das Team aber auch die grundlegende Vision eines Unternehmens und eines Produktes verstanden haben. Also suchen wir auch noch einen Visionär, der die Rolle des Product Owners übernimmt. Die Definition, Vermittlung und Priorisierung klarer Anforderungen an das Entwicklungs-Team, das Verständlichmachen der Kundensicht und das Sicherstellen des wirtschaftlichen Erfolgs eines Projekts sind seine Aufgaben. In der Personalauswahl muss also sichergestellt werden, dass die Menschen, die das Team in diesen essenziellen Rollen begleiten, die richtigen Kompetenzen haben, um das Team rasch auf den richtigen Kurs bringen zu können. Und das sind die folgenden:

- **Fachkompetenz**
  - Unternehmerische Fachkompetenz: unternehmerisches Denken und Handeln im Hinblick auf Ursachen, Wirkungen und Kosten.
  - Aufgabenbezogene Fachkompetenz: konkretes, aufgabenbezogenes Handlungs- und Konzeptionswissen.
- **Methodische Kompetenz**
  Effiziente Organisation des Arbeitens, der Informationsbeschaffung und -verarbeitung sowie Projektsteuerung.
- **Soziale Kompetenz**
  Kommunikation, Beratung und Gestaltung von Arbeitsbeziehungen.
- **Persönliche Kompetenz**
  Bereitschaft zum Lernen, zur Veränderung und zum Teilen von Wissen.

Bevor es an die konkrete Suche via Talentpipeline, Berater oder Inserat geht, sollten für die Rollen des Product Owners und des ScrumMasters Kompetenzprofile ausgearbeitet werden. Darin werden die einzelnen Kompetenzfelder unternehmensspezifisch konkretisiert und es wird festgelegt, wie ausgeprägt die spezifischen Kenntnisse und Fähigkeiten sein sollen. Was soll der zukünftige Product Owner oder ScrumMaster kennen, können, beherrschen oder trainieren?

- **Kennen:** Theoretische Kenntnisse sind vorhanden, er/sie hat von der Materie schon gehört oder sie einmal gelernt (z.B. an der Uni).
- **Können:** Er/sie kann es unter Anleitung oder mit Hilfestellung, wenn es erklärt wird.
- **Beherrschen:** Er/sie kann es selbstständig.
- **Trainieren:** Er/sie versteht und beherrscht Inhalte, Methoden und Techniken so gut, dass er sie an andere weitergeben kann und Vorbildfunktion hat.

Wir hatten eigentlich bereits unsere Idealprofile für den ScrumMaster und den Product Owner entworfen. Dann dachten wir aber, dass die Scrum-Community doch am besten darüber Bescheid weiß, welche Hard- und Softskills gefragt sind. Also haben wir kurzerhand eine kleine Umfrage durchgeführt und aus den Ergebnissen die idealtypischen Kompetenzprofile für Product Owner und ScrumMaster abgeleitet. Die Teilnehmer konnten auch zusätzliche Anmerkungen machen, die das Bild noch ergänzen. Aus diesen qualitativen Antworten wurde für uns sehr deutlich, dass für die praktischen Scrum-Anwender persönliche und soziale Kompetenzen wesentlich größeres Gewicht haben als die fachlichen Fähigkeiten.

Teilnehmerstatistik

N=132

Teilnehmer nach aktuellen Scrum-Rollen

- ScrumMaster: 49%
- Product Owner: 12%
- Teammitglied: 8%
- Sonstige: 31%

Seit wann wird in deinem Unternehmen mit Scrum gearbeitet?

- <6 Monate: 11%
- 6 Monate bis 1 Jahr: 20%
- 1 bis 2 Jahre: 26%
- > 2 Jahre: 33%
- in meinem Unternehmen wird aktuell nicht mit Scrum gearbeitet: 10%

Wie viele Mitarbeiter hat dein Unternehmen?

< 100 Mitarbeiter: 27%

100–250 Mitarbeiter: 18%

50–500 Mitarbeiter: 11%

> 500 Mitarbeiter: 44%

Das ideale Kompetenzprofil für den Product Owner

Das Ergebnis der Umfrage hat gezeigt, dass der Schwerpunkt bei den **fachlichen Kompetenzen** des Product Owners im Bereich des Produktes und des Marktes liegt: Vor allem Branchen-Know-how und Marktkenntnis, Erfahrung im Produktmanagement, Grundlagen der Betriebswirtschaftslehre, das Scrum-Mindset und Produktwissen wurden als Kernkompetenzen eingestuft. Kompetenzen in den Bereichen Marketing und Sales sollten durchaus vorhanden sein, werden aber nicht in gleich hoher Ausprägung gefordert. Skills in der Softwareentwicklung (ganz gleich ob klassisch oder agil) sind hingegen nicht notwendig.

Bei den **methodischen Kompetenzen** muss der Product Owner vor allem Methoden des Produktmanagements, agile Methoden der Produktentwicklung, Scrum-Methoden, Führungsinstrumente, Selbstführung, Präsentationsmethoden sowie Methoden aus Marketing und Sales gleich gut beherrschen. Hier zeigt sich ein in den Ausprägungen der einzelnen Kompetenzen gleichgewichtetes Profil. Lediglich Kompetenzen in Finance und klassischen Methoden der Produktentwicklung treten in ihrer relativen Bedeutung etwas zurück.

Als **soziale Kompetenzen** des Product Owners werden Empathie, Konfliktmanagement, Begeisterungsfähigkeit, Durchsetzungsfähigkeit, Kommunikationsfähigkeit, Organisationsfähigkeit und Überzeugungsfähigkeit in gleichermaßen starker Ausprägung erwartet.

Bei den **persönlichen Kompetenzen** stufen die Teilnehmer der Befragung Selbstdisziplin, Integrität, Kritikfähigkeit sowie Selbstreflexionsfähigkeit als gleichbedeutend ein. Diese müssen vom Product Owner beherrscht werden.

TABELLE 3.1 Kompetenzprofil Product Owner

	Kennen	Können	Beherrschen	Trainieren
Fachkompetenz				
Unternehmerische Kompetenz				
Branchen-Know-how, Marktkenntnis			X	
Produktmanagement-Erfahrung			X	
Grundlagen der BWL			X	
Marketing		X		
Sales		X		
Aufgabenbezogene Kompetenzen				
Scrum-Mindset			X	
Produktkompetenz			X	
Technologie				
Klassisches Softwareengineering	X			
Klassische Softwareentwicklung	X			
Agiles Softwareengineering	X			
Agile Softwareentwicklung	X			
Methodische Kompetenzen				
Methoden Produktmanagement			X	
Klassische Methoden der Produktentwicklung		X		
Agile Methoden der Produktentwicklung (User Stories)			X	
Scrum-Methoden			X	
Führungsinstrumente			X	
Selbstführung			X	
Präsentationsmethoden			X	
Methoden aus Marketing, Sales, Finance		X		
Soziale Kompetenzen				
Empathie			X	
Konfliktmanagement			X	
Begeisterungsfähigkeit			X	
Durchsetzungsfähigkeit			X	
Kommunikationsfähigkeit			X	
Organisationsfähigkeit			X	
Überzeugungsfähigkeit			X	

(Fortsetzung nächste Seite)

	Kennen	Können	Beherrschen	Trainieren
Persönliche Kompetenzen				
Selbstdisziplin			X	
Selbstreflexionsfähigkeit			X	
Kritikfähigkeit			X	
Visionäres Denken			X	
Unternehmerisches Denken			X	
Integrität			X	
Kreativität			X	

Die daraus resultierende Stellenausschreibung für den Product Owner

Die Stellenausschreibung für die externe Suche nach einem Product Owner könnte auf Basis des Kompetenzprofils zum Beispiel so aussehen:

Product Owner (m/w)

Für unseren Kunden, ein etabliertes und bekanntes Unternehmen der Internetbranche, suchen wir zum nächstmöglichen Zeitpunkt einen **Product Owner (m/w).**

Ihre Verantwortung

- Bei der Leitung von Großprojekten arbeiten Sie nach dem Scrum Mindset.
- Um Ihre Produktvisionen verständlich zu vermitteln, verfassen Sie hochwertige Backlogs und User Stories.
- Sie erkennen eigenständig Optimierungsbedarf in der Scrum-Prozess-Landschaft und unterstützen andere Abteilungen und Business Owner.
- Estimation- und Priorisierungsmeetings werden von Ihnen sorgfältig vorbereitet und gestaltet.
- In Abstimmung mit der Softwareentwicklung betreiben Sie eine aktive Releaseplanung.
- Für die Weiterentwicklung unserer bestehenden Portal-Funktionen erarbeiten Sie selbstständig Produktkonzepte.
- Potenziale für die weitere Produktoptimierung erkennen Sie auf Basis Ihrer profunden Analysen von Tracking- und Businessdaten und durch die Beobachtung des Wettbewerbs.
- Sie erstellen nachhaltige Business Cases und ROI-Berechnungen.

Ihre Kompetenzen

- Mindestens 2 Jahre Erfahrung als Product Owner im agilen Umfeld
- Erfahrung im Bereich Software Entwicklung (Java), Internet, Portalgeschäft oder eCommerce-Umfeld mit Schwerpunkt Projektmanagement/Produktmanagement

- Erfahrung im Spezifizieren neuer Webfunktionen/Produkte
- Hohe Internetaffinität und sehr gute PC-Kenntnisse (MS-Office, Internet)
- Affinität zu Analyse und Auswertung von Business- und Trackingreports
- Sehr gute Deutsch- und Englischkenntnisse
- Schnelle Auffassungsgabe und der Wille, konstruktive Kritik und Vorschläge anzunehmen und zu verwerten
- Kreatives, frisches Denken bei gleichzeitig strukturiertem, methodischem Arbeiten
- Spaß an der Präsentation von Ideen und die Fähigkeit, Zusammenhänge und Produktvisionen für andere Menschen nachvollziehbar zu machen
- Teamfähigkeit, Humor, überdurchschnittliches Engagement und Belastbarkeit
- Selbstständigkeit und Eigenverantwortlichkeit

Das ideale Kompetenzprofil für den ScrumMaster

Für den ScrumMaster ergab die Umfrage bei den sozialen und persönlichen Fähigkeiten ein deutlich ausgewogeneres Bild bei der Ausprägung der Merkmale als bei den methodischen Kompetenzen oder den Fachkompetenzen. Letztere ließen eine deutliche Schwerpunktsetzung bei den relevanten Kompetenzen des ScrumMasters durch die Teilnehmer erkennen. So werden die höchsten Anforderungen an das Scrum-Mindset des ScrumMasters gestellt. Der ScrumMaster muss dieses nicht nur beherrschen, sondern auch trainieren und somit weitergeben können.

Darüber hinaus stellen **fachliche Kompetenzen** sowohl im Bereich des agilen Softwareengineerings, des Change Managements und der Teamentwicklung als auch Führungs- und Managementkompetenz zentrale Punkte des ScrumMaster Profils dar. Branchen-Know-how, klassisches Softwareengineering und klassische Softwareentwicklung weisen hingegen die niedrigsten Werte des gesamten Kompetenzprofils auf und müssen lediglich „gekannt" werden.

Bei den **methodischen Kompetenzen** sind das Beherrschen von Scrum-Methoden bzw. Tools und Moderationsmethoden gefragt. Selbstführung und Methoden des Change Managements werden von den Teilnehmern der Studie als ebenso wichtig eingestuft. Weniger relevant sind die Kompetenzen in den Methoden und Werkzeugen der Softwareentwicklung, die der ScrumMaster lediglich können sollte.

Bei den **sozialen Kompetenzen** ist das Profil des ScrumMasters sehr ausgeglichen: Empathie, Konfliktmanagement, Begeisterungsfähigkeit, Durchsetzungsfähigkeit, Kommunikationsfähigkeit, Organisationsfähigkeit und Überzeugungsfähigkeit werden in gleich starker Ausprägung des „Beherrschens" gefordert.

Ausgewogen ist das Profil auch bei den **persönlichen Kompetenzen**: Selbstdisziplin, Integrität, Kritikfähigkeit sowie Selbstreflexionsfähigkeit stellen zentrale Fähigkeiten dar, die der ScrumMaster beherrschen muss.

TABELLE 3.2 Kompetenzprofil ScrumMaster

	Kennen	Können	Beherrschen	Trainieren
Fachkompetenz				
Unternehmerische Kompetenz				
Branchen-Know-how	X			
Change Management, Teamentwicklung			X	
Aufgabenbezogene Kompetenzen				
Scrum-Mindset				X
Technologie				
Klassisches Softwareengineering	X			
Klassische Softwareentwicklung	X			
Agiles Softwareengineering			X	
Agile Softwareentwicklung		X		
Führungs- und Managementkompetenz			X	
Methodische Kompetenzen				
Scrum-Methoden/Tools			X	
Moderations-Methoden			X	
Change Management			X	
Werkzeuge der Softwareentwicklung		X		
Führungsinstrumente		X		
Selbstführung			X	
Soziale Kompetenzen				
Empathie			X	
Konfliktmanagement			X	
Begeisterungsfähigkeit			X	
Durchsetzungsfähigkeit			X	
Kommunikationsfähigkeit			X	
Organisationsfähigkeit			X	
Überzeugungsfähigkeit			X	
Persönliche Kompetenzen				
Selbstdisziplin			X	
Selbstreflexionsfähigkeit			X	
Kritikfähigkeit			X	
Integrität			X	

Die daraus resultierende Stellenausschreibung für den ScrumMaster

Die Stellenausschreibung für die externe Suche nach einem ScrumMaster könnte auf Basis des Kompetenzprofils zum Beispiel so aussehen:

ScrumMaster (m/w)

Wir entwickeln Systeme zur sicheren Informationsübertragung im Internet. Sie arbeiten mit hochqualifizierten Kollegen in effektiven Teams an der Entwicklung leistungsfähiger und sicherer Systeme. Stabilität, Performance und Nutzbarkeit sind die Werte, auf die wir setzen. Alle Teams arbeiten mit Scrum, und dies sehr nahe am „Lehrbuch". Aktuell arbeiten drei Teams an zwei Produkten. Ziel ist es immer, die qualitativ hochwertigsten Produkte am Markt zu bauen.

Wir suchen einen ScrumMaster, dem man nicht erst alles erklären muss. Das Umfeld besteht aus absoluten High-Potentials und deshalb suchen wir für die Zusammenarbeit mit ihnen „Germany´s Best ScrumMaster".

Verantwortungsbereich

- Sie übernehmen Verantwortung für ein Team (Prozessverantwortung) und verstehen es, als ScrumMaster das Team zu führen, ohne disziplinarische Konsequenzen durchzusetzen.
- Sie sind ein Meister darin, die Selbstorganisation des Teams zu stärken und einzufordern sowie eigenverantwortliches Arbeiten jederzeit zu fördern.
- Konflikte erkennen Sie bereits, bevor sie ausgebrochen sind, und scheuen sich nicht davor, sie so schnell wie möglich zu de-eskalieren.
- Sprints moderieren Sie proaktiv und Sie haben die ausgeprägte Fähigkeit, Impediments zeitnah zu lösen.
- Enge Zusammenarbeit und Abstimmung mit dem Product Owner.

Kompetenzen

- Abgeschlossenes Hochschulstudium, vorzugsweise in einem technischen Studiengang
- Mindestens 1–2 Jahre Erfahrung als ScrumMaster
- Enorme fachliche Kompetenz, vor allem detaillierte Scrum-Kenntnisse
- Sie haben Erfahrungen mit Projektmanagementmethoden und -werkzeugen, sind aber offen dafür, Gelerntes kritisch zu hinterfragen und an das Scrum Framework anzupassen
- Hohe eigene Weiterbildungsbereitschaft wird gefordert, aber auch gefördert
- Wichtig ist eine sehr gute technologische Kompetenz (vorzugsweise Erfahrung als Softwareentwickler/in)
- Organisationsvermögen, strukturiertes Arbeiten, Durchsetzungstalent

3.5 Talentpipelines aufbauen

Eine agile Organisation fahndet immer nach hochqualifizierten Mitarbeitern. Nicht erst dann, wenn der akute Bedarf entsteht. Ziel sollte es sein, immer jemanden „in petto" zu haben, damit keine zeitlichen Lücken durch die Neubesetzung entstehen und die Arbeit eines Teams nicht unter fehlender Kapazität leidet. Die „time to hire" für frei werdende Stellen lässt sich wesentlich verkürzen, indem Sie den Großteil über Netzwerke, die Sie und Ihre Scrum-Experten aufbauen, besetzen. Die Personalsuche ist ein impliziter Bestandteil des Personalmarketings und Employer Brandings. Effektives Employer Branding bedeutet nicht, Hochglanz-Filmchen und -Broschüren zu produzieren. Softwareentwickler sind für die schöne Welt der ewig gleichen Bilderwelten glücklicher Menschen in Stellenanzeigen wenig empfänglich. Sie wollen den direkten Kontakt mit denjenigen, die wissen, wie es in einem Unternehmen läuft. Das Management eines Unternehmens sowie ScrumMaster und Product Owner sollten also viel unterwegs sein und jede Gelegenheit nutzen, mit Menschen aus der Scrum-Community in Verbindung zu kommen. Nur wer dort bekannt ist, baut im Laufe der Zeit aktiv eine Talentpipeline auf, in der sich mit größerer Wahrscheinlichkeit passend qualifizierte Mitarbeiter finden lassen als durch die üblichen Ausschreibungen.

- Lassen Sie Ihre Mitarbeiter an Kongressen, Konferenzen und Spezial-Jobmessen teilnehmen und dort Vorträge halten.
- Halten Sie gute Kontakte zu Ihren ehemaligen Mitarbeitern. Warum nicht ein Alumni-Netzwerk aus Ehemaligen knüpfen und dadurch einzelne Kontakte mit den Kontakten der Kontakte potenzieren?
- Knüpfen Sie Kontakte zu Universitäten und Fachhochschulen. Bieten Sie Praktika an, in denen junge Leute sofort aktiv in die Produktentwicklung eingebunden werden.

  „Mittlerweile ist Scrum in der Rekrutierung ein Aushängeschild geworden, das gute Leute anzieht", freut sich Stefan Klein, Abteilungsleiter Softwareentwicklung bei der INFONOVA GmbH in Graz. Im Sommer arbeiten bis zu 18 Praktikanten zusätzlich in den Teams. Anstatt Kaffee zu holen, arbeiten sie nach einer Woche an eigenen kleinen Tasks. So können Klein und seine Kollegen gleich erkennen, wem man für die Zeit nach Abschluss einer Höheren Technischen Lehranstalt oder dem Studium ein Angebot machen sollte. Meistens kommen die Praktikanten selbst zu Infonova zurück.

- Social Media Recruiting: Blogs, Facebook, XING und Twitter bieten Ihnen die Möglichkeit, direkter und ungezwungener mit Interessenten ins Gespräch zu kommen und gleichzeitig durch die wesentlich persönlichere Darstellungsweise von Inhalten ein emotionales Bild Ihres Unternehmens zu zeichnen.
- Wenn Sie sich bei der Suche auf externe Personalberater verlassen, dann sollten diese Berater auch etwas von Scrum verstehen.

3.6 Der Auswahlprozess

Idealerweise haben sich durch den Rückgriff auf die Talentpipeline bereits Kontakte mit potenziellen Mitarbeitern ergeben, die über die nötigen Qualifikationen verfügen. Oder es haben sich über Berater und/oder Inserate neue, interessante Menschen gemeldet. In beiden Fällen ist wichtig: Kommunikation ist alles. Eine schnelle und persönliche Rückmeldung über den Stand der Dinge zeigt, dass sich das Unternehmen mit dem Bewerber auseinandersetzt und der Auswahlmotor läuft. Das ist ein kleiner, aber bedeutender Ausdruck von Respekt für die Lebensplanung anderer Menschen.

Anders als normalerweise üblich ist das Team in der Scrum-Organisation am Auswahlprozess beteiligt. Wenn es darum geht, einen Product Owner oder ScrumMaster zu finden, sollte das Team mitentscheiden. Wenn es darum geht, ein neues Teammitglied einzustellen, muss das Team auf jeden Fall mitentscheiden.

Tipps aus der Praxis für die Praxis

1. *Noten haben nur eine geringe Aussagekraft*
   Schulnoten besitzen zwar eine gewisse Aussagekraft, aber nur sie als Maßstab für die Fähigkeiten eines Menschen zu verwenden, würde zu kurz greifen. Die schlechtesten Schüler werden oft die besten Führungskräfte, Schulabbrecher haben sich autodidaktisch oft mehr Skills in der Softwareentwicklung angeeignet als Einser-Kandidaten. Gerade in einem Scrum-Umfeld ist es wichtig, formale Qualifikationen in einem bestimmten Kontext zu sehen. Die methodischen, sozialen und persönlichen Kompetenzen zum Beispiel eines ScrumMasters lassen sich wahrscheinlich besser an etwaigem sozialem Engagement ablesen.

2. *Telefoninterview spart Zeit und Kosten*
   Oft reisen die Bewerber aus dem ganzen Land oder sogar aus anderen Ländern an, eine zeit- und kostenintensive Angelegenheit für alle Beteiligten. Auch am Telefon bekommt man einen ersten wichtigen Eindruck von der Persönlichkeit eines Menschen. Ein Telefoninterview sollte erfahrungsgemäß nicht länger als eine Stunde dauern und im Wesentlichen zwei große Abschnitte haben – die Vorstellung des Bewerbers und die Vorstellung des Unternehmens.

3. *Bewerber first*
   Manche Unternehmen wünschen sich von Anfang an gleichgeschaltete Mitarbeiter. Gerade in Scrum-Organisationen, die vom kreativen Potenzial und dem besonderen Talent ihrer Mitarbeiter leben, ist das aber kontraproduktiv. Lassen wir also am Beginn eines Gesprächs zunächst den Bewerber von sich erzählen und fügen wir die Bruchstücke, die wir zunächst durch die Bewerbungsunterlagen hatten, zu einer Lebensgeschichte zusammen. Wichtig ist, den Werdegang nachvollziehen zu können, ob Entscheidungen bewusst getroffen wurden und was die Motive dafür waren. Was treibt ihn oder sie also an, sich gerade für unser Unternehmen zu interessieren? Wenn Sie zuerst nur über das Unternehmen und die Stelle reden, besteht die Gefahr, sozial erwünschte Antworten zu bekommen. Wenn Sie erzählen, dass Sie jemanden suchen, der teamfähig, spontan und was auch immer sein soll, wird der

Bewerber Ihnen auch die entsprechenden Antworten liefern. Daher sollten Sie immer erst den Bewerber fragen, was seine Vorstellungen sind.

4. *Schnelles und professionelles Feedback*
   Nach dem ersten Eindruck und mit genügend Informationen für eine Entscheidung, ob man den Menschen nach einem ersten Telefonat treffen will, bekommt der Bewerber einige wichtige Einblicke ins Unternehmen. Schließlich entscheidet hier nicht nur eine Seite über eine zukünftige Zusammenarbeit. Am Ende des Gesprächs sollte im positiven Falle ein Folgetermin festgelegt werden, der am besten wenige Tage später stattfindet. Aber auch im Fall einer Absage ist es ein Zeichen von Respekt, dem Bewerber sofort eine Rückmeldung zu geben. Dann haben Unternehmen nämlich die Nachrede: „Bei mir ist das damals zwar nichts geworden, aber die scheinen ganz ok zu sein." Und in der Scrum-Community spricht es sich schnell herum, wie ein Unternehmen Bewerber behandelt.
5. *Mitarbeiterintegration beginnt bereits vor dem ersten Arbeitstag*
   Im Gegensatz zur klassischen Organisation sollte in einer Scrum-Organisation schon die Zeit bis zum möglichen Einstieg in das Unternehmen intensiv genutzt werden. Bewerber, die für eine Anstellung in Betracht kommen, könnten schon mal auf die Newsletter-Liste gesetzt oder zu Veranstaltungen eingeladen werden. Auch hier steht – nicht ausschließlich, aber auch – wieder der Netzwerk-Gedanke dahinter: Wenn aus irgendwelchen Gründen doch nichts draus wird, dann kennt dieser begabte Mensch möglicherweise wieder andere begabte Menschen in der Community, denen er oder sie die Erfahrungen mit unserem Unternehmen weitergibt.

Praxisbeispiel: Boris Gloger Consulting GmbH

Für unsere eigenen Zwecke haben wir einen „Einstellungsfilter" entwickelt (siehe Bild 3.1), der sicherlich auch in anderen Unternehmen eingesetzt werden kann.

Sehen wir uns einzelne Schritte in diesem Einstellungsfilter genauer an:

Vorstellungsgespräch an ungewöhnlichen Orten zu ungewöhnlichen Zeiten

Die Vorstellungsgespräche sind bei uns immer etwas unkonventionell, weil es uns nicht in erster Linie darum geht, die fachlichen Qualifikationen zu prüfen. Uns geht es darum, ob ein Mensch, der mit uns arbeiten will, in seinem Charakter, seinen Werten und seiner Motivation zu uns passt. Das lässt sich in starren Prüfungssituationen, wie es konventionelle Vorstellungsgespräche sind, kaum feststellen. Umgekehrt bekommt der Bewerber auch einen besseren Einblick in unsere Kultur und kann immer noch entscheiden, ob er sich darin wiederfindet oder nicht. Wir laden unsere Kandidaten gerne zu einem unserer Scrum Cookings ein. Dabei wird abends nach einem Training mit anderen Teilnehmern die Scrum-Methodik beim Kochen eines mehrgängigen Menüs angewendet. Das zeigt uns gleich, wie teamfähig der potenzielle neue Mitarbeiter ist.

Die „Hausführung"

Wir wollen den Bewerbern zeigen, wie wir wirklich sind. Deshalb laden wir sie immer zu uns ins Büro ein. Es ist, so wie es ist, unser Aushängeschild. Flipcharts, offene Räume, klare Linien, ein wenig chaotisch – so ist unser Büro und so sind wir auch. Auf diese Weise prüfen wir,

BILD 3.1 Der Einstellungsfilter von Boris Gloger Consulting GmbH

ob sich der Bewerber bei uns wohlfühlt und ob ihm das gefällt, was er sieht. Bei dieser Hausführung merken wir schnell, ob die Chemie stimmt. Wir halten es in diesem Zusammenhang mit Jörg Knoblauch, der ebenfalls rät, Bewerbern die Realität eines Unternehmens zu zeigen und nicht die Schokoladenseiten.[2]

Vorstellungsgespräch im Team

Da die Entwicklung mit Scrum selbstorganisiert im Team abläuft, ist das Team auch ein wesentlicher Entscheidungsträger. Das Team führt bei uns die Auswahlgespräche und nur wenn das Team einstimmig den Bewerber als Teammitglied haben will, stellen wir ihn ein.

2 Knoblauch 2010

Partneranalyse

Nach der Begegnung mit dem Team lernt der Bewerber auch noch andere Stakeholder kennen, manchmal aus dem Management oder auch wichtige Kunden, mit denen er zusammenarbeiten muss.

Optional: Arbeitsprobe

Bei uns zeigen zukünftige Consultants ihre Fähigkeiten zum Beispiel in zweitätigen Probe-Trainings. Softwareentwickler könnten Aufgaben zuhause vorbereiten und im Vorstellungsgespräch dem Team erläutern.

Einholung von Referenzen

Wir haben es uns angewöhnt, Referenzen einzuholen. Die Entscheidung für einen neuen Mitarbeiter ist eine der wichtigsten Entscheidungen. Es kostet viel Zeit und Geld, wenn wir hier Fehler machen.

Arbeitsvertrag

Wenn von keinem der Beteiligten ein Veto kommt, erhält der Bewerber einen Arbeitsvertrag.

Probezeit

Die Probezeit ist bei uns fester Bestandteil des Auswahlverfahrens. In dieser Phase geht es aber auf keinen Fall nur darum, dass wir den Bewerber gut finden. In dieser Phase müssen auch wir uns dem Bewerber beweisen, denn wenn er uns nicht gut findet, ist er weg.

3.7 Einarbeitung und Integration

Die Einarbeitungsphase ist aus zwei Gründen die wohl kritischste Phase in der Partnerschaft zwischen einem Mitarbeiter und einem Unternehmen. Der erste Grund hat einen unternehmerischen Fokus: Es ist zwar bei Scrum nicht gerade das Ziel, aber es ist nun mal Tatsache, dass Menschen heute nicht lange in ein- und demselben Unternehmen bleiben. Daher müssen Wege gefunden werden, damit sie so rasch wie möglich produktiv mitarbeiten können.

Der zweite Grund: Wie rasch ein Mitarbeiter das Unternehmen wechselt, wird teilweise schon in der Einarbeitungsphase vorherbestimmt. Es ist für beide Seiten eine Bewährungssituation. In den Auswahlverfahren wird eine Erwartung geweckt, die sich im Laufe der ersten Wochen zum Bild entwickelt, „wie es wirklich ist". Wie viel Wertschätzung wird mir entgegengebracht? Wie viel Sicherheit wird mir vermittelt? Wie viel Orientierung wird mir gegeben? In der Probezeit entscheidet sich, welchen Weg der Mitarbeiter einschlagen wird. Level 2: lediglich die Probezeit aushalten oder Level 3: eine Partnerschaft mit dem Unternehmen eingehen.

Praxistipps zur Mitarbeiterintegration

1. **Der erste Tag – ein perfekter Eindruck**
   Am ersten Arbeitstag nehmen sich Führungskraft und ScrumMaster die Zeit, den neuen Mitarbeiter noch einmal mit dem gesamten Team willkommen zu heißen und stellen ihn allen weiteren Kollegen vor, die zumindest in den Wochen der Probezeit wichtige Kontakte sind.
   Die Führungskraft sollte sich in den ersten zwei Wochen mindestens eine Viertelstunde am Ende eines Arbeitstages Zeit für den neuen Mitarbeiter nehmen. Dabei beantwortet die Führungskraft alle Fragen, die der neue Mitarbeiter noch hat, und es ist Raum für ein gegenseitiges Feedback. Danach sollte es in der Probezeit zumindest ein Mal pro Woche ein Feedbackgespräch zwischen Führungskraft und Mitarbeiter geben.

4. **Klare Ziele für die Probezeit festlegen**
   Bei aller Wertschätzung und Harmonie auf persönlicher Ebene muss ein neuer Mitarbeiter auch Ergebnisse liefern, an denen er gemessen werden kann. Es ist die Aufgabe der Führungskraft, ihm gleich am ersten Tag der Probezeit eindeutige Ziele zu setzen und Erwartungen an ihn zu artikulieren. Die Erreichung der Ziele wird laufend mitverfolgt. Schlimmstenfalls stellt sich am Ende der Probezeit nach einer objektiven Bewertung heraus, dass einer der beiden Partner sich die Partnerschaft nicht vorstellen kann. Die Zielformulierung gibt ihm im Laufe der Einarbeitungszeit aber auf jeden Fall die Chance, Dinge zu ändern und rechtzeitig Maßnahmen zu ergreifen.
   Es geht hier nicht um formalisierte Mitarbeitergespräche, sondern viel mehr darum, klare Erwartungen von beiden Seiten zu äußern. Die Probezeit ist klarer Bestandteil des Auswahlverfahrens. Für beide Seiten. Der Mitarbeiter wird sich genau überlegen, ob er zukünftig Lust hat, mit der Führungskraft zu arbeiten, und wird einschätzen, ob er sich in dem neuen Umfeld seinen Vorstellungen entsprechend weiterentwickeln kann. Auch die Führungskraft wird kontinuierlich prüfen, ob die Einstellungsentscheidung haltbar ist.

5. **ScrumMaster: Prozessmentor & Impediments aus dem Weg des neuen Mitarbeiters räumen**
   Der ScrumMaster sorgt in Zusammenarbeit mit der Personalabteilung dafür, dass der neue Mitarbeiter am ersten Tag alles vorfindet, was er für seine Arbeit braucht. Was ihm noch fehlt, sei es am Arbeitsplatz, seien es organisatorische Angelegenheiten wie zum Beispiel Umzug oder Behördenwege, nimmt der ScrumMaster in die Hand. Wenn Impediments durch Schwächen im Prozess entstanden sind, meldet das der ScrumMaster an die Führungskraft, damit die Schwächen in Kooperation mit der Personalabteilung beseitigt werden können.

6. **Die fachliche Einarbeitung**
   Bei der Frage „Wer übernimmt die Einarbeitung?" müssen wir im Wesentlichen zwei Situationen unterscheiden:

   A) Scrum ist bereits implementiert
   Das Team übernimmt die fachliche Einarbeitung neuer Teammitglieder. Idealerweise gibt es einen Teamkalender und das Team kann sich im Vorfeld schon darauf einstellen, ab wann der Kreis erweitert wird und Aufgaben neu verteilt werden müssen. Bei laufenden Sprints kann der neue Mitarbeiter daher sofort in die Daily Scrums eingebunden werden

und sofort „hands on“ dabei sein. Bei allen fachlichen Fragen hilft in der Einarbeitungszeit das Team. Eine Möglichkeit wäre auch, einen fachlichen Mentor zu nominieren.

Wichtig ist, dass der Mitarbeiter nicht nur von der Führungskraft, sondern auch vom Team in den Sprint Reviews Feedback bekommt.

- *Neuer ScrumMaster:* Ein neuer ScrumMaster sollte auf jeden Fall einen Sprint gemeinsam mit dem bisherigen ScrumMaster absolvieren.
- *Neuer Product Owner:* Die fachliche Einarbeitung erfolgt zum Beispiel durch den Director Product Management. Alles, was in der Einarbeitung den Scrum-Prozess und die Methodik betrifft, wird vom ScrumMaster übernommen.

B) Scrum wird gerade implementiert
Diese Situation ist eine besondere Herausforderung, weil alle gleichzeitig an den Start geschickt werden. Die vernünftigste Reihenfolge wäre: Zuerst kommt der Product Owner, dann der ScrumMaster, dann das Team. Die Produktvision bildet die Basis der gesamten Zusammenarbeit und muss zunächst vom Product Owner entwickelt werden. Aus der Vision entsteht das Backlog, aus dem sich auch ableiten lässt, welche fachlichen Qualifikationen es für die Umsetzung braucht, und daraus entsteht das Team.

7. **Das Ende der Probezeit: Party**
In vielen Elite-Organisationen werden neue Mitglieder mit verschiedensten Zeremonien und Ritualen offiziell aufgenommen. Das mag manchmal seltsame Formen annehmen, aber solche „Initiationen“ bezeichnen signifikante Übergänge und Veränderungen im Leben. Auch am Ende der Probezeit in einer Scrum-Organisation sollte das Team eindeutig signalisieren: „Du bist jetzt einer von uns.“ Also warum nicht eine Party schmeißen oder etwas anderes veranstalten, was gemeinsam Spaß macht?

3.8 Die Rolle der Personalabteilung

Der Personalabteilung kommt in der agilen Organisation eine verbindende Querschnittsfunktion zu (siehe Bild 3.2). Sie unterstützt das Management dabei, den Personalbedarf zu identifizieren und die Beschaffungsprozesse in die Wege zu leiten. Um die richtige Besetzung zu finden, führt sie die Anforderungswünsche in Kompetenzprofilen zusammen und entwirft darauf aufbauend Stellenausschreibungen. Sie strebt aber auch danach, aus den Kontakten von Mitarbeitern in der Scrum-Community aktiv eine Talentpipeline aufzubauen. Im Auswahlprozess übernimmt sie die Verantwortung für rasche Rückmeldungen, schnelle Kontaktaufnahme und Terminkoordination, organisiert das Kennenlernen mit Führungskraft und Teams, arbeitet die Arbeitsverträge aus. Und schließlich sorgt die Personalabteilung in der Einarbeitungs- und Integrationsphase gemeinsam mit dem ScrumMaster dafür, dass dem neuen Mitarbeiter gleich am ersten Tag alles zur Verfügung steht, was er für eine schnelle Einarbeitung braucht.

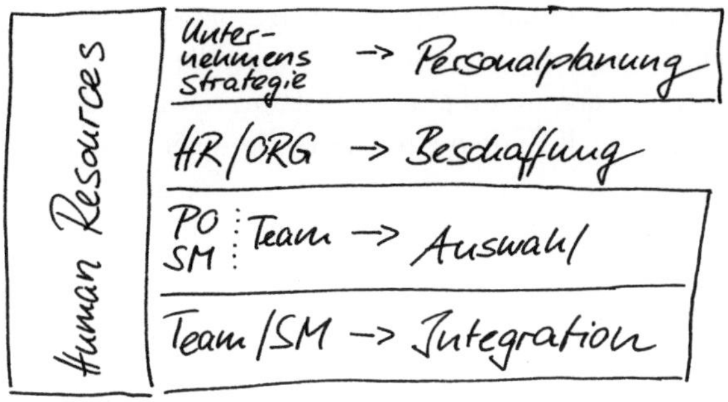

BILD 3.2 Die Querschnittsfunktion der Personalabteilung

Damit sie diese Funktion ausüben kann, müssen zwei Grundvoraussetzungen gegeben sein.

1. **Scrum als Wettbewerbsvorteil im Kampf um Talente sehen**

Man kann Scrum einsetzen, weil es andere auch tun. Damit lassen sich auf Dauer aber keine nachhaltigen Erfolge erzielen. Sich dann auch noch mit etwas zu brüsten, was gar nicht vorhanden ist, geht auf jeden Fall schief. Aber gehen wir mal davon aus, dass Ihr Unternehmen Scrum wirklich verstanden hat: Dann entwickelt sich damit eine Kultur, die nach außen kommuniziert werden sollte bzw. werden muss. An den Schnittstellen zur „Außenwelt" eines Unternehmens ergibt sich die Notwendigkeit zur Kommunikation zwangsläufig: Gerade bei Scrum müssen Kunden und Lieferanten wissen, wie in einer Organisation gearbeitet wird, weil sie durch ihr Mitziehen oder Nichtmitziehen die Entwicklungsprozesse ganz wesentlich fördern oder stören können.

Auch potenzielle Mitarbeiter sind zunächst einmal Kunden. Sie überlegen sich, ob sie ihr Talent in ein Unternehmen investieren sollen. Scrum ist in der Welt der Softwareentwicklung ein Asset mit dem Potenzial, nicht passende Mitarbeiter abzuschrecken und die richtigen anzulocken. Damit das funktioniert, muss ihnen aber auch auf den unterschiedlichsten Kanälen – noch vollkommen unabhängig von einem bestimmten Bewerbungs- und Auswahlprozess – vermittelt werden, welchen Stellenwert Scrum im Unternehmen hat, wie die Rollen definiert sind und mit welchen Menschen man es zu tun hat. Es ist Aufgabe der Führung eines Unternehmens, diese Aspekte zu formulieren und gemeinsam mit HR Leitbilder und Rollenprofile zu formulieren, die als strategischer Bestandteil in das Employer Branding einfließen und sich in sämtlichen – proaktiven – Kontakten zu potenziellen Mitarbeitern widerspiegeln.

Das Unternehmen muss nach außen hin als Marke präsent sein. Das fängt schon auf der Website an: Im Recruitingbereich von Internetpräsenzen erfährt man meist nur, dass jemand gesucht wird und dass man doch bitte das dazugehörige Formular ausfüllen möge. Dabei besteht hier die Chance, für einen Bewerber schon einmal ein Bild davon zu schaffen, wie es ist, in diesem Unternehmen zu arbeiten. Hier kann dargestellt werden, warum Scrum eingesetzt wird und wie es eingesetzt wird. Mitarbeiter können in Videos zu Wort kommen, der Ablauf eines Daily Scrums kann präsentiert werden, Mitarbeiter-Blogs zu Scrum können eingebettet werden – die Möglichkeiten sind endlos. Auch traditionelle PR kann zum Markentransport eingesetzt werden: Die PR-Abteilung oder externe Berater können dabei helfen, den Kontakt zu Fachmedien und den Karriere-Ressorts von Print- und Onlinemedien herzustellen, um zum

Beispiel in Fallstudien die Zusammenhänge zwischen Projekterfolgen und Scrum-Arbeitsweise eines Unternehmens aufzuzeigen. Genauso wichtig ist die interne PR, durch deren Instrumente wie Newsletter, Intranet, Mitarbeiterveranstaltungen usw. das Selbstverständnis der Organisation laufend vermittelt werden kann. Daran knüpfen sich auch Mitarbeiterempfehlungsprogramme. Dabei werden Mitarbeiter belohnt, die aus ihrem eigenen Netzwerk erfolgreich neue Kollegen „akquirieren". Natürlich können solche Empfehlungsprogramme auch auf Lieferanten und Partner ausgedehnt werden. Es gibt also die unterschiedlichsten Wege, die man beschreiten kann, um ein Unternehmen als Scrum-Marke bekannt zu machen und dadurch die besten Leute anzulocken, wenn man es ernsthaft will.

2. **Die Personalabteilung muss Scrum verstehen**

Menschen mit den nötigen fachlichen Qualifikationen zu finden, ist keine Schwierigkeit. Scrum ist aber eine Einstellungssache und bringt Menschen in offenere Formen der Interaktion. Mit dieser Offenheit muss man erst einmal umgehen können. Um die passenden Menschen zu finden, die sich in dieser Dynamik wohlfühlen, müssen die Mitarbeiter der Personalabteilung diese Dynamik selbst erleben. Es spricht alles dafür, dass sie sich als stiller Beobachter an Daily Scrums und Sprint Reviews beteiligen oder die Task- und Storyboards täglich mitverfolgen. Probieren geht über studieren: Eigentlich könnte die Personalabteilung Scrum sogar für die eigenen Aufgaben einsetzen. Das Eingebundensein in Scrum verhindert außerdem, dass gut gemeinte Unterstützung nach hinten losgeht. Eine Personalabteilung, die aus Unwissenheit zum Beispiel in Stellenanzeigen klassische Positionsbeschreibungen lediglich mit dem neuen Schleifchen „Scrum" versieht, handelt schlussendlich kontraproduktiv.

Zusammenfassung

Personalsuche und Personalauswahl sind jene Prozesse, in deren Rahmen ein potenziell innovationskräftiges Talent seine ersten Erfahrungen mit einem Unternehmen als möglichem Arbeitgeber sammelt. Wie diese Prozesse gestaltet sind, sagt bereits einiges über die Haltung und Wertschätzung gegenüber einem Know-how-Träger aus. Kontraproduktiv ist eine Einstellung, die den zukünftigen Mitarbeiter als Bittsteller und Ressource sieht, die sich einem langwierigen und von allen nur halbherzig betriebenen Auswahlprozess zu stellen hat.

Agile Unternehmen setzen in ihren Auswahlprozessen auf Geschwindigkeit in Form von raschem und professionellem Feedback und frühe Einbindung des neuen Mitarbeiters in das Unternehmensgeschehen. Das setzt voraus, dass alle in das Einstellungsverfahren involvierten Personen – und das sind in Scrum die zuständige disziplinarische Führungskraft, ScrumMaster, Product Owner, Teammitglieder und Vertreter der Personalabteilung – ihre Aufgabe ernst nehmen und sich vor allem für das Gelingen der in allen Unternehmen heiklen Einarbeitungsphase verantwortlich fühlen. Um jene Talente anzuziehen, die Scrum verstehen und ernst nehmen, muss ein Unternehmen zunächst aber sein eigenes Scrum-Selbstverständnis klären. Bereits in den Stellenanzeigen wird sichtbar, ob das Mindset tatsächlich in Fleisch und Blut übergegangen ist oder ob Scrum nur als oberflächliche Maßnahme eingesetzt wird. Scrum selbst kann bei Maßnahmen des Employer Brandings zu einem Aushängeschild für das Unternehmen werden.Für die Suche nach geeigneten Mitarbeitern empfiehlt sich im Vorhinein die Ausarbeitung von Kompetenzprofilen, die berücksichtigen, welche fachlichen, methodischen, sozialen und persönlichen Kompetenzen ein Kandidat mitbringen sollte. Auf dieser Basis werden die passenden Stellenausschreibungen erstellt. Idealerweise muss ein agiles Unternehmen aber nur einen geringen Teil seiner Mitarbeiter für Scrum-Teams über Ausschreibungen suchen. Vielmehr sollte durch persönliche Kontakte in der Scrum-Community zu hochqualifizierten Personen eine Talentpipeline aufgebaut werden ■

4 Talent Management & Retention

Führungsverantwortliche bekommen in regelmäßigen Abständen neue Buzzwords um die Ohren geschleudert. So stehen wir seit 1998 im „War for Talent", den McKinsey ausgerufen hat.[1] Damals wurden große Unternehmen vor einer klaffenden Lücke zwischen Angebot und Nachfrage an hochtalentierten Nachwuchskräften auf der Executive-Ebene gewarnt, von Führungsfunktionen auf höchster unternehmensweiter Ebene ganz zu schweigen.

Zehn Jahre später gibt sich McKinsey keinen Illusionen hin und beklagt, dass der Kampfschrei zwar gehört wurde, aber die meisten Unternehmen zum Thema „Talentmanagement" strategielos und mit nicht mehr als einer Worthülse in der Hand Unsummen in wirkungslosen HR-Programmen verschleudert haben.[2] Den Grund erkennt McKinsey darin, dass Talentmanagement noch immer nicht bis in die strategischen Gefilde unternehmerischen Denkens vorgedrungen ist, sondern ein Thema kurzfristiger, taktischer Manöver ist. Die Zuständigen lamentieren in den laufenden Untersuchungen von McKinsey offen darüber, dass Talentmanagement eine zusätzliche Belastung zum täglichen Geschäft sei. Neben ihrem kurzfristigen Denken stolpern diese Unternehmen aber auch über mangelnde interne Zusammenarbeit und unklare Zuständigkeiten der Personalabteilung. Das Problem liegt aber wohl woanders: Das Wort „Talentmanagement" ist eine hübsche Verpackung, die Unternehmen glauben lässt, nicht zu jenen zu gehören, die Menschen als Nummern behandeln.

Was ist ein Talent?

Wenn wir diese Frage beantworten wollen, ist schon die Herkunft des Wortes aufschlussreich. Das „talentum" beschreibt im Lateinischen eine Gewichtseinheit von etwa 26 kg oder die größte Münzeinheit im Wert von 6000 Drachmen.[3] In dieser Bedeutung findet sich das Talent im biblischen Gleichnis vom anvertrauten Geld wieder (Matthäus 25), ist dort aber mehr als Synonym für Begabung und Glaube zu interpretieren. Man soll seine Talente nicht vergraben, denn so können sie nichts bewirken. Die Unkenntnis der eigenen Talente ist im Prinzip nichts anderes als das Verschleudern des geistigen – und im Endeffekt auch materiellen – Vermögens.

1 Chambers et al. 1998
2 Guthridge, Komm, Lawson 2008
3 Stowasser 1979

Heute haben wir das gemeinsame Grundverständnis, dass das Talent eine überdurchschnittliche Fähigkeit, eine Begabung, in einem bestimmten Bereich ist. Danach gehen die Sichtweisen im unternehmerischen Rahmen aber auch schon auseinander. Die eine Hälfte definiert Talent als Leistungsstärke im Sinne von „ein Talent sein“, die andere Hälfte versteht das Talent als Begabung bzw. Disposition zur Leistungserbringung im Sinne von „ein Talent haben“.[4] Ebenso gehen die Meinungen auseinander, ob Talent als Ausprägung spezifischer Kompetenzen zu sehen ist oder ob es bestimmten Persönlichkeitseigenschaften zu verdanken ist. Zu guter Letzt ist die Beurteilung, ob etwas ein Talent ist oder jemand ein Talent hat, auch noch von der Umgebung abhängig. Was in dem einen Unternehmen von Wert wäre, kann in einem anderen Unternehmen vollkommen belanglos sein.

Wie auch immer die akademischen Diskussionen dazu ausgehen: Als Führungskraft und Personalverantwortlicher muss man in der Lage sein zu erkennen, worin die besonderen Fähigkeiten – auf welcher Ebene auch immer – von Mitarbeitern liegen, was sie mit Leidenschaft tun, was sie brauchen, um wachsen zu können und bleiben zu wollen, und an welcher Stelle im Team oder Unternehmen Mitarbeiter für beide Seiten gewinnbringend eingesetzt werden sollten.

In der Praxis werden Mitarbeiter zwar als Talent bezeichnet, aber nicht so behandelt. Sich mit den eigenen Mitarbeitern und ihren vorhandenen und entwicklungsfähigen Begabungen auseinanderzusetzen, ist anstrengend. Denn neben der Begabung hat das Talent noch eine zweite Komponente, um die man sich kümmern muss: Leidenschaft. Es gibt durchaus den Fall, in dem ein Mitarbeiter ein Talent hat, aber keinen Spaß daran, es einzusetzen. Auf der anderen Seite gibt es auch Mitarbeiter, die an einer Aufgabe Spaß haben, für die sie aber kein Talent haben. Weder das eine noch das andere ist für Unternehmen und Mitarbeiter hilfreich. Beide bringt es nur weiter, wenn ein Mitarbeiter Talente einsetzen und weiterentwickeln kann bzw. darf, für die er auch Leidenschaft hat. Die meisten Unternehmen verkennen das und fragen weder danach, was ihre Mitarbeiter können, noch was ihnen Spaß macht. Der Fokus liegt allein auf einer Perspektive: Was braucht das Unternehmen? In dieser Denkweise ist der Mensch immer noch nicht mehr als ein Erfüllungsgehilfe im Taylorismus. Daraus folgt auch die Devise, dass jeder im Unternehmen ersetzbar ist. In der Praxis wird ein Mitarbeiter dann dort eingesetzt, wo eine Stelle existiert. Der Mensch als Individuum wird nicht als Wert betrachtet, sondern häufig genug lautet die Devise: „Der Nächste bitte“.

Neben dem völligen Verkennen von Talenten können sich aber auch am anderen Ende des Spektrums negative Extremfälle ausprägen. In manchen Unternehmen wurde und wird Talentmanagement dazu missbraucht, Menschen innerhalb kürzester Zeit zu Stars hochzujubeln. Sie bekommen weitreichende Befugnisse, ohne sich und ihre charakterliche Stärke überhaupt schon bewiesen zu haben. Ständiger Beifall gepaart mit absurd hohen Gehältern lässt aus Talent manchmal Größenwahn entstehen. Mit den Folgen hat mitunter die ganze Welt zu kämpfen.

---

4 Bethke-Langenegger 2009

4.1 Warum Talentmanagement ?

Springen wir noch einmal in das Jahr 1998 zurück: Als einer der Gründe, warum der Krieg um Talente gerade die Big Player treffen würde, wurde von McKinsey damals die Konkurrenz durch Start-Ups angeführt. Kleine Unternehmen würden den Menschen, den Wissensarbeitern, die Möglichkeit bieten, etwas zu bewirken. Die kleinen Start-Ups, die – laut McKinsey – so erfolgreich in den Talentteichen der Großunternehmen wildern, hätten einfach durchschaut, welche Bedingungen die klügsten Köpfe brauchen. Meistens läge das daran, dass die Gründer selbst solche Talente seien und mit ihrem eigenen Unternehmen genau die Umgebungen schafften, die sie selbst brauchen.

Was passiert, wenn man die Mitarbeiter machen lässt, was sie können und woran sie Spaß haben?

Talentmanagement bei Crytek*

Die Begeisterung der Brüder Cevat, Avni und Faruk Yerli für Computerspiele hatte Mitte der Neunziger an einem Commodore C-64 begonnen. Heute, anderthalb Jahrzehnte später, entwickeln die drei mit den 600 Mitarbeitern ihrer Firma „Crytek“ Spiele, die schon viele Branchenpreise gewonnen haben, und zählen zu den wenigen deutschen Computerspiel-Entwicklern von Weltrang. Spiele-Programmierer, Entwickler und Grafiker sind rar und daher hart umkämpft. Wer sich in der Spiele-Szene durchsetzen will, muss seine Leute gut behandeln. Die Personalverantwortlichen von Crytek sehen das Unternehmen als Dienstleister der Mitarbeiter. In einer Kultur aus Ehrlichkeit und Vertrauen ist es auch möglich, dass die Angestellten an einem Tag der Woche arbeiten können, was sie wollen. Dabei kann man einiges lernen: Wenn nämlich alle am freien Tag etwas anderes machen, glauben sie vielleicht nicht an das Produkt, dann läuft etwas schief. Vielleicht ist dann das Produkt nicht interessant genug.

Motivation durch Eigenverantwortung

Als sich die Zahl der Mitarbeiter innerhalb kurzer Zeit beinahe verdoppelt hatte, hatten die Yerli-Brüder die Befürchtung, in die Routinefalle zu tappen, weil die Abläufe komplexer wurden und das Familiäre verloren ging. Daher wird der Unternehmergeist der Gründer nun in die gesamte Belegschaft getragen. Die Teams übernehmen Eigenverantwortung und bekommen viel Freiraum. Wenn etwa eine Gruppe, die ein neues Spiel entwickelt, einen Level-Designer braucht, ist es ihre Sache, wen sie sich aussucht. Die Personalabteilung äußert Bedenken, wenn es welche gibt, lässt aber schlussendlich das Team entscheiden. Die Angestellten können sogar mitreden, wenn wesentliche Firmenentscheidungen zu treffen sind. So war der Umzug von Coburg nach Frankfurt der Wunsch der Mitarbeiter. Bei Crytek arbeiten Menschen aus 40 Nationen. Arbeitssprache ist Englisch. Früher haben die Yerlis neue Mitarbeiter selbst vom Flughafen abgeholt, und noch heute besorgt ihnen Crytek

* Zusammenfassung eines Artikels von Peter Laudenbach in brand eins 4/10

eine Wohnung, zahlt Sprachkurse und achtet darauf, dass sie sich in der neuen Stadt wohlfühlen.

Aktives Talent-Networking

Das Netzwerk aus Kreativen, auf das sie jederzeit zurückgreifen konnten und können, haben sich die Yerlis seit 1997 durch eine Online-Community geschaffen. „Wir haben, wenn wir Leute eingestellt haben, auch nicht auf Studienabschlüsse geschaut. Einer unserer begnadetsten Animatoren war Minenarbeiter in Australien. Den haben wir über unsere Plattform kennengelernt", sagt Avni Yerli. Heute können sich Spieler auf www.crymod.com die nötige Software herunterladen, um dann ihre eigenen Spiele zu entwickeln. 70.000 User sind auf der Seite registriert. Cevat Yerli ist täglich auf der Seite unterwegs, mittlerweile wurden 40 junge Leute auf diese Weise eingestellt. Leute, die ihr Hobby noch weiter treiben und sich 14 Stunden am Tag mit den Spielen von Crytek auseinandersetzen. ■

Talentmanagement soll im Endeffekt dafür sorgen, dass die besten Mitarbeiter entsprechend ihren Fähigkeiten und Leidenschaften zur richtigen Zeit an der richtigen Stelle eingesetzt bzw. in ihrer Entwicklung dorthin unterstützt werden. Das legt die Basis dafür, dass hochqualifizierte Menschen ihr Potenzial voll entfalten können, und damit zum langfristigen Erfolg des Unternehmens, zu seiner Innovationskraft, beitragen können. Es geht also nicht nur darum, einem Mitarbeiter immer nur Ziele zu setzen, die er erreichen muss. Unternehmen müssen sich umgekehrt auch fragen, was sie tun können, um die Erwartungen des Mitarbeiters zu erfüllen. Man muss nicht selbst ein Fisch sein, um ein passendes Talentbiotop schaffen zu können. Aber man muss zumindest hin und wieder schnorcheln gehen und sich mit den bevorzugten Lebensbedingungen der teuren Koi beschäftigen, damit sie lange erhalten bleiben. Kleine Unternehmen erkennen oft besser als große, dass ein dicker Gehaltsscheck nicht der größte Motivationsfaktor ist. Sie bieten ihren Talenten die Chance, ihre Bedürfnisse nach Sinnhaftigkeit, Flexibilität, Einfluss, Entscheidungsfreiheit und Anerkennung zu befriedigen.

4.2 Wie man die richtigen Talente findet

Will man Talente gewinnen, so geht es nicht nur darum, sie überhaupt zu finden und in das Unternehmen zu holen. Die Kunst besteht darin, die Talentorientierung nicht mit dem Arbeitsvertrag ad acta zu legen, sondern weiter am Ball zu bleiben. Nicht alle Begabungen sind bereits zu Beginn eines Arbeitsverhältnisses sichtbar, manche entwickeln sich erst. Manche Talente sind nicht einmal dem einzelnen Mitarbeiter selbst bewusst oder sie sind für ihn „normal", während sie im Unternehmenskontext eine ganz besondere Wirkung haben können. Diese Potenziale zu identifizieren und für das Unternehmen einsetzbar zu machen, ist Aufgabe des Talentmanagements. Daran knüpft sich zwangsläufig die Frage, was zu tun ist, um Talente so lang wie möglich im Unternehmen zu halten.

Häufig werden im Personalauswahlverfahren und später zur Identifikation von Talenten eignungsdiagnostische Tools genutzt, genauso wie wissenschaftliche Ansätze und Instrumente, die zum Teil sehr hilfreich sind, aber manchmal auch sehr komplex. Und es gibt mittlerweile auch viele Softwarelösungen, um Talente und Skills in Unternehmen abzubilden.

Wir sind aber davon überzeugt, dass die wirkungsvollste Methode zur Identifikation von Talenten das Coaching ist. Keine Bewertungsmethodik und keine Software können das Besondere und das Aufleuchtende in einem Menschen so präzise darstellen wie die Wahrnehmung eines anderen Menschen, der sich intensiv mit ihm auseinandersetzt. So wie Scrum ein großer kommunikativer Prozess ist, kann auch das Talentmanagement in einem Scrum-Umfeld nur auf persönlichen Gesprächen beruhen.

Im agilen Unternehmen können vier Rollen auch als Coach fungieren:

1. **Der Manager**
   Der Manager (die disziplinarische Führungskraft) ist zugleich immer Coach der Mitarbeiter, um sie entsprechend ihrer Talente und Leidenschaften zu fördern. Er hat dabei den Blick für die Individualität des Einzelnen.
2. **Der ScrumMaster**
   Der ScrumMaster identifiziert und entwickelt die Talente im Kontext des Teams. Er fungiert als Team-Coach und weckt die Potenziale des Einzelnen, um den Erfolg des gesamten Teams zu gewährleisten.
3. **Der HR-Manager**
   Auch ein HR-Manager kann als Coach fungieren. Innerhalb des Unternehmens hat er manchmal einen sehr nützlichen Abstand zu den fachlichen Belangen und verfügt oft über eine entsprechende Ausbildung.
4. **Ein externer Coach**
   In einigen Fällen ist es hilfreich, einen externen Coach hinzuzuziehen. Der Vorteil ist, dass er weniger vom Umfeld getrieben ist und Neutralität gewährleistet. Er kann in vielen Fällen unternehmensunabhängig die Talente eines Mitarbeiters identifizieren und ihm helfen, Leidenschaften zu entdecken.

Ähnlich wie beim „Talent“ gibt der Ursprung des Wortes „Coach“ bereits Auskunft über den tieferen Sinn des Coachings. Die ungarische Stadt Kocs war einst für die Fertigung gefederter Kutschenwagen berühmt und fand auf diese Weise Eingang in sämtliche europäische Sprachen.[5] Die Grundeigenschaft einer Kutsche, nämlich Güter oder Menschen von A nach B zu befördern, wurde im übertragenen Sinn schließlich als „Coach“ personifiziert, der eine Gruppe von Sportlern zu einem Ziel führen soll. Coach und Trainer sind im Sport nicht das Gleiche. Während sich der Trainer vor allem auf die Verbesserung physisch-technischer Fertigkeiten konzentriert, ist der Coach auch ein „Mental-Trainer“, der keine fertigen Problemlösungen parat hat, sondern den Coachee selbst an die Lösung heranführt. Er ist ein begleitender Gesprächspartner auf dem Weg der individuellen Entwicklung, er erkennt die Bedürfnisse des Einzelnen in einer bestimmten Situation und hilft ihm dabei, Probleme mit den eigenen Ressourcen zu bewältigen.

[5] http://de.wikipedia.org/wiki/Kocs

Agiles Coaching legt den klaren Fokus darauf, eine neue Verhaltensweise zu initiieren, die in der Methode Scrum begründet ist. Es ist einerseits das Bewusstmachen neuer Verhaltensweisen und Denkansätze für eine gesamte Organisation, aber natürlich auch das Abholen des Einzelnen, um ihm - aus Einsicht oder dem Druck heraus, sich verändern zu müssen - beim Veränderungsprozess zu helfen. Agile Coaches brauchen einerseits das Wissen über die speziellen Anforderungen des Arbeitsumfeldes des einzelnen Mitarbeiters, aber auch profunde soziodynamische und systemische Kompetenzen, um Teams in ihrer Situation und Entwicklung unterstützen zu können. Talente für ein agiles Unternehmen zu finden oder sie im Unternehmen zu identifizieren, heißt, dass der Coach erkennen muss, ob ein Mitarbeiter in der Lage ist, seine Eigeninteressen in ein Team einzubringen, um dieses Team voranzubringen. Wird dieser Mitarbeiter - wenn er noch nicht agil denkt - dazu fähig sein, das agile Mindset zu verstehen und in seine Verhaltensweisen zu integrieren?

Scrum stellt das Team konsequent in den Mittelpunkt aller Überlegungen. So wie in anderen Teams, zum Beispiel im Fußball, müssen wir herausfinden, wer sich in welcher Rolle am besten entfalten kann, damit nicht nur der Einzelne, sondern das Team, und damit im Endeffekt die Organisation, davon profitieren. In Scrum gibt es in der Talentsuche und Talententwicklung innerhalb des Unternehmens zwei Ausgangssituationen:

- **Die Implementierungsphase:** Wenn Scrum gerade eingeführt wird, stellt sich die Frage, welche Mitarbeiter die notwendigen Rollen übernehmen könnten.
- **Die Nachbesetzung:** Ist Scrum bereits implementiert, besteht die Aufgabe darin, neben der externen Talentpipeline auch die interne Talentpipeline ständig zu „befüllen".

4.2.1 Talentsuche in der Implementierungsphase

Wer im Unternehmen hat das Potenzial, die Rollen Product Owner, ScrumMaster oder Teammitglied auszufüllen? Wer zeigt bereits im alten Rollenmodell die Fähigkeiten, die zur Basis der neuen Rollen in der Scrum-Organisation werden können? Einen Anhaltspunkt dafür liefern die Kompetenzprofile für die einzelnen Rollen, die auch in der Personalauswahl eingesetzt werden. Diese Profile stellen das Idealbild der Fähigkeiten eines Rolleninhabers dar. Durch die Gegenüberstellung mit den Ist-Profilen der Mitarbeiter lässt sich erkennen, wer welche Fähigkeiten bereits hat und wo es Potenziale gibt, die Fähigkeiten dem Idealbild anzunähern.

ScrumMaster

Ein ScrumMaster ist ein Rebell in den eigenen Reihen, im Idealfall ein Querdenker. Jemanden aus dem Kreis der Teamleiter schnell zum ScrumMaster zu küren, ist in den seltensten Fällen sinnvoll. Meistens sind es nämlich nicht die Querdenker, die zu Teamleitern geworden sind, sondern die am besten angepassten Mitarbeiter.

Weil der ScrumMaster nicht technisch mitarbeiten soll, sollten Sie auch den Lead-Developer nicht zum ScrumMaster machen. Wenn er sich auch in der neuen Rolle auf sein technisches Know-how konzentriert, läuft er Gefahr, die Performance des Teams zu stören.

Aber wer wird dann ScrumMaster, wenn nicht der Teamleiter und der Lead Developer?

- Der Projektmanager, wenn er gerne die Probleme anderer Menschen löst, sich mit den Teamdynamiken auseinandersetzen und am Produkt nicht inhaltlich mitarbeiten will.
- Ein Teammitglied, das einen neuen Karriereweg einschlagen will. Jemand, der gute kommunikative Fähigkeiten und erste Führungskompetenzen bewiesen hat. Jemand mit Rückgrat.

Wenn Sie jemanden aus den eigenen Reihen zum ScrumMaster küren, müssen die Führungskraft und der ScrumMaster sehr schnell über die Unterschiede zwischen seiner alten Position und der neuen Rolle miteinander reden und die neuen Befugnisse und Zuständigkeiten abstecken.

In Kapitel 3 haben wir idealtypische Kompetenzprofile dargestellt, die Ihnen bei der Beurteilung der Mitarbeiter, die in Frage kommen, helfen können. Sicherlich wird ein ScrumMaster im ersten Schritt nicht allen Kompetenzanforderungen entsprechen. Wichtig ist, ob bei einem Kandidaten das Potenzial vorhanden ist und er auch die Leidenschaft und den Ehrgeiz hat, sich in die Rolle des ScrumMasters hineinzuentwickeln. Wenn die Führungskraft und der ScrumMaster in einem Gespräch analysieren, wie sie gemeinsam das Kompetenzprofil einschätzen, werden die Entwicklungsbereiche deutlich. So entsteht eine gute Grundlage, um die zukünftige Entwicklung zu gestalten.

Product Owner

Unsere Erfahrung zeigt, dass die Suche nach einem Product Owner in den eigenen Reihen meistens erfolglos bleibt. Produktmanager oder jene, die dabei helfen, Produkte zu kreieren, verfügen oft nicht über die inhaltliche Kompetenz, um das Produkt wirklich zu verstehen. Auch traut ihnen das Management mitunter nicht genügend Fachwissen zu, um tatsächlich über neue Produktfunktionalitäten entscheiden zu können. Wir glauben dennoch, dass ein Product Owner aus den eigenen Reihen erfolgreich sein kann. Damit das gelingen kann, müssen sich Führungskräfte darüber im Klaren sein, dass sie die Verantwortung für ein Produkt abgeben und sich auf den Mitarbeiter verlassen müssen.

Für die Besetzung der Rolle des Product Owners gibt es mehrere Möglichkeiten, die je nach Produkt und Branche richtig sein können:

- Ist es auf Teamebene nötig, dass der Product Owner sehr hohes technisches Wissen hat, dann könnte der fachliche Teamleiter zum Product Owner werden. Er muss aber dazu bereit sein, das Team in seinen technischen Entscheidungen nicht zu beeinflussen.
- In anderen Fällen könnte der Projektmanager zum Product Owner werden. Oft hat er bereits den Überblick über das Produkt und die nötigen Funktionalitäten und ist die Schnittstelle zum Kunden. Was der Product Owner in diesem Fall lernen muss: Er darf dem Team nicht mehr vorgeben, wer was tun soll, und er muss das Team den Releaseplan entwickeln lassen.
- In kleinen Organisationen ist das Produkt-Know-how oft aus der Historie heraus bei der fachlichen Führungskraft, zum Beispiel beim Abteilungsleiter, angesiedelt. Wenn der Abteilungsleiter auf seine disziplinarische Verantwortung dem Team gegenüber verzichten will, kann er zu einem guten Product Owner werden. Schließlich hat er auch in der Vergangenheit die Richtung der Produktentwicklung vorgegeben. Um es nochmals zu betonen: Entscheidend ist der Verzicht auf den direktiven Umgang mit dem Team. Sonst besteht die

Gefahr, dass die Entscheidungen des nunmehrigen Product Owners aus Gewohnheit – so wie in der Vergangenheit – ohne zu denken umgesetzt werden.

Auch für den Product Owner haben wir in Kapitel 3 ein idealtypisches Kompetenzprofil erstellt. Sicherlich wird ein Product Owner im ersten Schritt nicht allen Kompetenzanforderungen entsprechen. Wichtig ist aber auch hier, ob Potenzial, Leidenschaft und Ehrgeiz für das korrekte Ausfüllen der Rolle vorhanden sind.

Teammitglieder

Bevor Sie einen Mitarbeiter in ein Scrum-Team berufen, sollten Sie ihm die Frage stellen: „Kannst du dir vorstellen, dein Wissen zu teilen?" Suchen Sie nicht ausschließlich nach den fachlich Besten, sondern nach den Leuten in Ihrer Firma, die schon immer gut mit anderen zusammenarbeiten konnten und wollten. Ein Scrum-Teammitglied ist sich darüber im Klaren, dass es nur gemeinsam im Team etwas erreichen kann. Suchen Sie Mitarbeiter für Ihre Teams aus, die über den eigenen fachlichen Tellerrand hinausschauen können und vielleicht schon in mehr als einem Team gearbeitet haben.

4.2.2 Talentsuche, wenn bereits mit Scrum gearbeitet wird

Talentmanagement ist ein Instrument zur Sicherung der internen Nachfolgeplanung, zur gezielten Entwicklung von Nachwuchstalenten oder zur Bindung erfolgskritischer Mitarbeiter.[6] Talentmanagement hat daher einen zeitkritischen Aspekt, denn man muss Talente identifiziert haben, bevor akuter Bedarf an einer Nachfolge besteht. Auf der Führungsebene wird die Frage, wer nachrücken könnte, durch Management Reviews gut abgedeckt. Die Frage, die sich aber in Scrum-Organisationen zusätzlich stellt, ist: „Wer könnte Nachfolger für den ScrumMaster oder den Product Owner sein?"

Damit auch diese Pipeline immer gefüllt bleibt, stehen dem Personalmanagement Identifikations-Tools zur Verfügung. Eines davon ist die Performance Potenzial Matrix (Bild 4.1).

Diese Matrix ist ein pragmatisches Instrument, mit dem in Unternehmen die aktuelle Mitarbeitersituation für einzelne Bereiche analysiert werden kann. Hier können Teammitglieder, ScrumMaster und Product Owner zugeordnet werden und man erhält einen guten ersten Überblick über die aktuelle Situation der Talentpipeline. Sinnvoll ist es aus unserer Sicht, diesen Identifikationsprozess mindestens einmal pro Jahr von der Personalabteilung moderiert durchzuführen, um entstehenden Bedarf rechtzeitig erkennen und Maßnahmen ergreifen zu können.

[6] Bethke-Langenegger 2009

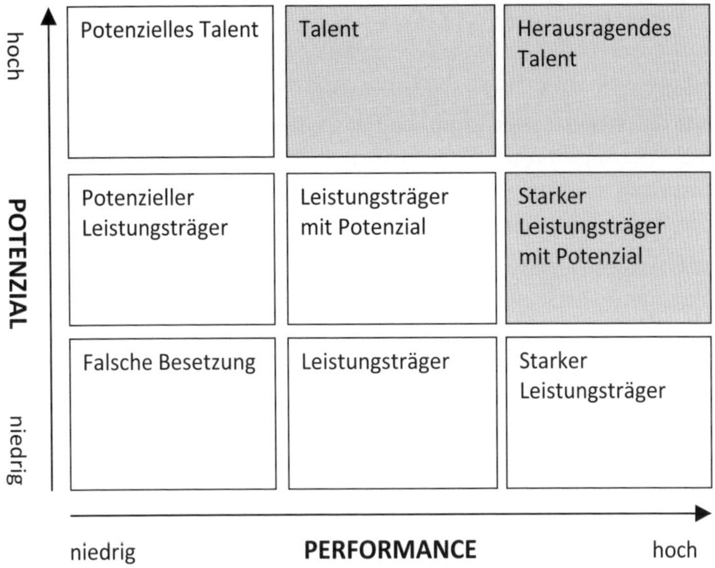

BILD 4.1 Die Performance Potenzial Matrix (in Anlehnung an Zehnder 2008[7])

Was folgt aus der Platzierung eines Mitarbeiters in der Performance Potential Matrix?

- **Großes Potenzial + entwicklungsbedürftige Performance:** In diesem Fall sollten Sie analysieren, was die Gründe dafür sind und welche Lösungen dem Mitarbeiter weiterhelfen, um die Performance in den Griff zu bekommen.
- **Großes Potenzial + hervorragende Performance:** In dieser Konstellation sollte geprüft werden, welche Schritte möglich sind, um den Mitarbeiter als Leistungsträger im Unternehmen zu halten und seine Entwicklung weiter zu fördern.
- **Keine Potenziale + hervorragende Leistung:** Trotz des fehlenden Potenzials sollte überlegt werden, ob der Mitarbeiter möglicherweise eine zentrale, integrative Rolle im Team spielt, über die er auch in Zukunft den Zusammenhalt stärken kann.
- **Ein Mitarbeiter erweist sich als Fehlbesetzung:** Zunächst sollte überlegt werden, ob er in einem anderen Team seine Leistung und sein Potenzial besser entfalten könnte. Wenn diese Lösung auch ergebnislos bleibt oder nicht machbar ist, muss auch eine Trennung in Betracht gezogen werden.

Interessant ist das Gesamtbild am Ende. Gruppieren sich zu viele Mitarbeiter in einem Quadranten, signalisiert das immer eine Unausgewogenheit in der Talentpipeline. Zu viele „Stars" führen zu Karriereengpässen, zu viele Mitarbeiter ohne vielversprechendes Potenzial werden das Unternehmen nicht weiterbringen und nicht zur Innovationskraft beitragen.

[7] Schwuchow, Gutmann 2008

4.3 Talent Retention

Gehen wir also davon aus, dass wir unsere Talente identifiziert haben, dann müssen wir uns im nächsten Schritt auch darum kümmern, sie im Unternehmen zu halten. Was hält einen Menschen davon ab, ein Unternehmen zu verlassen? Wer ist in einem Scrum-Umfeld dafür verantwortlich, dass Mitarbeiter bleiben?

Das Verhältnis zwischen einem Unternehmen und seinen Mitarbeitern ist eine Beziehung, die in ihrem Verlauf normalen zwischenmenschlichen Beziehungen ähnelt. Zunächst ist alles rosarot. Wenn sich der Euphorienebel etwas gelichtet hat, gibt es einen nüchternen Bestandsvergleich zwischen dem, was man sich versprochen hat oder was einem versprochen wurde, und dem, was tatsächlich geboten wird. Die Zusammenarbeit oder „Beziehung" zwischen Mitarbeiter und Unternehmen lässt sich in drei Phasen unterteilen:

1. **Totale Begeisterung (endlich ein Job bzw. endlich ein Mitarbeiter)**
   Verglichen mit einer Beziehung ist es das „Verliebtheitsstadium". Der Mitarbeiter ist begeistert, dass er den Job bekommen hat. Er erzählt seinen Freunden davon, seiner Familie und allen, die es wissen wollen, dass er einen tollen neuen Job hat. Übrigens sollten Sie genau in diesen Phasen die „Mitarbeiter werben Mitarbeiter"-Programme starten. Hier funktionieren sie am besten. Auch das Unternehmen ist glücklich, dass es endlich einen Mitarbeiter gefunden hat. Verstärkung naht!

2. **Ich gebe meine Zeit und bekomme Geld (eine Hand wäscht die andere)**
   Im Laufe der Zeit lässt die Begeisterung nach. Der Mitarbeiter merkt, dass er auch in diesem Unternehmen wieder die gleichen Probleme hat, nur anders. Die erste Begeisterung ist verflogen, aber man macht seinen Job. Schließlich will man sich nicht den Lebenslauf zerstören und schon wieder wechseln. Und die Miete muss ja auch bezahlt werden.

   Auch das Unternehmen hat sich einiges anders vorgestellt. Der positive Eindruck aus den Vorstellungsgesprächen ist längst verflogen. „Wenn wir das doch alles vorher gewusst hätten. Aber wir haben momentan keinen anderen und eine neue Suche kostet Zeit und Geld. Also lassen wir es mal dabei. So schlimm ist es nun auch wieder nicht."

   In diesem Stadium halten es beide Seiten häufig sehr lange aus. Wir sind immer wieder überrascht, wie leidensfähig Mitarbeiter, aber auch Unternehmen sind. Wahrscheinlich ist es in privaten Beziehungen nicht anders.

3. **Tiefgehende Partnerschaft**
   Diese Ebene erreichen die wenigsten. Es ist das Stadium, in dem der Mitarbeiter wirklich seine Talente entfalten kann, so richtig Spaß hat und das Unternehmen glücklich ist, weil es die Ergebnisse geliefert bekommt, die es haben will.

In jedem Unternehmen ist die Integration und Einarbeitung die kritischste Phase in der Partnerschaft zwischen Mitarbeiter und Unternehmen. Viele Unternehmen begehen den Fehler, ihren zukünftigen Mitarbeitern in der Zeit des Werbens das Blaue vom Himmel zu versprechen. Ist die Beute ins Netz gegangen, beginnt die Entzauberung häufig mit dem ersten Arbeitstag und die Einarbeitungsphase kommt einer harten Landung in der Realität gleich. Bei agilen Unternehmen beginnt die Integration bereits im Auswahlverfahren, damit der potenzielle neue Kollege so rasch wie möglich an die Realität des Unternehmens herangeführt werden kann. Wie wir in Kapitel 3 gezeigt haben, sollten Kandidaten in der engeren Auswahl schon vor dem ersten Arbeitstag mit Neuigkeiten aus dem Unternehmen versorgt werden, sie sollten schon vor dem ersten Arbeitstag das Team und seine aktuellen Aufgaben kennengelernt haben. Auch ein Probetag oder das Abliefern einer Arbeitsprobe ist bereits Teil der Integration.

Ziel sollte es sein, wirkliche Fans für das Unternehmen zu gewinnen, und dafür ist Umdenken notwendig. Das hat seinen Preis und kostet: viele Gespräche, Zeit und möglicherweise auch Geld. Aber es ist für beide Seiten sehr bereichernd.

4.4 Aus welchen Gründen Mitarbeiter bleiben

Viele Manager denken noch immer, dass Geld alle Probleme löst. Genauso weisen Studien in regelmäßigen Abständen darauf hin, dass dem eben nicht so ist und Mitarbeiter ganz andere Gründe dafür haben, in einem Unternehmen zu bleiben oder es zu verlassen. Gehalt ist im Prinzip einer der „Hygienefaktoren", wie sie Frederick Herzberg definiert hat: Ein gutes Gehalt verhindert zwar die Entstehung von Unzufriedenheit, ist aber per se nicht in der Lage, Zufriedenheit zu erzeugen.[8]

Was Menschen tatsächlich in einem Unternehmen hält, sind meist drei andere Punkte:

1. Freundschaften zu Kollegen: Je wohler man sich in einem Team fühlt, desto geringer ist die Wahrscheinlichkeit, dass man es verlassen will.
2. Technologische Möglichkeiten: Darunter fällt das Gefühl, durch die Arbeitsweise und die in einem Unternehmen eingesetzten Technologien nicht den fachlichen Anschluss zu verpassen. Unternehmen sollten den natürlichen „Spieltrieb" - vor allem hochintelligenter - Mitarbeiter fördern und sie Neues ausprobieren lassen, und nicht stur in der Position verharren: „Das haben wir immer so gemacht."
3. Weiterbildungsmöglichkeiten: Der Einzelne muss die Chance bekommen, sich sowohl fachlich als auch in seinen persönlichen Fähigkeiten weiterentwickeln zu können.

Anders ausgedrückt geht es Menschen mit diesen drei Aspekten der Arbeitszufriedenheit um Spaß an der Arbeit, Selbstverwirklichung und um den Wunsch, etwas Besonderes zu sein.

[8] Herzberg 1966

Arbeitszufriedenheit entsteht durch Befriedigung von Bedürfnissen

Wenn wir noch tiefer an die Basis des Menschseins gehen, stehen hinter den Faktoren für die Arbeitszufriedenheit menschliche Bedürfnisse. Anthony Robbins identifiziert sechs grundlegende Bedürfnisse des Menschen:[9]

1. **Sicherheit**
   Das Bedürfnis nach Sicherheit ist im Sinne von Planbarkeit und Verlässlichkeit zu verstehen. Es ist das Bedürfnis nach „Überleben". Ein Mitarbeiter will seinen Arbeitsplatz morgen dort wieder vorfinden, wo er am Vortag war. Die Führungskraft soll morgen noch die gleiche sein wie heute und nicht jeden Tag wechseln. Das gibt Orientierung und ein gewisses Maß an Kontrolle über die Dinge, die man tut.
2. **Unsicherheit/Abwechslung**
   Zwischen der Wirkung von Sicherheit und Unsicherheit verläuft ein schmaler Grat. Zu viel Abwechslung im Sinne von sich dauernd ändernden Rahmenbedingungen macht uns Angst. Wenn aber immer alles sicher und vorhersehbar ist, entsteht auch schnell Langeweile. Deshalb gibt es durchaus das Bedürfnis nach dem richtigen Maß an Abwechslung oder Unsicherheit. Jeder braucht manchmal ein wenig Überraschung und Abenteuer. Mal was anderes. Ein Mitarbeiter will nicht immer die gleiche Aufgabe machen. Er will sich ausprobieren.
3. **Anerkennung**
   Mitarbeiter wollen wichtig sein, sie wollen jemandem etwas bedeuten und sie wollen Anerkennung für das, was sie tun. Vor allem wollen sie das Gefühl haben, etwas Sinnvolles zu tun. Sie wollen aber auch das Gefühl haben, dass sie einzigartig sind, dass ohne sie nichts geht. Sie wollen, dass man ihnen zuhört und sich Zeit nimmt. Aber sie wollen auch nicht zu einzigartig sein, denn dadurch wären sie von anderen isoliert.
4. **Verbindung**
   Menschen wollen Teil einer Gemeinschaft sein, sich um andere kümmern, aber auch das Gefühl haben, dass sich andere um sie kümmern. Eine Verbindung zu anderen Menschen haben und Erfolge mit ihnen teilen.
5. **Wachstum**
   Alles was lebt, wächst. Was nicht mehr wächst, stirbt. Deshalb ist Wachstum ein weiteres, elementares Bedürfnis. Mitarbeiter wollen dazulernen, wollen herausgefordert werden. Sie wollen sich weiterentwickeln.

5\. **Beitrag leisten**
   Und schließlich besteht in jedem Menschen bewusst oder unbewusst der Wunsch, einen Beitrag zu etwas Größerem zu leisten. Mitarbeiter wollen einer größeren Sache dienen. Sie wollen die Welt zu einem besseren Platz machen und dabei aber die Balance zwischen Beiträgen für sich selbst und für andere halten.

In Tabelle 4.1 haben wir einige Beispiele dafür angeführt, welche Rahmenbedingungen im Arbeitsumfeld eine positive Antwort auf die Grundbedürfnisse von Mitarbeitern darstellen.

---

[9] http://www.lgpgroup.com/The6HumanNeeds.html

TABELLE 4.1 Grundbedürfnisse des Menschen und Formen der Befriedigung durch die Arbeitsumgebung

Grundbedürfnis	Positive Antwort im Arbeitsumfeld
Sicherheit	Rituale, Routine, Planbarkeit
Abwechslung	Neue Projekte, Verbesserungen vorschlagen dürfen, neue Technologien
Anerkennung	Feedback, Lob, Gehalt
Beziehung	Teamentwicklung, gemeinsam etwas unternehmen
Wachstum	Weiterbildungsmöglichkeiten, Karriere
Einen Beitrag leisten	Die Vision des Product Owners erfolgreich umsetzen

Diese Bedürfnisse sind von Mensch zu Mensch unterschiedlich stark ausgeprägt. Meistens dominieren bei Mitarbeitern zwei Bedürfnisse besonders stark. Wenn alle sechs Bedürfnisse ausreichend erfüllt sind und die beiden Hauptbedürfnisse ganz besonders berücksichtigt werden, verlassen Mitarbeiter ein Unternehmen nicht. Sie erreichen das Stadium der tiefgehenden Partnerschaft mit ihrem Arbeitgeber. Die Herausforderung besteht also darin, herauszufinden, welche Bedürfnisse für einen spezifischen Mitarbeiter besonders wichtig sind, um sich voll und ganz mit einer Aufgabe und einem Unternehmen identifizieren zu können.

Das Gallup-Institut hat in einer mehr als 25 Jahre dauernden Langzeit-Studie erhoben, was eigentlich ein ideales Arbeitsumfeld ausmacht und welche Faktoren talentierte Spitzenkräfte an ein Unternehmen binden. Mehr als eine Million Arbeitnehmer wurden befragt, zunächst mit einem Set hunderter Fragen zu Aspekten des Arbeitsplatzes und des Arbeitsverhältnisses. Bei der statistischen Analyse der Antworten kristallisierten sich schließlich 12 einfache Fragen heraus, die sich erstklassige Mitarbeiter bei den Überlegungen zu „bleiben oder gehen?“ stellen:[10]

- Weiß ich, was bei der Arbeit von mir erwartet wird?
- Habe ich die Materialien und Arbeitsmittel, um meine Arbeit richtig zu machen?
- Habe ich bei der Arbeit jeden Tag die Gelegenheit, das zu tun, was ich am besten kann?
- Habe ich in den letzten sieben Tagen für gute Arbeit Anerkennung und Lob bekommen?
- Interessiert sich mein Vorgesetzter oder eine andere Person bei der Arbeit für mich als Mensch?
- Gibt es bei der Arbeit jemanden, der mich in meiner Entwicklung unterstützt und fördert?
- Habe ich den Eindruck, dass bei der Arbeit meine Meinungen und Vorstellungen zählen?
- Geben mir die Ziele und die Unternehmensphilosophie meiner Firma das Gefühl, dass meine Arbeit wichtig ist?
- Sind meine Kollegen bestrebt, Arbeit von hoher Qualität zu leisten?
- Habe ich innerhalb der Firma einen sehr guten Freund?
- Hat in den letzten sechs Monaten jemand in der Firma mit mir über meine Fortschritte gesprochen?

[10] Die Fragen wurden aus Buckingham, Coffman 2005 übernommen

- Hatte ich bei der Arbeit bisher die Gelegenheit, Neues zu lernen und mich weiterzuentwickeln?

Wenn Sie also herausfinden möchten, wie wohl sich die Talente in Ihrem Unternehmen fühlen: Stellen Sie Ihnen diese 12 Fragen. Gallup empfiehlt die Bewertung mit einer Skala von 1 (starkes Nein) bis 5 (starkes Ja). Jede der 12 Fragen berührt auch die Geschäftserfolgskriterien Produktivität, Rentabilität, Mitarbeiterbindung und Kundenzufriedenheit. Vor allem bei den ersten sechs Fragen sind diese Bereiche stark repräsentiert. „Jedem Manager/Vorgesetzten lässt sich also nur folgender Rat geben: Wenn Sie in Ihrem Betrieb ein starkes, produktives Arbeitsumfeld wollen, dann sorgen Sie dafür, dass Ihre Mitarbeiter auf die sechs Fragen Bestnoten verteilen."[11]

4.5 Zuständigkeit für Weiterentwicklung und Karriere

Die genannten sechs Grundbedürfnisse stellen zum einen Anforderungen an den Arbeitsalltag und das Unternehmen. Es liegt aber auch in der Hand des einzelnen Mitarbeiters, sich das Umfeld positiv und motivierend zu gestalten, indem er zum Beispiel selbst zu einem guten Klima im Team beiträgt, anderen hilft und auch mal anerkennende Worte zu den Leistungen der Kollegen verliert.

Die Bedürfnisse lassen sich aber auch mit zwei wesentlichen Instrumenten der Mitarbeiterbindung bedienen: mit der Weiterentwicklung und mit Karrieremöglichkeiten bzw. Karrieremodellen. Weiterentwicklungsmaßnahmen befriedigen das Bedürfnis nach Wachstum; Karrieremöglichkeiten oder -modelle adressieren die Grundbedürfnisse nach Sicherheit (durch Planbarkeit) und Anerkennung.

4.5.1 Weiterentwicklung aus zwei Perspektiven

In der klassischen Organisation ist es die Führungskraft, die Karriere und Weiterentwicklung in direkter Abstimmung mit dem einzelnen Mitarbeiter fördert. Bleibt diese Zuständigkeit auch in der agilen Organisation erhalten? Sehen wir uns zunächst an, welche Herausforderungen sich durch Scrum in punkto Weiterentwicklung und Karriere ergeben:

- Im Scrum-Team wird auf den ersten Blick die Planbarkeit der Karriere in einer bestimmten Rolle weggenommen. Jeder ist zunächst einmal „Teammitglied" und nicht zum Beispiel „Senior Software Architect". Natürlich besteht aber weiterhin das Bedürfnis nach Planbarkeit, Perspektiven der Weiterentwicklung, einer Einschätzung der eigenen Leistungen und einem Ansprechpartner für die eigenen Ziele.

---

[11] Buckingham, Coffman 2005

- Wir haben einen ScrumMaster, der im alltäglichen Geschäft der eigentliche Personalverantwortliche für alle Teammitglieder ist. Nur ist er, und das ist der entscheidende Unterschied zur klassischen Führungskraft, aufgrund seiner Rolle nicht disziplinarisch für den Einzelnen verantwortlich. Sein Fokus ist das Team, er hat Autorität über den Scrum-Prozess, aber nicht über das einzelne Teammitglied. Trotzdem ist der ScrumMaster die Person, die - abgesehen von den Teammitgliedern - die Leistungen und die Entwicklung des Einzelnen am intensivsten miterlebt. Er weiß, dass sich das Team nur verbessert, wenn sich seine Mitglieder verbessern, und das Team zufrieden ist, wenn die Bedürfnisse des Einzelnen gestillt sind.
- Es geht nicht mehr nur darum, den Einzelnen zu entwickeln. In Scrum geht es zusätzlich darum, das Team zu entwickeln. Das passiert aber wiederum zu einem großen Teil über die Entwicklung der einzelnen Teammitglieder.

Wir haben es in agilen Unternehmen also mit zwei Entwicklungsperspektiven zu tun, die ineinandergreifen, aber gleichzeitig bis zu einem gewissen Grad voneinander getrennt werden müssen:

- Die Entwicklung des Individuums
- Die Entwicklung des Teams

In statischen Organisationen hat beides bisher der Manager (die disziplinarische Führungskraft) übernommen. Mit den Anforderungen an die einzelnen Rollen im Hinterkopf müssen wir die Verantwortlichkeiten in einem agilen Unternehmen trennen:

- **Der Manager entwickelt das Individuum.** Er spricht mit dem einzelnen Mitarbeiter die individuellen Entwicklungs- und Karriereziele ab und muss ihm die Chance geben, diese Ziele auch zu erreichen.
- **Der ScrumMaster entwickelt das Team.** Er braucht die Werkzeuge, um das Team (nicht disziplinarisch) zu führen und den Einzelnen innerhalb des Teams in seinen Grundbedürfnissen zu stärken.

Tabelle 4.2 zeigt eine Auflistung der Aufgaben von Manager und ScrumMaster in punkto Weiterentwicklung und Karriere.

TABELLE 4.2 Aufgaben von ScrumMaster und Manager in punkto Weiterentwicklung und Karriere

Der Manager	Der ScrumMaster
Muss weiterhin Personalplanung betreiben können	Ist am nächsten dran am Geschehen im Team und an der Leistung des Einzelnen, konzentriert sich aber auf das Team
Braucht für die Planung die Rückmeldung über die Einzelleistungen	Muss die Bedürfnisse des Einzelnen (er)kennen
Muss Karrieremodelle bauen	Muss das Entwicklungspotenzial des Einzelnen erkennen

(Fortsetzung nächste Seite)

Der Manager	Der ScrumMaster
Muss Individualleistungen besprechen, Weiterentwicklungsmaßnahmen ausarbeiten und benötigt dazu Informationen	Muss im täglichen Arbeitsablauf die Bedürfnisse des Einzelnen stillen, ohne direkt einzugreifen
Muss optimale Rahmenbedingungen für die Teamentwicklung schaffen	Muss das Team entwickeln

4.5.2 Die vermittelnde Rolle der Personalabteilung

Im Zuge der Leistungsbeurteilung, die für den Manager eine wichtige Grundlage für die Entwicklung des Einzelnen ist, kann der ScrumMaster nun nicht einfach zur Führungskraft gehen und sagen: „Mitarbeiter A kann was“. Es stellt sich daher die Frage: Wie kann der ScrumMaster den Einzelnen promoten, ohne ihn zu promoten? Wie erfährt die Führungskraft von der Leistung des Einzelnen, um darauf basierend in Absprache mit dem Mitarbeiter Weiterentwicklungsmaßnahmen festlegen zu können?

An dieser Stelle kommt die Personalabteilung ins Spiel. In einer Scrum-Organisation sollte sie eine starke, beratende Funktion haben, und zwar aus folgenden Gründen (die Zusammenhänge sind auch in Bild 4.2 dargestellt):

- Gruppendynamische Prozesse und Change Management: ScrumMaster zu sein ist eine mehr als herausfordernde Rolle. Die meisten verstehen ihr Handwerk sehr gut, wenn es darum geht, die Prozesse einzuhalten und Impediments aus dem Weg zu räumen. Die wenigsten sind aber darin ausgebildet, wie man ein Team entwickelt.
- Den Grundsätzen von Scrum zufolge soll der ScrumMaster dem Einzelnen kein direktes Leistungsfeedback geben. Der einzig gangbare Weg für den ScrumMaster, auf die Bedürfnisse des Einzelnen im täglichen Arbeitsprozess einzugehen, führt daher über die Teamkultur. Der ScrumMaster muss zu einem „Kulturexperten“ werden. Er muss das Team dahin

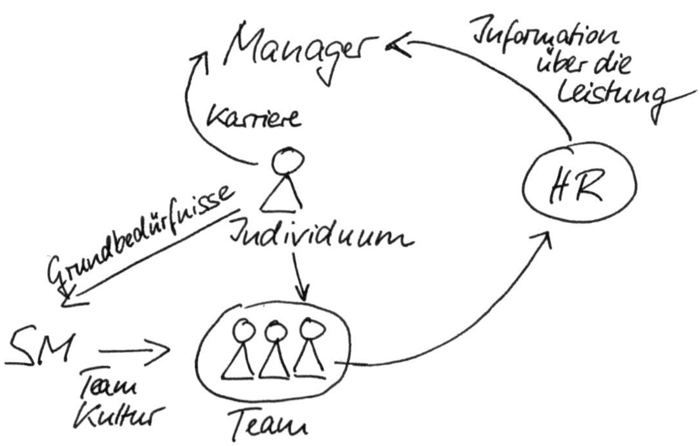

BILD 4.2 Zusammenhänge zwischen Individuum, ScrumMaster und Manager und die Funktion von HR

entwickeln (z.B. in den Reviews), dass sich die Mitglieder gegenseitig Anerkennung zollen. Ob das funktioniert, ist abhängig davon, wie die Kultur im Team gestaltet ist.

- Wie bereits erwähnt muss der ScrumMaster die Leistung der einzelnen Teammitglieder zwar erkennen und erfassen, er sollte der disziplinarischen Führungskraft aber nicht auf direktem Wege eine Rückmeldung darüber geben, weil er eine neutrale Instanz ist. Er braucht also einen Informations-Mittler zur Führungskraft. Gerade im Scrum-Umfeld ist es aber auch sinnvoll, die Beurteilung der Mitarbeiter nicht nur aus der Perspektive eines Einzelnen zu sehen. Daher empfehlen sich Instrumente wie das 360°-Feedback.

Die Personalabteilung wird in Scrum also dringend gebraucht:

- Als „Neutralisierer" von Informationen über Einzelleistungen.
- Als Berater für die disziplinarische Führungskraft, die Führungswerkzeuge zur kollektiven Personalentwicklung benötigt: Das sind Instrumente für die Ausarbeitung von Karrieremodellen, für die Karriereentwicklung und -planung.
- Als Berater für den ScrumMaster, der zwar keine disziplinarische Führungskraft ist, aber trotzdem die Skills und Werkzeuge individueller Personalentwicklung benötigt. Er muss die Rolle des Einzelnen im Team mit Hilfe passender Instrumente (z.B. Belbin Team Roles) analysieren und das Team so strukturieren, dass sich der Einzelne entsprechend seiner Bedürfnisse wohlfühlen kann. Außerdem muss er befähigt werden, das Team in seiner Kultur weiterzuentwickeln. Weil ScrumMaster in den seltensten Fällen ausgebildete Teamentwickler sind, sind sie auf spezifische Trainings und Coachings angewiesen.
- So wie auch in der Entwicklung des Individuums übernimmt die Personalabteilung bei der Teamentwicklung zusätzlich die Aufgabe des Reportings. Aus der Retrospektive lässt sich ableiten, was alles benötigt wird, welche Impediments aus dem Weg geräumt werden müssen, damit die Performance besser wird. Dafür hat die Führungskraft ScrumMaster zu sorgen. Natürlich würde sich so mancher Manager am liebsten direkt in die Retrospektive setzen, um haarklein mitzubekommen, was alles schief läuft. Der Informationsfluss wäre damit ein direkter, aber das geht auf keinen Fall: Die Retrospektive ist eine exklusive Veranstaltung. Das Reporting sollte aber auch dem Management ermöglichen, Rückschlüsse für die Weiterentwicklung der gesamten Organisationskultur zu ziehen.

4.5.3 Den Einzelnen entwickeln – ein Wort zu Zertifizierungen

Scrum geht immer davon aus, dass wir es in Organisationen mit erwachsenen und selbständig denkenden Menschen zu tun haben. In erster Linie ist also immer der Mitarbeiter verantwortlich für seine eigene kontinuierliche Verbesserung. Trotzdem bleibt es natürlich Aufgabe der disziplinarischen Führungskraft – die in Scrum in punkto Mitarbeiterbindung weiterhin der Bezugspunkt für das Individuum bleibt -, auch aus strategischer Sicht zu beurteilen, welche Skills im Sinne der Weiterentwicklung der gesamten Organisation benötigt werden.

Im Auswahlverfahren entscheiden wir uns für einen Mitarbeiter, dennoch fehlen ihm möglicherweise noch einige Fähigkeiten. Meistens wird das im Auswahlverfahren nicht systematisch erhoben. Das Ausloten dieser Lücke ist aber essenziell, um die Entwicklung eines Mitarbeiters hin zu seinem Soll-Profil effizient und sinnvoll zu gestalten. Zu viele Unternehmen schicken ihre Mitarbeiter ziel- und planlos zu Trainings und genauso ziel- und planlos schicken sie sie zu Scrum-Zertifzierungen. Darüber freut sich vor allem die Trainingsbranche. Einen Mehrwert für das Unternehmen und auch den Mitarbeiter gibt es nur selten, weil das theoretisch erworbene Wissen in der Praxis nicht eingesetzt werden kann, darf oder will. Es ist absolut wichtig, jede Trainingsmaßnahme zielgerichtet einzusetzen und deren Erfolg mit entsprechenden Instrumenten zu messen. Dabei sollte auch kritisch hinterfragt werden, ob Zertifizierungen wirklich genügend Aussagekraft als Nachweis über Fähigkeiten besitzen.

Scrum-Zertifizierungen: Mehrwert für die Kunden statt Selbstgefälligkeit der Anbieter

Der Nutzen einer Zertifizierung beweist sich erst im Praxistest. Im besten Fall sollten Zertifizierungen das Ergebnis einer endlosen Feedbackschleife zwischen Theorie und Praxis sein, an der sich die Ausbildungsinhalte immer wieder neu ausrichten. Und was viel zu gerne vergessen wird: Im Umfeld einer Organisation darf eine Zertifizierung nicht nur einen Nutzen für das Individuum haben, sondern muss der Organisation als Ganzes weiterhelfen. All das sehe ich mit den derzeitigen Zertifizierungen nicht erfüllt, weil sie sowohl Individuum als auch Organisation auf halbem Weg sich selbst überlassen und hauptsächlich die Interessen der zertifizierenden Dachorganisationen verfolgen. Ich habe daher beschlossen, mit bor!sgloger einen neuen Weg zu gehen.

Was wollte ich einmal mit der Scrum Alliance erreichen? Ich bin der erste Certified ScrumTrainer geworden, weil ich Menschen zeigen wollte, dass es mit Scrum viel bessere Formen des Arbeitens gibt, dass es Projekte geben kann, die Spaß machen. Ich habe 2004 versucht, Ken Schwaber zu zeigen, dass ich ihm dabei helfen kann, sein Ziel zu erreichen, nämlich die Software-Entwicklung zu professionalisieren. Er erzeugte mit der Zertifizierung den Rahmen und den Markt, der es ermöglicht hat, viele Menschen anzuziehen. Jahrelang habe ich jedem erklärt, dass die Zertifizierung ein notwendiges Übel ist, um den Markt zu erzeugen. Aber das Ziel war nie, Menschen in Scrum zu zertifizieren, sondern ihnen zu zeigen, wie supergenial Scrum ist.

Ich hatte für mich einen Auftrag definiert: Verbreite Scrum und zeige Organisationen, wie man Scrum macht.

Deshalb bin ich seit Jahren auf Wanderschaft: Ich habe Scrum ab 2004 nach Deutschland gebracht, dann nach Skandinavien, nach Österreich, Brasilien und Südafrika. Immer mit dem Ziel, Menschen zu begeistern und Scrum zu perfektionieren. Ich wusste immer, dass ich alleine nie genug Leute begeistern könnte. Daher fand ich Kens Idee genial, dass es viele Trainer geben muss, und habe nach diesem Vorbild einen Trainer nach dem anderen ausgebildet. Ich habe ein Buch geschrieben mit dem Ziel, Menschen zu zeigen, warum Scrum funktionieren muss, und gleichzeitig auch eine Consulting-Organisation ins Leben gerufen.

Die Praxis bestimmt, was gebraucht wird. Das alles hat dazu geführt, dass ich nicht nur gegenüber meinen Mitarbeitern eine Verpflichtung habe, sondern vor allem lem gegenüber unseren Kunden. Ich muss einen Qualitätsstandard halten, den ich selbst mitbegründet habe: extrem gute Trainings und Scrum-Implementierungen, die halten, was wir versprechen. Auch die Anforderungen an uns Scrum Consultants und Trainer haben sich geändert. Das simple Basis-Training, das die Scrum Alliance noch immer unter CSM verkauft, ist nicht mehr ausreichend. Consulting heißt heute für uns: Unternehmen dabei zu beraten, ihre Organisationsstrukturen zu verändern.

Meine Thesen:

Wir brauchen Programme, die Menschen helfen, ihren Job richtig zu machen, die ihnen helfen, ihre Fähigkeiten auszubauen, und die sie erfolgreich Karriere machen lassen.

Wir brauchen Systeme, die Organisationen helfen, ihren Mitarbeitern Gestaltungsspielraum zu geben, damit sich diese Organisationen in einem globalen Wettbewerb behaupten können.

Was bietet die Zertifizierung der Scrum Alliance?

Die Vertreter (die Certified Scrum Trainer) bieten genau zwei (2) Trainings an: das Certified ScrumMaster und das Certified Product Owner Training. Mit dem Ergebnis, dass man als Teilnehmer ein wenig über Scrum in Erfahrung gebracht hat. Die Scrum Alliance gewährt zwei weitere Zertifizierungslevel: den Certified Scrum Professional, den Certified Scrum Coach und parallel dazu den Certified Scrum Trainer. Diese Zertifizierungen helfen aber unseren Kunden nicht. Sie sind nur für den einzelnen Consultant oder Freiberufler sinnvoll, damit der sich im Consulting-Markt gegenüber der Konkurrenz abhebt.

Leider: Ein Unternehmen, das mit einem dieser Consultants/Freiberufler arbeiten möchte, kann sich derzeit nicht einmal sicher sein, ob der Träger dieses Siegels tatsächlich etwas kann. Weder der Status CSC, noch der CST sind durch standardisierte Trainingsprogramme zu erreichen, sondern sie werden ohne ordentliche Testverfahren verliehen.

Dann gibt es seit Neuestem die Zertifizierung zum Certified Scrum Developer. Dafür können sich nun Trainingsfirmen bewerben, wenn sie ein Curriculum einschicken. Auch dieses Verfahren bietet meines Wissens nicht ausreichend Qualitätskriterien in der Überprüfung.

Was bietet die Zertifizierung von Scrum.org?

Im Prinzip bietet Scrum.org genau das Gleiche wie die Scrum Alliance. Sie erklären den CSM einfach zum Professional ScrumMaster und den CSD zum Professional Scrum Developer, weil die Scrum Alliance die Rechte an den beiden C-Namen hat. Sie erlauben jedem, durch ein Online-Verfahren zu einem Professional ScrumMaster zu werden.

Keines dieser Programme erfüllt die von mir gestellten Anforderungen: Hilfe und Unterstützung zu bieten, damit ein Individuum seinen Job richtig machen kann, und dabei zu helfen, eine eigene Karriere in einer sich wandelnden Industrie zu bewältigen und dabei die eigenen Fähigkeiten erfolgreich auszubauen. Diese Programme sind nicht dazu gedacht, Organisationen dabei zu helfen, im globalen Wettbewerb zu bestehen.

> Meine beiden Anforderungen können meines Erachtens von keinem Trainer-Interessen-Verband erfüllt werden. Ich wüsste auch nicht, wie sie das bewerkstelligen wollen. Denn ein Ziel eines solchen Verbandes muss immer die Wahrung des Status quo sein. Die Veränderung kann also nur von Firmen geleistet werden, die sich dieser Herausforderung stellen und neue Wege gehen können.

Natürlich müssen ein ScrumMaster und ein Product Owner im Prozessverständnis von Scrum ausgebildet werden. Das kann eines der zahlreichen am Markt angebotenen oder ein internes Scrum-Training sein. Es ist auch legitim, dass ein Unternehmen einen offiziellen „Nachweis" über Qualifikationen haben will, anhand derer es einen Mitarbeiter fachlich einschätzen kann. In der Praxis zeigen sich aber zwei Probleme:

- Zertifizierungen können ohne wirklich stichhaltige Überprüfungen des Wissens erworben werden. Testsysteme, die überprüfen, ob ein Teilnehmer auch wirklich alles verstanden hat, was er im Training gehört hat, fehlen zum Großteil.
- Zertifizierungen werden von potenziellen ScrumMaster und Product Owner als das gesehen, was sie eigentlich nicht sein sollten: schmückendes Beiwerk für den Lebenslauf.

Eine Zertifizierung um der Zertifizierung willen macht weder für das Unternehmen noch für einen Mitarbeiter Sinn. Fakt ist, dass in zwei Trainingstagen die Basis gelegt werden kann. Die intensive Beschäftigung mit der Materie bleibt aber die Aufgabe des Einzelnen. Wenn man die Rolle nicht verstanden hat, wird man mit allen Zertifizierungen der Welt kein guter ScrumMaster oder Product Owner sein. Unternehmen sollten also genau überlegen, welches Gewicht sie einer Zertifizierung beimessen.

Zum einen entbindet eine Zertifizierung den Einzelnen nicht davon, die Rolle dann tatsächlich so auszufüllen, wie sie gemeint ist. Zum anderen entbindet sie auch ein Unternehmen nicht davon, für ScrumMaster und Product Owner weitere Rahmenbedingungen zu schaffen, in denen sie dieses Selbstverständnis entwickeln können. Das heißt, hier müssen sich noch andere Trainings anschließen. Für den ScrumMaster wären das Trainings in Change Management, in Kommunikations- und Moderationstechniken, in der Teamentwicklung und Konflikthandling, und natürlich ist es auch sinnvoll, wenn er etwas von Projektmanagement versteht. Für den Product Owner ist es wichtig, dass er betriebswirtschaftliches Know-how hat, dass er gut im Kontaktmanagement ist und dass er vor allem für hochtechnische Produkte ein tiefgreifendes Verständnis hat. Ein Regisseur, der nicht weiß, wie eine Kamera funktioniert, kann auch keine sinnvollen Anweisungen zu Kameraeinstellungen geben. Teammitglieder können das Prozessverständnis von Scrum zwar auch in einem Tagesseminar erlernen, aber in der Praxis beobachten wir oft, dass es an den technischen Skills mangelt, um agil arbeiten zu können. Die Arbeitsweise eines agilen Produktentwicklungsteams ändert sich so fundamental, dass es Auswirkungen auf jeden Aspekt seiner Arbeit hat. Hier benötigen viele Mitarbeiter eindeutig rollenbezogene Trainings, denn oft können die Teammitglieder weder testgetrieben entwickeln, noch wissen sie, wie man permanent releast. Eine unserer häufigsten Beobachtungen ist jedoch, dass sich viele Teammitglieder nicht in den Product Owner hineindenken und die Anforderungen aufnehmen können.

Es bleibt also die Erkenntnis, dass Zertifizierungen zwar eine Basis legen können. Aber bis zur Spitze ist es dann noch immer ein weiter Weg.

4.5.4 Das Team entwickeln

Teams lernen auf die unterschiedlichsten Weisen. Die Teammitglieder lernen voneinander in fachlicher und menschlicher Hinsicht. Sie treten in Kontakt zu anderen Teams, Einflüsse von außen werden in das Team getragen. Und vor allem lernen Teams durch Versuch und Irrtum. Der aus dem Toyota Production System übernommene Ansatz der kontinuierlichen Verbesserung bedeutet auch in Scrum nichts anderes, als einen ständigen Lernprozess zu durchlaufen – als Individuum und als Team. Scrum nutzt vor allem die Struktur des Deming-Cycle und bildet ihn im Scrum-Flow folgendermaßen ab:

- **Plan:** In Sprint Planning Meetings wird geplant, man legt die Ziele fest.
- **Do:** Der Sprint dient allen dazu, die gesteckten Ziele zu erreichen.
- **Check:** Im Sprint Review wird anhand der Ergebnisse überprüft, ob die Ziele erreicht wurden.
- **Act:** In der Sprint Retrospektive werden Verbesserungsnotwendigkeiten identifiziert, die im nächsten Sprint Planning berücksichtigt werden können.

Scrum bietet in Form der Retrospektive eine prozessimmanente Methode der Teamentwicklung an. Einerseits zeigt uns die Retrospektive, wo das Team mit seinen Prozessen steht. Die Teammitglieder geben sich untereinander darüber Rechenschaft, wie ihre Arbeitsabläufe sind und welche Probleme sie daran hindern, erfolgreicher zu sein. Sie nutzen ihre eigene Erfahrung und reflektieren darüber, um ihre eigenen Prozesse und Abläufe zu verbessern. Die Informationen aus der Retrospektive werden unter anderem auch wieder zu Maßnahmen für das Team und auf diese Weise nutzbar für die Organisation.

Die Retrospektive zeigt aber auch noch etwas anderes: In welcher Phase der Teambildung befindet sich ein Team gerade? Ein ScrumMaster muss in der Lage sein zu erkennen, welche Phase das Team im Moment durchläuft, um richtig agieren zu können. Im Allgemeinen durchläuft ein Team folgende Stadien des Zusammenwachsens:

- **Forming:** Das Team kommt zusammen. Ähnlich wie bei einem Kick-off-Meeting besteht noch viel Unklarheit. Die Teammitglieder kennen sich noch nicht, man weiß noch nicht, was man voneinander zu halten hat. Es gibt noch keine Regeln darüber, wie man miteinander arbeiten will. Sehr oft brauchen Teams in dieser Phase jemanden, eine Führungspersönlichkeit, die Sicherheit vermittelt und Richtungen vorgibt.
- **Storming:** Die ersten Ideen für die Zusammenarbeit kommen auf. Viele Dinge werden ausprobiert und viele Sackgassen abgeschritten. Die Mitglieder lernen sich besser kennen, wobei Toleranz und Geduld notwendig sind.
- **Norming:** Formelle oder informelle Regeln und Strukturen entstehen. Die Kreativität nimmt ab, und es bildet sich eine Art Gruppendenken. In dieser Phase sollten Regeln offen angesprochen und miteinander vereinbart werden. Die Führung des Teams kann nun dem Team noch mehr übertragen. Das Team beginnt, Verantwortung zu übernehmen.

- **Performing:** Erst in dieser Phase beginnt das Team, auf einem fast intuitiven Level miteinander zu arbeiten. Abstimmungen der Teammitglieder untereinander geschehen fast wortlos. Jeder kennt die Fähigkeiten des anderen und stellt sich darauf ein.

Den Product Owner mitentwickeln

Der Product Owner steht zwar außerhalb des Teams, hat für das Team aber eine kritische Funktion. Eine zusätzliche Herausforderung für den ScrumMaster ist es, dem Team deutlich zu machen, dass auch der Product Owner mit dem Team mitlernen muss. Üblicherweise verläuft die Beziehung zwischen Team und Product Owner in zwei Phasen:

- Zunächst ist der Product Owner der „Feind" des Teams. Schließlich kommt er aus dem Business, will dem Team etwas auftragen und macht vielleicht auch noch Druck. Außerdem hat er keine Ahnung von Technologien und Methoden. In dieser Phase wird der Product Owner in der Retrospektive als Störenfried betrachtet.
- Das Team realisiert (meistens innerhalb von drei bis fünf Sprints), dass der Product Owner dazugehört und man gemeinsam eine „Produktionseinheit" bildet.

Ein ScrumMaster kann durch sein Verhalten diese Entwicklung fördern oder behindern. Seine Aufgabe ist es, die Spaltung zwischen Business und Development aufzuheben. Eine Möglichkeit dafür wäre - ähnlich dem Sprint Planning 1 und 2 - die Aufteilung der Retrospektive in zwei Teile, einen ohne und einen mit Product Owner.

4.6 Karriere im agilen Unternehmen

Hart gesprochen „verlieren" mit Scrum die Team- und Projektleiter zunächst einmal ihre Jobs. Deshalb hegen bei der Implementierung von Scrum Mitarbeiter immer wieder die Befürchtung, dass man in einer Scrum-Organisation keine Karriere mehr machen könne. Dabei spielt im Hintergrund das Verhaftetsein im hierarchischen Statusdenken mit, da man an wohlklingenden Titeln ablesen zu können glaubt, wie weit man es auf der Karriereleiter - und im Leben - bereits geschafft hat. In vielen statischen Organisationen gibt es ausschließlich Führungslaufbahnen, in einigen (wenigen) Unternehmen auch Fachlaufbahnen. Eine klassische Organisation bietet dem Individuum den Vorteil der Vorhersehbarkeit des Karrierewegs. Man entwickelt ein ansehnliches Maß an fachlichen Fähigkeiten, wird dann zum Teamleiter erhoben, dann zum Manager, Senior Manager und so weiter, bis man möglicherweise an der Unternehmensspitze anlangt.[12] Auf jeder Karrierestufe hat man mehr Leute unter sich, verliert aber allmählich auch die fachlichen Kompetenzen, die man zu Beginn hatte.

[12] Cohn 2011

Umgang mit Karriereängsten in der Praxis

Obwohl Scrum bei INFONOVA auf viel Gegenliebe gestoßen ist, sind zu Beginn einige Mythen durchs Haus gegeistert. „Es gab die Missverständnisse, dass in Scrum jeder alles macht und dass im Team jeder gleich ist", sagt Stefan Klein, Abteilungsleiter Software Engineering bei INFONOVA. Das Management hat in diesem Punkt klare Linien unterstützt. Natürlich gibt es Joblevel-Descriptions, die unterschiedliche Karriereschritte widerspiegeln. Den Mitarbeitern musste umgekehrt aber auch erklärt werden, dass Scrum-Rollen keine hierarchischen Ebenen sind, sondern Funktionen, die auf Augenhöhe agieren. Agilität ist mittlerweile Teil im System der Mitarbeiterbeurteilung. Neben der technischen Exzellenz wurde das Kriterium der technischen Flexibilität eingeführt. Und es wird darauf geachtet, dass die Mitarbeiter ihr Wissen weitergeben und andere coachen.

4.6.1 Karrieremodelle – Option Expertenlaufbahn

Mit dem Wunsch nach Karriere müssen sich also auch agile Unternehmen auseinandersetzen. Dazu muss man sich zunächst das Grundproblem vor Augen führen: Es gibt in Unternehmen immer eine Führungslaufbahn. Will man sich als Fachexperte, als Entwickler, als Teammitglied, als ScrumMaster oder als Product Owner weiterentwickeln, geht das nur über den Weg der zusätzlichen disziplinarischen Führungsverantwortung. Man ist zunächst Entwickler, dann Senior Developer, dann Teamleiter Entwicklung, danach Bereichsleiter Entwicklung. Damit entzieht sich ein Unternehmen aber selbst die Kompetenzen, denn es sind immer die besten Fachkräfte, die nach oben „gelobt" werden. Egal, ob sie für diese Führungsposition geeignet sind oder nicht, ob sie es wollen oder nicht – es ist immer der einzig logische Karriereweg. Der Mitarbeiter steigt dann zwar die Karriereleiter nach oben, hat aber nicht mehr die Möglichkeit, sein eigentliches fachliches Know-how für das Unternehmen einzusetzen. Gerade in einem agilen Unternehmen, in dem die Produktentwicklung so stark im Vordergrund steht, kann das aber nicht sinnvoll sein.

Neue Karrieremodelle in einer agilen Organisation sind auch noch aus drei anderen Gründen notwendig:

1. **Flache Hierarchien**
   In agilen Unternehmen existieren durch die neuen Strukturen deutlich weniger Führungspositionen im klassischen Sinn mit disziplinarischer Führungsverantwortung. Dafür gibt es mehr Rollen, die eine fachliche Führung der Mitarbeiter verlangen. Die Führungsspanne der Manager steigt und die Führungsrolle verändert sich. Ausschlaggebend für die Mitarbeiter ist aber immer wieder die Frage nach Perspektiven. Sie verknüpfen Führung mit mehr Gehalt und sehen dort häufig die einzige Möglichkeit, Karriere zu machen. In einer Scrum-Organisation kann der Erfolg eines Mitarbeiters nicht mehr daran gemessen werden, wie viele Leute an ihn berichten.

2. **Niedriger Altersdurchschnitt**
   In den meisten IT-Unternehmen liegt das Durchschnittsalter bei Anfang 30. Nur selten haben diese jungen Mitarbeiter Lust, einige Jahrzehnte zu warten, bis ein Stelleninhaber in Rente geht oder bestenfalls vorher das Unternehmen verlässt, um in eine Führungsposition nachzurücken. Junge, talentierte Menschen wollen Verantwortung übernehmen, egal ob auf dem Wege der disziplinarischen oder fachlichen Führung.

3. **Nicht jeder will Führungskraft werden**
   Nicht jeder Mitarbeiter hat Interesse daran, seine Zeit mit Budgets, Mitarbeitergesprächen und unternehmenspolitischen Scharmützeln zu verbringen. Vor allem im IT-Umfeld besteht eher das Bedürfnis, an Technologie- und Projektthemen zu wachsen und darin die eigene Kompetenz in der Fachwelt zu positionieren.

   Umgekehrt ist auch nicht jeder fachlich versierte Mitarbeiter dafür prädestiniert, eine hervorragende disziplinarische Führungskraft zu sein. Das wird entweder direkt von den Vorgesetzten erkannt, die einen Mitarbeiter befördern könnten, oder aber vom Mitarbeiter selbst. Daraus kann leicht Frust entstehen, weil es keine anderen Möglichkeiten des Aufstiegs gibt. Der Mitarbeiter ist dann zwar ein intern *er*kannter, aber kein offiziell *aner*kannter Experte im Unternehmen.

Daher brauchen Mitarbeiter in einer agilen Organisation eine Karrierealternative zur disziplinarischen Führungslaufbahn. Karriere zu machen bedeutet in diesem Zusammenhang, das tun zu können, was man gerne tut, dabei für den nächsten Karriereschritt auch eine entsprechend höhere Vergütung zu bekommen und auch Anerkennung durch Titel. Neben der disziplinarischen Führungslaufbahn, die natürlich in einem agilen Unternehmen weiter offensteht, sollte es für jeden als Alternative also auch eine Fach- oder Expertenlaufbahn geben.

Die Vorteile und Nutzen einer Expertenlaufbahn sind:

1. Eine interessante Alternative zur „verwalterischen" Führungslaufbahn
2. Höhere Attraktivität des Unternehmens für neue Mitarbeiter (Employer Branding)
3. Niedrigere Fluktuation durch neue Karriereoptionen für Mitarbeiter
4. Neue Perspektiven für Mitarbeiter, die sich fachlich weiterentwickeln wollen
5. Transparenz in der Karriereplanung und -entwicklung

Das Kriterium ist bei einer Fachlaufbahn nicht mehr die Führungsverantwortung im klassischen disziplinarischer Sinne. Man wird auch nicht mehr nach der Dauer der Betriebszugehörigkeit befördert. Das Hauptkriterium ist Kompetenz. Im Zuge einer Fachlaufbahn hat man umfassende fachlich-inhaltliche Verantwortung, ist aber nicht mehr für die disziplinarische Führung von Mitarbeitern zuständig. Der Mitarbeiter wird nun daran gemessen, welches Ausmaß an Verantwortung ihm zuerkannt wird. Beim ScrumMaster kann das zum Beispiel zunächst die Verantwortung für ein kleines, vielleicht schon sehr „reifes" Team sein, oder Verantwortung für mehrere Teams, Verantwortung für die ScrumMaster Community etc.[13] (Bild 4.3)

[13] Cohn 2010

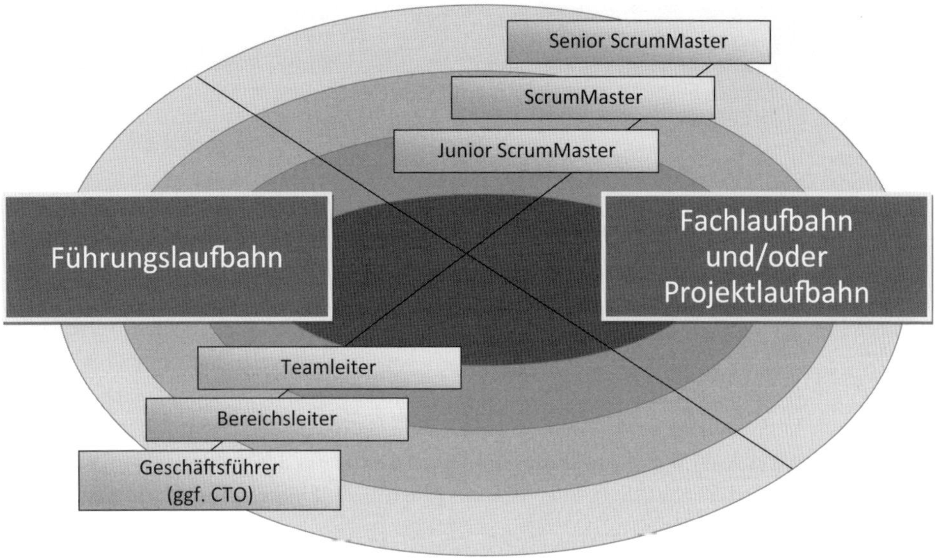

BILD 4.3 Fachlaufbahn als Alternative zur Führungslaufbahn in agilen Unternehmen

Eine Expertenlaufbahn ist in ein unternehmensweites Karrieremodell eingebettet. Die Grundlage für agile Karrieremodelle sind Rollen, nicht wie bisher die Stellenbeschreibungen oder Job Descriptions. Ein Mitarbeiter kann eine oder auch mehrere Rollen haben, und das ändert sich auch immer wieder. Die Rollen selbst bilden aber das strukturelle Gerüst. Die Besonderheit in agilen Unternehmen ist, dass für die ScrumMaster eine eigene Jobfamilie geschaffen wird. Die Product Owner verbleiben in der jeweiligen organisatorischen Einheit oder bilden eine eigene Jobfamilie Product Management. So kann das agile Unternehmen explizit Perspektiven für ScrumMaster und Product Owner anbieten. Das Team als Rolle findet sich in einer Jobfamilie Development wieder.

Wenn wir uns noch einmal das idealtypische Scrum-Organisationsmodell vor Augen führen, gibt es als oberstes Level - in der „Meta-Organisation" - die Jobfamilien: zum Beispiel Marketing, Sales, Development oder Operations. Innerhalb dieser Jobfamilien gibt es wiederum verschiedene Abstufungen (). Im Fall von Development könnten das zum Beispiel die Rollen Junior Developer, Developer, Senior Developer und Senior Professional Developer sein.

TABELLE 4.3 Kompetenzradien innerhalb der einzelnen Jobfamilien

		Development	ScrumMaster	weitere Jobfamilien
Fach-laufbahn	Experten-laufbahn			
	Junior	Junior Developer	Junior ScrumMaster	...
Teamleiter	Base	Developer	ScrumMaster	...

		Development	ScrumMaster	weitere Jobfamilien
Fach-laufbahn	**Experten-laufbahn**			
Bereichsleiter	Senior	Senior Developer	Senior ScrumMaster	...
Geschäfts-führer	Senior Professional	Senior Professional Developer	Senior Professional ScrumMaster	...

Diese Rollen haben verschiedene Kompetenzradien und erfordern daher auch unterschiedliche Kompetenzen der Mitarbeiter. Für die transparente Unterscheidung der Rollen ist es notwendig, Differenzierungsmerkmale festzulegen. Das können zum Beispiel fachliche oder methodische Kompetenzen sowie soziale und persönliche Kompetenzen sein, aber auch Unterscheidungsmerkmale in Bezug auf Innovationskraft und Ideen oder andere – je nach Unternehmen unterschiedliche – Differenzierungsmerkmale sein. Ein Beispiel dafür liefert Tabelle 4.4.

TABELLE 4.4 Differenzierungsmerkmale zwischen Rollen in der Fachlaufbahn am Beispiel ScrumMaster

Kompetenzen	Merkmale
Fachliche Kompetenzen	▪ Hat eine relevante Ausbildung und/oder ein relevantes Hochschulstudium abgeschlossen und/oder sich einen vergleichbaren Background angeeignet ▪ Hat technologische Kenntnisse im klassischen Engineering und der agilen Softwareentwicklung ▪ Hat Kenntnisse in theoretischen Grundlagen von Software-Architektur und Qualitätssicherung ▪ Hat in zahlreichen Sprints sein Scrum-Mindset unter Beweis gestellt ▪ Hat gutes Know-how in den Bereichen Change Management und Teamentwicklung
Methodische Kompetenzen	▪ Kann die Tools und Instrumente der agilen Softwareentwicklung sicher anwenden ▪ Kann Methoden des Change Managements und der Teamentwicklung anwenden ▪ Beherrscht Moderations- und Präsentationsmethoden ▪ Kann sich selbst gut führen ▪ Kennt situative Führungsinstrumente ▪ Kann arbeitspsychologische Methoden anwenden (z.B. zur Motivation) ▪ Beherrscht Methoden der Konfliktlösung
Soziale Kompetenzen	▪ Erfüllt die sozialen Kompetenzen für diese Rolle (unternehmensspezifisch)

Kompetenzen	Merkmale
Persönliche Kompetenzen	▪ Erfüllt die persönlichen Kompetenzen für diese Rolle (unternehmensspezifisch)
Führungs- und Management-kompetenz	▪ Hat seine fachlichen Führungsqualitäten unter Beweis gestellt ▪ Hat gezeigt, dass er ein Team entwickeln und die Team Performance steigern kann ▪ Hat gezeigt, dass er Managementkonflikte und Impediments auf Managementebene lösen kann ▪ Denkt und handelt teamübergreifend und interdisziplinär
Innovation und Ideen	▪ Verbessert die Prozesse zur Erhöhung der Effektivität und Produktivität in der Softwareentwicklung selbständig (Konzeption und Umsetzung) ▪ Hat sich neue Technologien selbständig im Firmeninteresse/-kontext angeeignet
Pre-Sales und Sales	▪ Kennt die Sales-Prozesse des Unternehmens
Netzwerke	▪ Kann fachspezifische Netzwerke in der Scrum-Community (beispielsweise Blogs, Netzwerke ...) zum Nutzen von Kollegen einbringen ▪ Kennt die relevanten Mitarbeiter des jeweiligen Unternehmensstandorts ▪ Hat ein bundesweites Netzwerk innerhalb des Unternehmens

4.6.2 Erfolgsfaktoren von Karrieremodellen

Wenn Sie in der Praxis ein Karrieremodell implementieren wollen, sollten Sie unter anderem folgende Punkte berücksichtigen:

1. An der Einführung eines Karrieremodells sollten Führungskräfte und Mitarbeiter beteiligt sein, die einen guten Querschnitt durch das Unternehmen darstellen. Die Prozessverantwortung trägt die Personalabteilung, teilweise auch der Betriebsrat. Die Geschäftsführung muss definitiv die Schirmherrschaft für die neuen Karrieremodelle übernehmen und sich dazu bekennen. Sinnvoll ist es, den Projektstart im obersten Führungskreis der Unternehmen anzusiedeln.
2. Bei der Umsetzung muss beachtet werden: Das Karrieremodell ist für die Mitarbeiter gedacht und nicht umgekehrt. Durch die Differenzierungsmerkmale wird für die Mitarbeiter ein hohes Maß an Transparenz geschaffen, aber es bleibt eine Abstraktion, die auf den Einzelfall anzuwenden ist. Wenn Sie ein neues Karrieremodell einführen, müssen Sie alle Mitarbeiter den neuen Rollen im Karrieremodell zuordnen. Am besten tun Sie das in den ohnehin stattfindenden Mitarbeitergesprächen. Um die richtige Laufbahn zu identifizieren, muss überprüft werden, ob die aktuelle Rolle eine Führungsrolle mit disziplinarischer Führungsverantwortung ist oder eine Expertenrolle. Danach erfolgt die Zuordnung in eine der

definierten Jobfamilien. Herausfordernd kann die Zuordnung zu den Kompetenzradien bzw. Job-Level sein. Das hängt von mehreren Faktoren ab: von der Definition der Differenzierungsmerkmale und auch von der Historie und dem Werdegang des Mitarbeiters.

3. Wichtig ist vor allem, dass der Mitarbeiter positiv aus dem Gespräch geht, mit einer klaren Perspektive. Bei einer unklaren Zuordnung empfehlen wir, lieber die höhere Rolle zu wählen und damit verbunden klare Ziele zu vereinbaren, um mögliche Defizite zu beseitigen. Natürlich müssen auch die Führungskräfte im Vorfeld entsprechend in das Karrieremodell eingeschult und in der Kommunikation des Karrieremodells trainiert werden. Sie müssen das Instrument verstehen bzw. verstanden haben, um es richtig anzuwenden.
4. Feedback und Evaluation nach der Implementierung machen das Instrument besser. Sowohl Mitarbeiter als auch Führungskräfte sollten gefragt werden, wie hilfreich das Modell ist. Wichtig ist, dass es bei allen positiv besetzt ist, denn es soll sowohl den Führungskräften helfen, ihre Mitarbeiter zu fördern, als auch den Mitarbeitern helfen, eine klare Perspektive zu haben.

Zusammenfassung

Die Innovationskraft eines Unternehmens hängt vor allem davon ab, ob Führungskräfte in der Lage sind, die in Mitarbeitern schlummernden Talente zu erkennen und zu fördern. Diese Potenziale zu identifizieren und für das Unternehmen einsetzbar zu machen, ist Aufgabe des Talentmanagements – eine strategische Führungsaufgabe, die sich nur schwer in formalisierte Prozesse pressen lässt. Die präziseste Methodik zum Erkennen von Talenten für ein agiles Unternehmen ist aus unserer Sicht die offene und intensive Auseinandersetzung mit den einzelnen Menschen im persönlichen Gespräch, im persönlichen agilen Coaching. Die disziplinarische Führungskraft (Manager), der ScrumMaster, HR-Manager oder ein externer Berater kann diese Coaching-Rolle übernehmen. Wesentlicher Inhalt des Coachings ist, dem einzelnen Mitarbeiter seine Potenziale zur Veränderung hin zum agilen Mindset bewusst zu machen und dadurch die Veränderungsprozesse anzustoßen.

In der Implementierungsphase von Scrum geht es in erster Linie darum, jene Talente zu identifizieren, die ihre Fähigkeiten in den Rollen ScrumMaster, Product Owner oder Teammitglied erfolgreich einbringen können. Einen Anhaltspunkt dafür können die Kompetenzprofile bieten, die auch für die Personalauswahl eingesetzt werden. Sie stellen das Idealbild der Fähigkeiten eines Rolleninhabers dar und durch die Gegenüberstellung mit dem Ist-Profil lassen sich entwicklungsfähige Potenziale erkennen.

Wenn bereits mit Scrum gearbeitet wird, besteht die Aufgabe des Talentmanagements darin, die unternehmensinterne Talentpipeline immer befüllt zu halten – es ist also ein Instrument der internen Nachfolgeplanung. Dabei kann die Performance Potenzial Matrix helfen, die ein Gesamtbild über die aktuelle Talentsituation im Unternehmen zeichnet.

Talent Retention
Hochqualifizierte Mitarbeiter dauerhaft für ein Unternehmen zu begeistern, ist die hohe Kunst des Talentmanagements. Selten ist das Geld dafür ausschlaggebend, ob ein Mitarbeiter einem Unternehmen dauerhaft erhalten bleibt oder geht. In erster Linie sind es „weiche" Faktoren wie die Arbeitsatmosphäre, die Möglichkeit, neue Technologien anzuwenden, und die persönliche Weiterentwicklung, die für die Arbeitszufriedenheit ausschlaggebend sind. Im Prinzip geht es also um das Erkennen grundlegender Bedürfnisse, die befriedigt werden sollten. Die sechs grundlegenden Bedürfnisse von Menschen sind:

- Sicherheit
- Unsicherheit/Abwechslung
- Anerkennung
- Verbindung
- Wachstum
- Beitrag leisten

Das Bedürfnis nach Wachstum spricht eine wesentliche Aufgabe des Personalmanagements an: die Weiterentwicklung des einzelnen Mitarbeiters und – in einem agilen Unternehmen – auch die Weiterentwicklung des Teams.

In einer klassischen Organisation liegen diese Aufgaben ausschließlich bei der disziplinarischen Führungskraft (beim Manager). Durch Scrum ist in einem agilen Unternehmen der Manager für die Entwicklungs- und Karriereziele des einzelnen Mitarbeiters zuständig. Der ScrumMaster hingegen entwickelt das Team und muss über die Teamkultur auch die Grundbedürfnisse der einzelnen Teammitglieder stärken. Die Personalabteilung wird in dieser Konstellation als „Neutralisierer" von Informationen über Einzelleistungen, als Berater der disziplinarischen Führungskraft zu Karriereinstrumenten und als Berater des ScrumMaster zu „Kulturfragen" gebraucht.

Karriere im agilen Unternehmen
Mitarbeiter haben bei der Einführung von Scrum immer wieder die Befürchtung, dass sie keine Karriere im klassischen Sinne mehr machen können. Tatsächlich bietet Scrum aber die Möglichkeit, neue Karrierewege zu erschließen. Da nicht jeder Mitarbeiter eine Führungslaufbahn einschlagen will (oder nicht dafür in Frage kommt), sind Expertenlaufbahnen eine attraktive Alternative – auch deswegen, weil in einem agilen Unternehmen die Produktentwicklung so stark im Vordergrund steht. Damit eröffnen sich den kompetentesten Mitarbeitern Aufstiegsmöglichkeiten, ohne dass sie dafür ihr fachliches Engagement „opfern" müssen. Eine Besonderheit in der agilen Organisation sollte auch die Möglichkeit darstellen, den speziellen Karrierepfad des ScrumMasters einschlagen zu können – zum Beispiel vom Junior ScrumMaster bis hin zum Senior Professional ScrumMaster. ■

5 Performancemanagement

Das Wort „Performance“ ist ein Begriff mit mehreren Bedeutungen. Übersetzt bedeutet er unter anderem Leistung. Das, was sich das Management wünscht: Die Umsetzung strategischer Ziele in definierte, messbare, hervorragende operative Ergebnisse, erbracht von den einzelnen Mitarbeitern. Einmal pro Jahr festgelegt und einmal pro Jahr überprüft. Trotz des sprachlichen Wandels über die Jahrhunderte folgen Unternehmen damit der ursprünglichen Bedeutung des alten germanischen Wortstamms. „Leis-“ bedeutet Spur oder Furche, im Mittelhochdeutschen wurde „leisten“ als „ein Versprechen erfüllen, ein Gebot befolgen und ausführen“ aufgefasst.[1] In seiner zweiten Bedeutung enthüllt „Performance“ genau das, was das Performancemanagement in Unternehmen oft ist: eine Darbietung, ein künstlerischer Akt, ein jährliches Happening, ein Schauspiel.

In der Praxis sehen Sie sich in agilen Organisationen und Strukturen immer wieder mit statischen oder klassischen Instrumenten des Performancemanagements konfrontiert. Da stellt sich die Frage, wie Sie im Rahmen des Performancemanagements die **klassischen** Instrumente wie Mitarbeitergespräche, Zielvereinbarungen, Leistungsbeurteilungen und – in diesem Kapitel perspektivisch behandelt – Vergütungssysteme so adaptieren, dass sie dem agilen Mindset näherkommen? Werfen wir zunächst einen Blick auf die Schwachpunkte des klassischen Performancemanagements.

5.1 Schwächen des klassischen Performancemanagements

Performancemanagement hat einen noblen Hintergrund (oder besser gesagt: einen noblen Vordergrund): Es verfolgt das Ziel, dass der einzelne Mitarbeiter seine Potenziale entfalten kann. Er soll eine Chance bekommen, den Sinn seiner Arbeit für die Ziele des Unternehmens zu erkennen, und Entwicklungsmöglichkeiten für seine Fähigkeiten bekommen, die der Zielerreichung dienen. Als Belohnung für das „Bravsein“ wird die „goldene Karotte“ in Aus-

[1] Köbler 1993

sicht gestellt: mehr Geld für eine Punktlandung am mehr oder weniger realistisch gesetzten, absoluten Ziel. Nicht zu verachten ist dabei der Bonus, mindestens ein Mal pro Jahr mit dem Vorgesetzten sprechen zu dürfen. 60 Minuten für die Zufriedenheit, in denen man unverblümt und direkt alles sagen darf, was einem auf der Seele lastet. 60 Minuten für eine natürlich vollkommen objektive, unvoreingenommene Beurteilung eines Menschen. Es passt nur nicht immer alles in die zu kleinen Kästchen auf den Beurteilungsbögen rein.

Verzeihung, wir sind sarkastisch geworden. Das liegt wohl daran, dass es sich beim Performancemanagement in seiner bisher üblichen Form sehr oft um ein ziemlich sarkastisches Instrument des Personalmanagements handelt. Ein Instrument, das für das Wohl der Mitarbeiter gedacht war, wird durch die gelebte Realität zu einem Machtinstrument des Unternehmens gegen den Mitarbeiter – und gleichzeitig wird so getan, als wäre sein Wohl gemeint. Seien wir doch ehrlich: Performancemanagement dient oft in erster Linie der Kontrolle, der Befehlsausgabe und der Gewissensberuhigung für Führungskräfte, die das restliche Jahr über kein gutes Bild an richtungsweisendem Verhalten abgeben. So wie Performancemanagement derzeit in vielen Unternehmen praktiziert wird, ist es die Umkehrung sämtlicher Begriffe, die es verwendet:

- Mitarbeiterbeurteilungen oder -bewertungen werden zu subjektiven, eindimensionalen Urteilen über Mitarbeiter.
- Vereinbarungen – im eigentlichen Sinn eine Übereinkunft von zwei Partnern – werden zu einem System aus Vorgabe und „freiwilliger“ Zustimmung.
- Als Leistung gilt nur das, was einem individuell vorgegebenen Zweck unmittelbar gedient hat, alle anderen Formen von Leistung werden ausgeblendet.

Fakt ist: Die wenigsten Menschen in einem Unternehmen fühlen sich wohl in einer Situation, die von Formularen, Rankings, Standardisierungen und Prüfungssituationen geprägt ist. Sowohl Führungskraft als auch Mitarbeiter wissen, dass das Erreichen von Zielen und Leistungen innerhalb eines ganzen Jahres von so vielen Variablen abhängt, dass es unsinnig ist, sie im Vorhinein absolut festzulegen. Das Problem liegt darin, dass Performance Reviews eng mit dem Budgetierungsprozess verknüpft sind. Es geht darum, zu identifizieren, wie viel an Boni und Gehaltserhöhungen bezahlt werden muss. Das reduziert Menschen zu „Assets“ und lässt vergessen, dass es die Menschen sind, die den Erfolg eines Unternehmens ausmachen.

Dass sich Performance Reviews in ihren derzeit so starren Formen halten und als das Mittel der Wahl gelten, ist für Jeffrey Pfeffer, Professor für Organisationstheorie an der Stanford University, zurückzuführen auf die Geschäftstüchtigkeit von HR Consulting Unternehmen und der Softwareunternehmen, die mit den Tools dafür gutes Geld verdienen.[2] Weder Manager noch Mitarbeiter seien begeistert von Performance Reviews und man darf annehmen, dass es nicht nur daran liegt, dass Menschen ungern beurteilt und kategorisiert werden. Beide Parteien spüren, dass sie sich in diesen Beurteilungsprozessen – wie es nur allzu menschlich ist – mitunter manipulativ verhalten, um in das vorgegebene starre Korsett zu passen. Welche manipulativen Faktoren schleichen sich ein?

- Der Beurteilende kann sich nie ganz von seinen eigenen Prägungen und Vorurteilen befreien. Untersuchungen von David Schoorman haben gezeigt, dass Mitarbeiter besser beurteilt

---

2 Pfeffer 2009

wurden, wenn sie vom Beurteilenden selbst eingestellt wurden. Auch Ähnlichkeiten und Gemeinsamkeiten haben großen Einfluss auf unsere Meinung über andere.[3]

- Wenn Arbeit nach objektiven Kriterien schwer zu beurteilen ist, zeigen Performance Reviews im Ergebnis eher, wie gut man mit dem Vorgesetzten kann.
- Feedback ein Mal pro Jahr lässt vieles außer Acht, was nur im Kurzzeitgedächtnis gespeichert wurde. Außerdem ist es müßig, Dinge zu analysieren, die vor einem halben Jahr oder länger passiert sind. Es ist ein Schock, wenn man das ganze Jahr über in dem Glauben gelassen wird, alles sei in Ordnung - und dann erfährt man plötzlich, dass es das nicht ist.
- Jeder Beurteilte tendiert dazu, sich selbst als überdurchschnittlich einzustufen, und würde sich gegen die Behauptung wehren, dass er es nicht ist.
- Performance Reviews fördern Neugier und Misstrauen zwischen den Mitarbeitern. Auch wenn die Ergebnisse „geheim" sein sollen, finden neugierige Kollegen immer wieder Wege, um herauszufinden, was mit wem vereinbart und besprochen wurde. Das stachelt den Wettkampf zwischen Menschen an, die eigentlich zusammenarbeiten sollen. Wettkampf schürt in diesem Kontext Angst, verhindert den Austausch von Ideen und Wissen und lenkt von dem ab, was wirklich zu tun ist.[4]
- Die Fokussierung des Blicks auf individuelle Stärken und Schwächen lenkt von etwas ganz Wesentlichem ab: den Schwächen des Systems, die für eine schlechte Leistung verantwortlich sind. Es ist einfacher, einem Einzelnen die Schuld für einen Misserfolg zuzuschieben, als ein ganzes System so zu verändern, dass es Erfolg ermöglicht.

5.2 Anforderungen an das Performancemanagement in agilen Organisationen

Die klassischen Instrumente des Performancemanagements sind ein Rucksack, der bei der Veränderung hin zu einer agilen Organisation meistens noch eine Weile mitgetragen werden muss. Die beschriebenen Schwächen des Beurteilungssystems machen auch deutlich, dass das agile Mindset in einem starken Gegensatz dazu steht (siehe Tabelle 5.1):

1. In agilen Unternehmen liegt der Fokus des Performancemanagements nicht mehr ausschließlich auf den einzelnen Mitarbeitern. Am Ende der Produktentwicklung zählt immer das Ergebnis, das vom gesamten Team erbracht wurde. Das Gesamtergebnis ist dabei wesentlich mehr als die Summe der Einzelziele der Teammitglieder. Würde jeder im Team stets seine eigenen Interessen verfolgen, wären nur suboptimale Lösungen erreichbar und das Team nur eine Gruppe von Einzelkämpfern. Agiles Performancemanagement hat also zwei Adressaten: das Team und den einzelnen Mitarbeiter. Es muss Trennlinien zwischen

3 Pfeffer 2009
4 Kohn 1987

den Zielen des einzelnen Mitarbeiters und jenen des Teams ziehen, aber gleichzeitig dafür sorgen, dass Individual- und Teamziele miteinander harmonieren.

2. Ständige und kontinuierliche Verbesserung steht im Vordergrund des agilen Mindsets. Diese Kontinuität lässt sich nur durch regelmäßiges Feedback in kurzen Zyklen herstellen, das zeitnah zu Leistungen und Entwicklungsschritten gegeben wird. Bei jährlichen Mitarbeitergesprächen sind die Abstände viel zu groß, um kontinuierliche Verbesserung zu ermöglichen.
3. Natürlich erreichen Mitarbeiter auch Ziele, mit denen sie sich nicht identifizieren können, und erbringen dafür die nötige Leistung. Das mag für manche Unternehmen vollkommen reichen. Innovative Lösungen werden aber viel eher dort entstehen, wo Mitarbeiter den größeren Zusammenhang, in den ihre Ziele eingebettet sind, erkennen und sich dazu *bekennen* können. Innovation entsteht, wenn sie ihre eigenen Lösungswege finden dürfen und auf diesen Wegen möglicherweise auf neue Erkenntnisse stoßen. So entscheidet auch das Team, was es in einem Sprint erreichen will und wie es das erreichen will. Um diese Denkweise als unternehmenskulturelles Merkmal zu verankern, macht es Sinn, Ziele mit dem Team und mit den einzelnen Mitarbeitern tatsächlich zu *vereinbaren* und sie sogar Ziele vorschlagen zu lassen.
4. Klassisches Performancemanagement sieht den einzigen Weg zur Leistungssteigerung oft nur in monetären Anreizen. Hochqualifizierte Mitarbeiter bringen aber meistens ein hohes Maß an intrinsischer Motivation mit, die mit einem entsprechenden Arbeitsumfeld, mit Möglichkeiten der persönlichen und fachlichen Weiterentwicklung, mit herausfordernden Aufgaben und dem Übergeben von Verantwortung wesentlich besser „genährt" werden kann als mit dem dauernden Einwerfen barer Münze.
5. Agile Methoden gehen von der Tatsache aus, dass Ziele in der Zukunft einen Idealzustand darstellen, der Veränderungen unterworfen ist. Diese Annahme spiegelt sich in der Arbeitsmethodik der kurzen Zyklen wider, deren Aufgabe es ja ist, Änderungen in den Gegebenheiten rasch einbeziehen zu können, um am Ende ein situationsgerechtes Produkt in Händen halten zu können. Auch im agilen Performancemanagement sollte die Erreichung übergeordneter Ziele das Ergebnis ständiger Reflexion über Leistungen und Entwicklung sein, um Kurskorrekturen – auch im Hinblick auf Karriereperspektiven – rechtzeitig vornehmen zu können.
6. Die bloße Bewertung von Leistung und Entwicklung nach Schulnotenskalen hilft niemandem weiter. Sie ist oft genug unehrlich, zeigt immer nur Teilausschnitte eines Gesamtbildes und kann die Motivation in den Keller sinken lassen. Was Mitarbeiter brauchen, ist ein regelmäßiges Feedback, das ihnen Verbesserungsmöglichkeiten aufzeigt und einen Anhaltspunkt dafür gibt, ob sie sich nach wie vor in die richtige Richtung bewegen. Von Führungskräften verlangt das die intensive Auseinandersetzung mit dem Individuum und die Offenheit, Feedback als beidseitigen Austausch auch über die eigene Leistung als Führungskraft zu sehen.
7. Laufendes Feedback funktioniert nicht ohne ständige, persönliche Kommunikation. Sie ist einer der Kernpunkte des agilen Mindsets. Das nimmt vor allem auch Führungskräften den Stress, sich kurz vor dem jährlichen Mitarbeitergespräch noch schnell ein Bild von den

gesamten Leistungen eines Mitarbeiters zusammenflicken zu müssen, in dem vielleicht wesentliche Teile fehlen.

8. Durch die reine Fokussierung von Zielsetzungen auf den einzelnen Mitarbeiter und nicht zuletzt, weil Ziele und Leistungen des Individuums im klassischen Performancemanagement mit finanziellen Anreizen wie etwa Prämien verknüpft werden, sollen die Ziele des Einzelnen für andere „geheim" bleiben. Der hohe Stellenwert des Teams, die Abstimmung von Team- und Einzelzielen und das Entkoppeln von Einzelzielen und finanziellen Anreizen kann ein Klima der Offenheit schaffen.
9. In Scrum spricht das Team laufend darüber und bekommt auch laufend Feedback darüber, ob die Leistung passt oder nicht. Was für die Leistungserbringung hinderlich ist, wird rasch aus dem Weg geräumt. Im klassischen Performancemanagement werden hingegen ein Mal pro Jahr Ereignisse, Leistungseinbrüche etc. hervorgekramt, die vielleicht gar keine Relevanz mehr haben oder für die die Lösung durch die späte Beschäftigung damit einfach zu spät kommt.

TABELLE 5.1 Widersprüche zwischen agilem Mindset und dem Mindset des klassischen Performancemanagements

Agiles Mindset	Mindset des klassischen Performancemanagements
Fokus auf dem Team	Fokus auf dem Individuum
Ständige Verbesserung	Analyse des Verbesserungsbedarfs ein Mal jährlich, maximal quartalsweise
Selbstverantwortung durch Commitment	Fremdbestimmung durch „Vereinbarung"
Intrinsische Motivation	Extrinsische Motivation durch Verknüpfung von Leistungsbeurteilung und Vergütung
Kurzfristige Ziele in einem langfristigen Rahmen	Langfristige Ziele in einem langfristigen Rahmen
Feedback	Bewertung
Ständige Kommunikation	Hoch formalisierte „lockere" Kommunikation in engen Zeitfenstern
Offenheit	Protokollierte Geheimniskrämerei
Rasches Ausräumen von Impediments	Hervorkramen alter Hüte

Es soll hier nicht der Eindruck entstehen, dass Performancemanagement in einer agilen Organisation vollkommen obsolet ist. Natürlich brauchen Manager einen Anhaltspunkt über Fähigkeiten und Leistungen ihrer Mitarbeiter, um ihnen Entwicklungsmöglichkeiten zu eröffnen. Natürlich wollen auch die Mitarbeiter wissen, wo sie in ihrer Entwicklung stehen und wie es weitergehen kann. Was sich in der agilen Organisation ändert oder ändern muss, sind:

- Zuständigkeiten,
- Inhalte und die
- Verknüpfung von Leistung und Vergütung.

Das wichtigste Ziel aller Instrumente muss es sein, das Individuum aus der controllinggetriebenen Anschauung als „Asset", „Kapital", „Ressource" – oder welche anderen distanzierten Begriffe auch immer dafür verwendet werden – zu befreien. Aus der Sicht eines agilen Performancemanagements sind Mitarbeiter ganz einfach Menschen, die mit ihren besonderen Fähigkeiten etwas bewegen und die mitgestalten wollen. Alle Instrumente sollten also ausschließlich dazu da sein, um ihnen den Weg dafür zu ebnen und ein besseres Verständnis von Sinn, Ziel und Werten eines Unternehmens zu schaffen, als es durch den stillen Informationsverlust in starren Hierarchien möglich ist.

Auf den ersten Blick könnte man zu dem Schluss kommen, dass sich Performancemanagement in einem agilen Unternehmen nicht durchführen lässt, weil hier die disziplinarische Führungskraft nicht mehr direkt darüber im Bilde ist, was der Einzelne in einer Mission macht bzw. gemacht hat. Der einzelne Mitarbeiter berichtet Ergebnisse nicht mehr direkt an den Manager, sondern in erster Linie an den Product Owner. Zudem können die Ergebnisse nicht mehr als Leistung eines Einzelnen betrachtet werden, sondern nur noch als Teamleistung. Sehen wir uns also an, wie die vier klassischen Instrumente

- Mitarbeitergespräche,
- Leistungsbeurteilung,
- Zielvereinbarungen und
- Vergütung (dieses Thema behandeln wir umfassend in Kapitel 6)

für ein agiles Umfeld brauchbar gemacht werden können.

In klassischen Organisationen haben alle vier Instrumente immer das Individuum im Blick. In einem agilen Unternehmen ist diese Sichtweise wegen der Betonung des Teams natürlich nicht aufrechtzuerhalten. In der Folge muss das agile Performancemanagement von Manager und ScrumMaster in gemeinsamer Verantwortung durchgeführt werden.

5.3 Mitarbeitergespräche und Leistungsbeurteilungen

Die Leistungen von Spitzensportlern sind der Inbegriff von Performance. Stellen Sie sich vor, ein Spitzensportler würde nur ein Mal pro Jahr mit dem Coach über seine Entwicklung und seine Kondition reden. Eine völlig undenkbare Situation, denn um an die Spitze zu kommen, ist ständiges Feedback nötig.

In den meisten Unternehmen passiert aber genau das: Mitarbeitergespräche zur Leistungsbeurteilung und Zielvereinbarung gibt es ein Mal pro Jahr. Die Saaman AG, eine Freiburger Personalberatungsgesellschaft, hat in einer Studie Führungskräfte und Mitarbeiter von mittelständischen Unternehmen und Großkonzernen zum Thema Zielvereinbarungen befragt. Dabei kam heraus, dass in 83 % der Unternehmen die Ziele für den Zeitraum eines ganzen Jahres festgelegt werden. Nur jeweils 6 % legen die Ziele halbjährlich bzw. quartalsweise fest.[5]

Diese geringe Frequenz macht die Situation auch für alle Beteiligten meistens unentspannt. Obwohl es nur ein Mal im Jahr ist, haben Führungskräfte nicht die Zeit (oder nehmen sie sich nicht), die Gespräche vorzubereiten und zu führen, weil sie zu sehr in operative Aufgaben verstrickt sind und das Tagesgeschäft ruft. Das war bei uns selbst, als wir in solchen Führungspositionen steckten, auch oft so und wenn wir ehrlich sind, nehmen wir uns heute selbst in unseren eigenen Unternehmen nicht immer die notwendige Zeit. Das ganze Jahr auf einmal Revue passieren zu lassen, sich über die Persönlichkeit jedes Mitarbeiters, über seine Stärken und Schwächen Gedanken zu machen und daraus Ziele und Maßnahmen abzuleiten, ist in einer zeitlich so komprimierten Form anstrengend. Zusätzlich steckt meistens ein hoher administrativer Aufwand hinter den Gesprächen und ihrer Dokumentation.

Die Mitarbeiter gruselt es auch immer ein wenig vor den Jahresgesprächen. Während des ganzen Jahres war man mehr oder weniger unbeobachtet und denkt jetzt krampfhaft darüber nach, ob man sich etwas zuschulden hat kommen lassen. Außerdem entkommt einem schon vor dem Gespräch ein Stoßseufzer, wenn man an die Vorgaben denkt, die man bekommen wird. Meistens liegen die Wünsche der Chefs und die operative Realität meilenweit auseinander. Vom direkten Vorgesetzten kann man sich nicht mehr als die Überbringung der schlechten Nachricht erwarten. Je länger die Mitarbeiter in einem Unternehmen sind, desto weniger ernst nehmen sie die Gespräche. Sie stumpfen ab und spielen ihre Rolle in diesem Spiel, bei dem jeder weiß, dass der andere auch weiß, dass man weiß .... Trotzdem sagt keiner von beiden etwas. Die Personalabteilung kümmert sich zwar darum, dass die Gespräche geführt werden, aber sie kontrolliert nur den Rücklauf und meist nicht die Qualität der Gespräche. In der Studie der Saaman AG konnte übrigens ein Viertel der Mitarbeiter seine Ziele nicht auswendig nennen, weitere 47 % konnten sie nur teilweise nennen. Jeweils ein Drittel der Führungskräfte und der Mitarbeiter machte äußere Umstände dafür verantwortlich, wenn Ziele nicht erreicht wurden. Die Hälfte der Mitarbeiter und 40 % der Führungskräfte gaben an, dass es eher keine Konsequenzen haben würde, wenn sie ihre Ziele nicht erreichen. Besonders spannend waren die Antworten auf die Frage: „Was denken Sie, würde in Ihrem Arbeitsbereich/ Unternehmen passieren, wenn es morgen keine Zielvereinbarungen mehr gäbe?" Unter den Führungskräften waren 37 % der Meinung, dass damit Orientierungsverlust einhergehen würde. Dieser Meinung schlossen sich gerade einmal 9 % der Mitarbeiter an.

Warum gibt es eigentlich Mitarbeiterjahresgespräche, wenn sie keiner will und sie keinem einen Mehrwert bringen? Eine Option ist sicherlich, diese hoch formalisierten Gespräche ersatzlos zu streichen. Was würde dann fehlen?

Der Kern ist die Frage: Warum will ein Unternehmen Mitarbeitergespräche führen?

---

5 http://www.spiegel.de/wirtschaft/0,1518,748135,00.html

- Das Ziel von Mitarbeitergesprächen ist, einmal jährlich die Leistung des Mitarbeiters zu bewerten.
- Das Ziel des Mitarbeitergesprächs ist, einmal jährlich Ziele mit dem Mitarbeiter zu vereinbaren.
- Das Ziel des Mitarbeitergesprächs ist, einmal jährlich mit dem Mitarbeiter über seine persönliche Karriereentwicklung zu sprechen.
- Das Ziel des Mitarbeitergesprächs ist, einmal jährlich mit dem Mitarbeiter über sein Gehalt zu sprechen.

Diese Ziele sind zunächst nachvollziehbar und es ist sinnvoll, eine Gesprächsplattform für diese Punkte zu haben. Aber einmal im Jahr? Für eine agile Organisation keine wirklich befriedigende Lösung.

Erinnern wir uns:

- Scrum spielt bisher operativ verwendete Zeit von Führungskräften frei.
- Mit dem ScrumMaster entsteht eine neue Führungsrolle und Führungsverantwortung.
- Kommunikation ist das Fundament, auf dem Scrum wirklich funktioniert.

Vor diesem Hintergrund ist ein neuer Ansatz notwendig:

> **Wir müssen von jährlichen Beurteilungs- und Zielgesprächen zu Mitarbeitergesprächen übergehen, die ein wirklicher, in kurzen Abständen stattfindender Dialog sind. Wenn Feedback Teil des Tagesablaufs – oder zumindest Wochenablaufs – wird, verliert es sein anstrengendes und beunruhigendes Potenzial.**

Noch bevor eine Führungskraft ihre Mitarbeiter in die Schemata des Controllings presst, ist es ihre allererste Aufgabe, permanent mit den Mitarbeitern im Gespräch zu sein und dadurch ständig an deren Entwicklung zu arbeiten. So wie es ein Coach mit einem Spitzensportler macht, dessen volles Leistungspotenzial er durch ständiges Feedback freilegt. Ein ScrumMaster redet schließlich auch nicht nur einmal im Sprint mit seinen Leuten, sondern jeden Tag. Und bei Scrum sind Review und Retrospektive Teil des Prozesses, um die Entwicklung des Teams bewusst zu reflektieren. Wie kann das nun in der Praxis aussehen?

5.3.1 Mitarbeitergespräche mit dem einzelnen Mitarbeiter

Mitarbeiter in einer Scrum-Organisation müssen lernen, zwei Perspektiven zu vereinen:

- Zum einen wollen sie sich persönlich weiterentwickeln und wissen, wo sie stehen und welche Möglichkeiten sie mittel- bis langfristig haben.
- Zum anderen sollten sie sich darüber im Klaren sein, dass ihr Weg auch zum Weg des Teams gehört. Von ihren langfristigen Plänen abgesehen sind sie Teil eines Ganzen und verpflichten sich dazu, dieses Ganze mit ihren Fähigkeiten zu unterstützen.

Aus einem Ansprechpartner für den Mitarbeiter werden im agilen Mitarbeitergespräch nun also zwei:

- **Die disziplinarische Führungskraft** ist der Coach für die persönliche Weiterentwicklung und sollte mit den einzelnen Mitarbeitern in einem Zyklus von mindestens 14 Tagen, besser noch in einem wöchentlichen Rhythmus darüber sprechen.
- **Der ScrumMaster** verhilft dem Einzelnen über die Scrum-immanenten Tools Taskboard, Daily Scrum und die Forderung, seine eigene Leistung gegenüber dem Team offenzulegen, dazu, dass er jederzeit über seine Leistung im Team reflektieren kann.

Wie kommt die Führungskraft zu Informationen über den Einzelnen?

Im Gegensatz zu den Mitarbeiterjahresgesprächen sollte es Meilensteingespräche mit den einzelnen Mitarbeitern geben. Diese sollten zumindest quartalsweise stattfinden und haben vertiefenden Charakter. Darin geht es zum Beispiel darum, welchen Karrierepfad ein Mitarbeiter einschlagen soll, und sie dienen als Kompass dafür, wie gut er auf diesem Weg unterwegs ist. Regelmäßige wöchentliche oder zweiwöchentliche – formlose – Gespräche ergänzen die umfassenderen Meilensteingespräche, sie sind die wichtigste Quelle für eine Führungskraft, um Stimmung, Motivation und Ziele eines einzelnen Mitarbeiters wahrzunehmen. Wir haben bereits in Kapitel 4 dargestellt, dass sich die Führungskraft aber in einem Dilemma befindet, wenn es um die fachlichen Leistungen des Einzelnen geht oder um die Frage, ob er in seinem derzeitigen Team an der richtigen Stelle ist oder nicht. Durch die Einführung der Rolle des ScrumMasters hat die disziplinarische Führungskraft keinen unmittelbaren Einblick mehr in die Geschehnisse im Team.

Dazu kommt eine Schwäche des Mitarbeitergesprächs in seiner klassischen Form: Hier werden Einschätzungen von einer einzigen Person gegeben – der Führungskraft. Es in dieser Form in einer Scrum-Umgebung anzuwenden, ist nicht sinnvoll. Denn nicht mit der Führungskraft interagiert der einzelne Mitarbeiter im Arbeitsalltag permanent, sondern mit den anderen Teammitgliedern, mit den Kunden, mit den Mitarbeitern aus anderen Abteilungen. In diesen Interaktionen zeigen sich Talente und Fähigkeiten wesentlich deutlicher als in der reinen Arbeitsleistung, in den Ergebnissen.

Doch auf welcher Basis soll dann die Führungskraft das Feedback zur persönlichen Weiterentwicklung des Einzelnen geben?

Ein Weg für die Leistungsbeurteilung: 360°-Feedback

Das 360°-Feedback ist eine Methode, um die Kompetenzen, Leistungen und das Verhalten von Fach- und Führungskräften aus mehreren Blickwinkeln zu betrachten, statt nur aus einem.[6] Das Bild, das sich der Vorgesetzte vom Mitarbeiter gemacht hat, wird dabei durch die Sichtweisen von Teammitgliedern, Kollegen aus anderen Abteilungen und Kunden oder externen Partnern ergänzt.

Zunächst wird ein Fragebogen für das Feedback entworfen, der die Fragen zu Leistung, Verhalten und Entwicklung des Mitarbeiters enthält. Was Inhalt der Fragen an die „Reviewer" in einem 360°-Feedback sein kann, hängt von den Aufgaben ab, die der einzelne Mitarbeiter in Zukunft übernehmen soll oder will. Im Vordergrund steht aber auf jeden Fall das beobachtbare Verhalten, nicht die Charaktereigenschaften oder Persönlichkeitsmerkmale eines Mit-

---

6 http://www.360-grad-feedback.net/360-grad-feedback_kurzfassung.htm

arbeiters. Der Personenkreis, der sein Feedback gibt, notiert entsprechend zu den Merkmalen seine Einschätzung. Welcher Personenkreis in das Feedback einbezogen wird, kann natürlich daran angepasst werden, in welchem Kreis ein Mitarbeiter agiert. Werden zum Beispiel nur die Teammitglieder mit einbezogen, spricht man von einem 180°-Feedback. Natürlich gibt der Mitarbeiter auch eine Selbsteinschätzung ab. Die Einschätzung ist anonymisiert und die Personalabteilung hat in diesem Zusammenhang die Aufgabe, den Prozess zu initiieren, am Laufen zu halten, die passenden Fragebögen oder Online-Tools zu entwerfen und die neutrale Instanz zu sein, die Ergebnisse auswertet und aufbereitet.

Insgesamt gibt dieses Instrument einem Individuum umfassendere Möglichkeiten, mehr über sich selbst zu erfahren als die alleinige Einschätzung durch die Führungskraft, die oft auch durch gegenseitige Sympathie oder Antipathie beeinflusst wird. Auch die Führungskraft selbst ist durch diese Art des Feedbacks gezwungen, sich intensiver mit dem einzelnen Mitarbeiter auseinanderzusetzen, weil die eigene Einschätzung nun mit der von anderen Personengruppen verglichen werden kann. Außerdem wird durch das (anonyme) Feedback der Teammitglieder klarer sichtbar, welche Skills entwickelt werden sollten, um nicht nur den einzelnen Mitarbeiter, sondern das Team weiterzubringen.

Die Wucht neuer Informationen

So wie jedes andere Tool ist auch das Instrument „360°-Feedback" nur so gut wie seine Anwender bzw. die Kultur, in deren Rahmen es eingesetzt wird. Die Einführung dieses Feedback-Instruments sollte behutsam und sorgfältig passieren, weil es ein ziemlicher Kontrapunkt zu den eindimensionalen Mitarbeitergesprächen der Vergangenheit ist.

- Der einzelne Mitarbeiter bekommt ein Bild widergespiegelt, das nicht mehr nur aus der guten oder schlechten Beziehung zur Führungskraft entstanden ist. Das Bild zeigt, wie der Einzelne von mehreren Menschen gesehen wird. Das fördert mitunter Aspekte zutage, an die man selbst nie gedacht hätte oder die man schlichtweg ignorieren wollte. Was also in früheren Mitarbeitergesprächen möglicherweise ausgeblendet wurde (weil die Informationen fehlten), kann sich jetzt mit voller Wucht offenbaren. Man muss deshalb bei den Mitarbeitern das Bewusstsein schaffen, dass das Feedback keine Bösartigkeit ist, sondern eine Chance zur Veränderung, um möglicherweise genau jene Schwachstellen anzupacken, über die man sich selbst schon insgeheim geärgert hat.
- Das 360°-Feedback darf nicht dafür verwendet werden, um sich im positiven oder negativen Sinne an Kollegen zu „revanchieren". Wenn Konflikte im Team nicht durch den ScrumMaster gelöst werden konnten, kommen sie spätestens in diesem Rahmen wieder an die Oberfläche und deuten dann auf ein ernsthafteres Kulturproblem hin. Das Tool soll auch nicht dazu verleiten, sich gegenseitig nur noch wohlwollend einzuschätzen.
- Mitarbeiter müssen sich bewusst sein, dass es sich beim 360°-Feedback um Meinungen handelt. Und nicht auf jede Meinung muss man reagieren, auch wenn das manchmal der erste Impuls wäre. Eine negative Äußerung bedeutet nicht, dass man sich sofort vollkommen ändern muss. Man sollte auch nicht versuchen, nach den Quellen zu graben, sondern es annehmen und darüber nachdenken, welchen Wahrheitsgehalt es hat. Es sollte aber durchaus darauf geachtet werden, ob dasselbe Problem bei den Reviews immer wieder auf-

taucht, ob ein wirklich schwerwiegender Punkt angesprochen wurde und ob die Kritik Inkongruenzen mit den eigenen Werten anspricht.[7]

Am Wichtigsten ist, dass Mitarbeiter nicht mit den Ergebnissen alleingelassen werden. Denn ob klassisch oder agil: Jede Form des Feedbacks kann positiv für die eigene Weiterentwicklung genutzt werden und als Coach hat die Führungskraft die Aufgabe, diese Wege aufzuzeigen.

5.3.2 Mitarbeitergespräche mit dem Team

(Fachliche) Mitarbeitergespräche mit dem Team finden durch das Scrum-Instrumentarium täglich und am Ende des Sprints statt. Der ScrumMaster nutzt täglich das Taskboard und das Burn-Down Chart, um dem Team seine eigene Leistung widerzuspiegeln. Die Retrospektive nutzt er, um am Ende des Sprints mit dem Team gemeinsam die Leistungsfähigkeit des Teams zu erhöhen.

Für die Personalabteilung besteht die Aufgabe darin, dem ScrumMaster die Instrumente in die Hand zu geben, mit denen er gruppendynamische Prozesse richtig erkennen und begleiten kann. Die Personalabteilung sollte also dafür sorgen, dass der ScrumMaster auch in der Kunst der Kommunikation ausgebildet wird. Feedback ist durchaus ein Synonym für Lob und Kritik. Dass schlecht formulierte und persönlich angreifende Kritik verletzend und demotivierend sein kann, wissen wir alle aus persönlichen Erfahrungen. Lob kann das Selbstbewusstsein und die Motivation von Mitarbeitern fördern. Durch inflationären Gebrauch und abhängig von den Absichten im Hintergrund kann Lob aber auch wirkungslos sein. Der *richtige* Einsatz von Lob und Kritik ist also wichtig.

Managementtrainerin Vera Birkenbihl trennt den Begriff des Lobes sehr klar von jenem des Feedbacks, und zwar anhand des Zeitpunkts, zu dem die Wirkung einsetzt.[8] Sie erklärt es ganz einfach mit dem Spiel „Heiß-kalt". Wenn Sie sich an Ihre Kindheit oder gelegentliche Spielabende erinnern, geht es bei Heiß-kalt darum, mit verbundenen Augen einen versteckten Gegenstand zu finden – allerdings nur durch Hinweise der Mitspieler in der begrifflichen Bandbreite zwischen „heiß" und „kalt". Angenommen, Sie drehen sich in eine bestimmte Richtung. Welcher Hinweis hilft Ihnen eher bei der Orientierung, ob Ihr eingeschlagener Weg erfolgreich sein wird?

- „Warm!" oder
- „Ja, phantastisch, das hast du aber gut gemacht!"

Die erste Antwort liefert uns eine verwertbare, neutrale Information für die weitere Vorgehensweise – das ist Feedback. Die zweite Antwort hat eher das Potenzial, uns intellektuell wie emotional abzulenken – so funktioniert Lob. Birkenbihl bezieht sich in ihrer Argumentation auf den US-amerikanischen Erziehungswissenschafter Alfie Kohn. Seiner Meinung nach verwendet unsere Gesellschaft das Lob inflationär in der falschen Annahme, dass nur Lob in der Lage sei, zu Leistung und Weiterentwicklung zu motivieren. Dabei geht es nicht darum,

[7] http://blogs.hbr.org/hmu/2010/07/bouncing-back-from-a-negative.html
[8] Birkenbihl 2006

Menschen nicht mehr zu unterstützen oder zu ermutigen. Es geht darum, diese Unterstützung bedingungslos zu geben.

Alfie Kohn möchte kein Plädoyer für das Nichtlob halten. Gegen wohldosiertes Lob ist nichts einzuwenden. Was er kritisiert, ist der extensive, unreflektierte Einsatz von Lob, der nichts anderes als einen ständigen Strom von impliziten Werturteilen generiert. Weder für die Entwicklung von Kindern noch von Erwachsenen ist das nötig und sinnvoll.

Das Problem mit dem Lob ist, dass es nur im Blickfeld hat, was seh- und messbar ist. Es vernachlässigt die Motive, aus denen ein Mensch auf eine bestimmte Art und Weise gehandelt hat, und unterminiert die Lust am selbständigen Treffen von Entscheidungen. Wir müssen nicht loben, um uns selbst zu bestätigen, dass wir gute Menschen sind, die anderen etwas Gutes tun wollen.

Es geht also darum, dass einerseits der erreichte Stand der Leistung dem Team auf täglicher Basis bewusst gemacht wird und andererseits der ScrumMaster die Leistung des Teams objektiv anerkennt. Das heißt natürlich nicht, dass der ScrumMaster nicht auch einmal seinen Enthusiasmus, und damit im Grunde seinen Stolz auf „sein" Team, zum Ausdruck bringen darf. Wie man aus unreflektiertem Lob echte Anerkennung macht (so ist „Loben" unten gemeint), mit der jedes Teammitglied etwas anfangen kann, sagt uns Alfie Kohn:[9]

- **Loben Sie nicht Menschen, sondern das, was sie tun** – z.B. nicht „Du bist so ein toller Entwickler!", sondern „Der Code ist wirklich gut lesbar", oder „Die Art und Weise, wie du dieses Problem gelöst hast, imponiert mir!".
- **Lob sollte so spezifisch wie möglich sein:** Gerade für die weitere Entwicklung ist es für einen Menschen wichtig zu erfahren, was speziell die Leistung als gut gelungen auszeichnet – z.B. „Der Code ist wirklich gut. Vor allem, wie du an dieser Stelle deine Design-Entscheidung kommentiert hast".
- **Lob sollte keine hohle Phrase sein:** Beobachten Sie es einmal an sich selbst: Spontane, unreflektierte Begeisterungsstürme klingen meistens ganz anders als intendiertes Lob. Unecht klingt Lob für den Empfänger immer dann, wenn er dahinter die Absicht erkennt, dass er zu etwas Bestimmtem gebracht werden soll. Absichtliches, unechtes Lob erkennt man sogar an der Veränderung der Stimme, weil sie dann meistens etwas schriller und langgezogener wird.
- **Lob soll keinen Wettkampf auslösen:** Jemanden zu loben, indem man ihn mit einer anderen Person vergleicht, ist eine ganz schlechte Idee. Vor allem, wenn diese zwei Menschen auch noch in einem Team zusammenarbeiten sollen. Phrasen wie „Du bist der beste Mitarbeiter in dieser Abteilung" müssen schnellstens aus dem Vokabular gestrichen werden. In einer Teamumgebung sollten Menschen ihren Selbstwert nicht daraus beziehen, dass sie die anderen in einem Wettkampf geschlagen haben.

So wie wohldosiertes und zum richtigen Zeitpunkt eingesetztes Lob Anhaltspunkte über den richtigen Weg geben kann, so ist rechtzeitige Kritik ein Signal für nötige Kurskorrekturen. Kritik stellt immer eine Möglichkeit des Lernens dar, im ersten Moment ist sie aber trotzdem hauptsächlich unangenehm. Nicht jeder Mensch kommt mit unverblümter Direktheit zurecht

---

9 Nach Kohn 1999

und es ist selten zielführend, anderen harsche Worte an den Kopf zu werfen, was alles nicht passt, weil man sich gerade maßlos darüber ärgert. Kritik ist keine Beschimpfung, sondern die deutliche Benennung von Missständen. Auch wenn dem ScrumMaster manchmal nicht danach ist, sollte zunächst einmal ein Zustand gefunden werden, in dem ein sachlicher Umgang mit den Punkten möglich ist, die verbessert werden müssen. Boris Grundl liefert in seinem Buch „Leading Simple“ einige Basisregeln zum Üben von Kritik, die dafür sorgen sollen, dass daraus verwertbare Ergebnisse statt unnötiger Verletzungen entstehen:[10]

- Personen – oder im Fall von Scrum das Team – sollten nie selbst in Frage gestellt werden. Gegenstand der Kritik sind Handlungen und Verhaltensweisen, die in Zukunft vermieden oder verhindert werden sollen.
- So wie auch das Lob wirkt Kritik am besten, wenn sie zeitnah geübt wird. Aber erst, wenn der erste Ärger verflogen ist. Kritik ist kein jüngstes Gericht über sämtliche Verfehlungen der Vergangenheit, sondern bezieht sich auf einen aktuellen Anlass. Genauso wenig ist Kritik eine schriftliche Angelegenheit, sondern eine Aufgabe des persönlichen Gesprächs: entweder mit dem Team, zwischen den Teammitgliedern oder mit dem betroffenen einzelnen Mitarbeiter (ohne Zuschauer).
- Das Wühlen nach den Ursachen ist nicht immer zielführend, sondern bringt die Kritisierten nur in einen Rechtfertigungszwang. Die bessere Variante ist das gemeinsame Lösen der Frage, was aus den Ereignissen zu lernen ist.
- Kritik besteht zu einem großen Teil aus subjektiver Wahrnehmung. Die objektive Wahrheit liegt zwischen sämtlichen subjektiven Wahrnehmungen, also macht es wenig Sinn, so lange nachzubohren, bis man die eigene Ansicht durchgesetzt hat.
- Der Kritisierte oder die Kritisierten müssen die Möglichkeit haben, ihr Verhalten selbst zu beurteilen. Jeder Mensch folgt lieber seinen eigenen Erkenntnissen und es ist wichtig, dass Mitarbeiter ihr Gesicht behalten.
- Wenn die Kritik vorbei ist, ist sie vorbei. Sie muss nicht ständig neu aufs Tapet gebracht werden. Sinnvoller ist es, am Ende des Gesprächs zu einer positiven Haltung zueinander zurückzukehren.

Wie sagte schon Paracelsus: „Die Dosis macht das Gift“. So wenig wie Kritik per se etwas Schlechtes ist, ist Lob automatisch immer gut. Bei beiden Formen der Rückmeldung sollte es darum gehen, Selbstwertgefühl zu stärken und zu zeigen, dass Verbesserung möglich und Fehler erlaubt sind und dass Erfolge gewürdigt werden.

[10] Grundl, Schäfer 2007

5.4 Zielvereinbarungen

Die Fixierung von Zielen für ein ganzes Jahr ist einer der Kernpunkte des klassischen Performancemanagements. Auch das ist eine Folge der engen Verknüpfung von Personalmanagement und Controlling: Es soll intern kontrollier- und überprüfbar gemacht werden, was unkontrollierbaren externen Faktoren, Einflüssen und Bedingungen ausgesetzt ist. Dieser Unkontrollierbarkeit wird Starrheit entgegengesetzt. Alles ist fixiert: Das Ziel ist auf absolute Größen fixiert (X% mehr Umsatz als im letzten Jahr), der „Motivationsfaktor" Vergütung wird an den Zielen fixiert, die Ressourcen sind fixiert, Pläne sind fixiert, die zu erbringende Leistung ist fixiert. Damit lässt sich dem dynamischen Umfeld, in dem wir leben, schlecht begegnen.

Oft haben wir den Eindruck, dass Unternehmen denken, sie müssten auf jeden Fall Zielvereinbarungen haben. Auf die Frage „warum" kommen meist sehr unterschiedliche und auch verwirrende Antworten. Welchen Vorteil bringt es, über Ziele zu führen? Was ist der Gedanke von Zielvereinbarungen? Eine der Antworten darauf ist, dass Mitarbeiter Klarheit und Orientierung bekommen sollen, einerseits über ihre individuellen Ziele wie z.B. Karriere und andererseits sollen ihre Ziele in den Gesamtkontext des Unternehmens eingebunden werden. Sie sollen ein Gespür für die Ziele und die Entwicklung des Unternehmens bekommen, um an dieser Entwicklung mitzuarbeiten. Vordergründig werden Zielvorgaben als Mittel zur Motivation und Sinnstiftung ausgegeben, in der Praxis dienen sie aber wohl eher den Anliegen der Controlling-Abteilung. Warum sind Zielvorgaben in ihrer traditionell praktizierten Form für eine Scrum-Organisation so unbrauchbar?

- In der Realität sind Zielvorgaben eine Einbahnstraße: Sie werden „top down" vorgegeben. Als Erstes bekommen die Führungskräfte ihre Vorgaben aus der Chefetage und brechen diese dann wiederum auf die einzelnen Mitarbeiter herunter. Oft ist es nicht mehr als die Weitergabe von Druck, gleichzeitig geht auf den langen und langsamen Wegen und durch die Zerlegung in Einzelziele für das Individuum das Gesamtziel der Organisation (manchmal sogar schon der Abteilung) verloren. Dazu kommt das Gefühl, als Letzter in der Nahrungskette ohnehin nichts verändern oder bewirken zu können.
- Die Ziele werden zu spät gesetzt und sind zu früh veraltet. Durch die Wasserfallmethodik in der Zielsetzung finden Zielgespräche meistens später statt als geplant. Der weite Zeithorizont von einem Jahr macht Ziele durch nicht beeinflussbare Umstände oft obsolet, trotzdem wird das Individuum an der Erreichung der obsoleten Ziele gemessen.
- Meistens existiert zwischen den Mitarbeitern keine Zielkongruenz. Das ausschließliche Setzen von Einzelzielen verhindert das Mitdenken für andere und heizt den Konkurrenzkampf an. Besonders fatal ist das, wenn Kunden im Spiel sind, auf deren Rücken die internen Zielerreichungskämpfe ausgetragen werden.
- Dazu kommt die Verknüpfung von individuellen Zielen mit monetären Anreizen. Gearbeitet wird nicht mehr für die Sache, nicht mehr für das Team oder die Abteilung, sondern für das Geld, wenn kulturbedingte intrinsische Motivatoren fehlen und Geld der einzige Anreiz ist.

- Leistung wird in das Schema des Ziels gepresst. Was nicht in das Zielschema passt, ist keine Leistung. Ziele gelten als „verfehlt“, wenn sie zwar eine Verbesserung, aber keine Punktlandung sind.

Wenn uns die letzte Finanzkrise eines gezeigt hat, dann dass die Verknüpfung von Zielen mit Vergütung auf individueller Ebene zu Manipulation, Ausweichstrategien, kurzfristigem Denken und unethischem Verhalten verführen kann. Und schlussendlich sind starre Zielvorgaben Ausdruck einer Führungskultur von Weisung und Kontrolle, nicht der Befähigung und Selbstverantwortung von Menschen.

Viele Mitarbeiter sind es gewohnt, 100% ihrer Ziele zu erreichen. Und damit das so ist, werden schon die Ziele entsprechend gesetzt. Und wenn die Ziele mal ein wenig ambitionierter ausfallen, dann erfordert die Zielerreichung ihren Preis. Dieser Preis spiegelt sich in der Unternehmenskultur wieder: Kollegen werden übergangen, Informationen zurückgehalten oder andere Werte gelebt, die nicht im Sinne der Gesamtorganisation sind.

Welche Rolle spielen Ziele in einer Scrum-Organisation?

Ziele sind sinnvoll: Sie geben Orientierung und helfen Menschen dabei, sich für etwas einzusetzen. Sie sind ein Anker für die Weiterentwicklung von Organisationen und Individuen. Im Prinzip treibt Scrum den Einsatz von Zielen sogar auf die Spitze, weil es ein permanenter Prozess kurzfristiger Zielsetzung ist, um auf die Verwirklichung einer mittel- bis langfristigen Vision hinzuarbeiten. Was sich an der Zielvereinbarung in Scrum-Organisationen ändert oder ändern muss, sind

- der Zeithorizont der Zielvorgaben,
- die Zielinhalte,
- die Zuständigkeiten für das Setzen von Zielen,
- die Verknüpfung von Zielen und Vergütung.

Muss es im Rahmen von Scrum individuelle Ziele überhaupt noch geben? Aus unserer Sicht ja, und zwar aus zwei Gründen:

1. Die Karriereentwicklung funktioniert auch im Scrum-Karrieremodell nur über individuelle Ziele.
2. Die individuelle Zielsetzung wirkt sich ganz massiv auf die Leistung des Teams aus. Im Teamsport bringt eine Steigerung der Leistungsfähigkeit der einzelnen Player um jeweils 1% einen gewaltigen Sprung in der Leistung des gesamten Teams.

Der Fokus der Zielsetzung ist in einer Scrum-Organisation natürlich nicht mehr allein auf das Individuum gerichtet, sondern wird auf das Team erweitert. Beides muss konvergieren, um für eine Organisation von Nutzen zu sein. Einen gemeinsamen Rahmen stecken die Ziele der Organisation ab (Metaziele), die sich sowohl auf die Individual- als auch Teamebene durchschlagen müssen (wenn z.B. ein Unternehmen seine Produkte nur noch nach einer bestimmten Methode oder Technologie entwickelt).

Wer setzt die Ziele?

Sehen wir uns nun genauer an, wer in einem agilen Umfeld im Performancemanagement für die Zielsetzungen zuständig ist und welche Ziele gesetzt werden. Die Metaziele, also die Ziele des Unternehmens setzt das Management, zum Beispiel mit Hilfe einer Balanced Scorecard, die bis auf Abteilungs-,Team- und Mitarbeiterebene dekliniert werden kann. Die Ziele für die verschiedenen Scrum-Rollen kommen folgendermaßen zustande:

- Der ScrumMaster erhält seine *persönlichen Entwicklungsziele und Leistungsziele* vom Manager (z.B. Company ScrumMaster).
- Der Product Owner erhält seine *persönlichen Entwicklungsziele und Leistungsziele* vom Manager aus der jeweiligen Jobfamilie.
- Das Scrum-Team setzt sich seine *Entwicklungsziele (Performance)* unter Anleitung des ScrumMasters selbst (über diagnostische Metriken), die *fachlichen und wirtschaftlichen Leistungsziele* gibt der Product Owner vor.
- Das Teammitglied setzt sich seine *persönlichen Entwicklungsziele* gemeinsam mit dem für es zuständigen Manager (disziplinarische Führungskraft), seine *Leistungsziele entsprechen den Teamzielen.*

Wann erfolgen Zielvorgabe und Leistungsmessung?

Im Gegensatz zu starren Organisationen ist das Setzen von Zielen und das Messen ihrer Erreichung eine laufende Angelegenheit. Das kann nicht nur ein Mal pro Jahr stattfinden, sondern sollte für den einzelnen Mitarbeiter immer dann stattfinden, wenn Meilensteine gesetzt werden. Für das Team finden Zielvorgabe und Leistungsmessung durch Reviews und Retrospektiven ohnehin öfter statt.

Wie müssen Ziele definiert sein?

Die mittlerweile anerkannte Formel für Ziele, die auch in Scrum gelten sollte, lautet: Ziele sollen SMART sein:

- **S**pezifisch: eindeutig definiert, so präzise wie möglich
- **M**essbar: aussagekräftige Kriterien für die Zielerreichung
- **A**ngemessen: müssen vom Empfänger akzeptiert sein
- **R**ealistisch: müssen erreichbar sein
- **T**erminiert: Terminvorgabe, bis wann das Ziel erreicht sein muss

Einer der Grundgedanken von Scrum ist die agile Anpassung an Veränderungen im Projektablauf. Sowohl für das Individuum als auch für das Team ist es daher wenig sinnvoll, absolute, fixierte Ziele zu setzen. Niels Pfläging ist der wohl prominenteste Vertreter des Managementmodells „Beyond Budgeting“[11] Dieser Ansatz entstand aus dem Verständnis heraus, dass klassische Organisationsstrukturen, und damit auch die klassischen Formen der Zielvereinbarung, zum einen nicht dem dynamischen Umfeld gerecht werden, in dem sie eingesetzt werden. Zum anderen entsprechen sie einem Menschenbild, das Douglas McGregor als

[11] Pfläging 2006

„Theorie X" bezeichnet: Der Mensch ist ein unwilliges Wesen mit einer angeborenen Abneigung gegen Arbeit. Beyond Budgeting vertritt nicht nur im Wesentlichen die gleichen Werte und Führungsprinzipien wie agile Methoden der Softwareentwicklung, sondern plädiert auch für häufige Iterationen und Überprüfungen der ursprünglichen Zielsetzungen in kurzen Zyklen. In Bezug auf das Performancemanagement postuliert Beyond Budgeting hochgesteckte, bewegliche Ziele für eine kontinuierliche, relative Verbesserung. Die Ziele und ihre Indikatoren sollen von den Mitarbeitern auch mitbestimmt werden. Teams und Individuen wird das Vertrauen entgegengebracht, unternehmerisch denken zu können, und daher sind sie auch in der Lage, Ziele selbst zu wählen und die Metriken dafür festzulegen. „Das ist wirkungsvoll im Sinne des Strebens nach Höchstleistung und führt zu maximaler Identifikation. Die Führenden müssen nur noch die Teams herausfordern, die Zielauswahl moderieren und überprüfen, ob relevante Handlungsalternativen berücksichtigt wurden."[12]

Statt starrer Plan-Ist-Vergleiche werden bei Beyond Budgeting drei Typen von relativen Leistungsindikatoren für die Zielerreichung unterschieden:

- **Externe Benchmarks und Bestleistungen:** Die externen Benchmarks sind vergleichbar mit den ROI-Betrachtungen des Product Owner. Ist das Team im Vergleich zum Markt – das kann auch ein Markt innerhalb der eigenen Organisation sein – profitabel und wettbewerbsfähig?
- **Interne Benchmarks und Bestleistungen:** Ein Beispiel dafür ist der sog. „Mitarbeiter-Aktienindex", bei dem Stärken und Schwächen von Mitarbeitern erfasst, analysiert und bewertet und einander gegenübergestellt werden.[13]
- **Herausfordernde Stretch-Ziele[14] und Trendbeobachtungen im Vergleich zu Leistungen aus Vorperioden:** Das Velocity-Chart eines Teams stellt nach jedem Sprint dar, wie sich die Leistung im Vergleich zur Vorperiode verändert hat. Es wird immer wieder Spitzen und Einbrüche geben, die sich aber zu einem erkennbaren Trend nivellieren lassen.

5.4.1 Entwicklungsziele des Mitarbeiters

Entwicklungsziele eines Mitarbeiters haben in einer agilen Organisation eine andere Bedeutung als in der klassischen Organisation. Sie dienen der persönlichen Weiterentwicklung des jeweiligen Mitarbeiters und sind unabhängig von der Vergütung des Mitarbeiters zu betrachten. Die Entwicklungsziele muss ein Mitarbeiter aus eigenem Antrieb erreichen wollen. Wenn er für seine persönliche Weiterentwicklung externe Anreize braucht, läuft irgendetwas falsch.

---

12 Pfläging 2007

13 Beim Mitarbeiter-Aktienindex (MAX) werden Mitarbeiter als wertschöpfender und wertbestimmender Bestandteil des Unternehmens gesehen. Jeder Mitarbeiter bekommt zunächst einen einheitlichen Aktien-Nennwert. Der folgende Kursverlauf wird monatlich neu errechnet, jeder Mitarbeiter bekommt so einen „Kurswert". Je nach Unternehmen wird ein Set von harten und weichen Faktoren bestimmt, die Teams und Mitarbeiter durch ihre eigene Leistung und Entwicklung beeinflussen und so ihren Aktienwert immer wieder neu bestimmen können. Die Mitarbeiter beurteilen sich selbst, ihre Eingaben werden vom Teamleiter gegengelesen. Der MAX wurde 2002 nach einer Idee von Klaus Kobjoll (Inhaber des „Schindlerhof") entwickelt: http://de.wikipedia.org/wiki/Mitarbeiter-Aktienindex

14 Stretch-Ziele sind Ziele, die mit herkömmlichen Verfahrensweisen nicht zu erreichen sind und daher neue Wege der Problemlösung erfordern.

Die disziplinarische Führungskraft ist für die Vereinbarung und Messung der Entwicklungsziele verantwortlich (Beispiele dafür in Tabelle 5.2). Er ist der Coach des Teammitglieds. Er hilft dem Teammitglied, seine persönlichen Entwicklungsziele zu erreichen, und entwickelt es im Unternehmensinteresse entsprechend individuell weiter.

TABELLE 5.2 Beispiele für mögliche individuelle Entwicklungsziele und passende Metriken

Ziel	Metrik
Wissenstransfer	Im 360°-Feedback wird abgefragt, ob der beurteilende Mitarbeiter von dem zu beurteilenden Mitarbeiter aktiv unterstützt wurde und er dabei etwas gelernt hat.
Technische Flexibilität	Wie viele technische Kompetenzfelder kann ein Mitarbeiter abdecken? Auch das lässt sich im 360°-Feedback erfragen. Eine andere Methode wäre, einen Test einzuführen. Zum Beispiel könnte man von einem Mitarbeiter verlangen, ein kleines Projekt in einer neuen Programmiersprache abzugeben. Was einer unserer Kunden gemacht hat: Er hat von seinen Entwicklern verlangt, jede Woche drei Unit Tests zu schreiben. Die Ergebnisse lassen sich mit den entsprechenden Tools überprüfen und damit messen.
Technische Exzellenz	Technische Exzellenz muss zunächst definiert werden. Was bedeutet in Ihrem Unternehmen technische Exzellenz? Wenn Sie das ermittelt haben, können Sie im Anschluss daran die Exzellenz messen.
Wahrnehmung in der Scrum Community	Das lässt sich sehr einfach messen: z.B. Zahl der Vorträge bei Konferenzen, Zahl der Twitter-Beiträge im letzten Monat zu einem Scrum-Thema ...

Ein Aspekt von Beyond Budgeting gefällt uns besonders gut: Ein Mitarbeiter muss seine Ziele mitdefinieren. Er muss sagen, was er für sich und sein Team erreichen will. Letzteres ist entscheidend. Wenn die Annahme zutrifft, dass jedes Teammitglied den Erfolg seines Teams will, weil alle gemeinsam eine Applikation erstellen wollen, dann kann die Frage nur lauten: „Was kannst du tun, damit dein Team erfolgreicher wird?“

Die Entwicklungsziele des Mitarbeiters richten sich nach den Projekt- oder Teamzielen. Sie bilden den Rahmen für die Entwicklungsziele des Mitarbeiters. In der agilen Organisation führt die disziplinarische Führungskraft, also der Manager, das Zielvereinbarungsgespräch mit den einzelnen Mitarbeitern. Als Manager muss man dann nur noch mit dem Mitarbeiter eine Messgröße vereinbaren, und schon hat man sich auf ein Ziel geeinigt. Auf diese Weise ist es möglich, die Teamziele und die Entwicklungsziele aneinander anzupassen. Einer unserer Kunden vereinbart mit seinen einzelnen Mitarbeitern zum Beispiel jeweils zwei persönliche Entwicklungsziele und ganz explizit ein Teamziel.

Die so gefundenen Ziele lassen sich durch individuelle Ziele erweitern, zum Beispiel wenn ein Mitarbeiter eine Schulung in einem bestimmten Gebiet machen will, das nichts mit dem gegenwärtigen Produkt zu tun hat, weil er vielleicht seine Karriere in eine andere Richtung entwickeln möchte. Oder er will aus privaten Gründen den Standort wechseln. Alle diese

Dinge sind in Zielvereinbarungsgesprächen auch zu bedenken und werden immer in Verbindung mit den gegenwärtigen Teamzielen gesehen. Immer steht die Frage im Zentrum: Wie kann man die Anforderungen des Teams und der Abteilung an den Mitarbeiter mit dem Interesse des Mitarbeiters koppeln? Wenn diese Frage so beantwortet wird, dass der Mitarbeiter die Richtung seiner Entwicklung **mit**-bestimmen kann, entspricht diese Kultur agilen Prinzipien. Denn die Mitgestaltung durch den Mitarbeiter fördert Selbstverantwortung und Commitment des Mitarbeiters.

5.4.2 Teamziele

Zu einem Scrum-Team zählen nach unserem Verständnis der Product Owner, der ScrumMaster und das Team. Also alle, die an einem Produkt arbeiten und für dessen Erfolg und Weiterentwicklung verantwortlich sind. Auf der Teamebene haben wir es in erster Linie mit *Leistungszielen* zu tun. Das sind die Ziele, die sich direkt auf die Performance des Teams und/oder des Unternehmens beziehen und bei denen auch nichts dagegen spricht, sie mit finanziellen Anreizsystemen zu verknüpfen.

Für die *Leistungsziele* des Teams ist der ScrumMaster verantwortlich. Er definiert die Ziele gemeinsam mit dem Team, um die Produktivität zu erhöhen und die Teamperformance zu steigern. Die *wirtschaftlichen Ziele* werden vom Product Owner vorgegeben, der seine Produktziele wiederum vom Management bekommt.

Zielvereinbarungen des Teams zur Performanceverbesserung

Der Anreiz für das Team zur Performancesteigerung sollte immer da gesetzt werden, wo sich das Team noch verbessern sollte – zum Beispiel Erhöhung der Codequalität, Verbesserung der Dokumentation, bessere Java-Skills. Der ScrumMaster ist für die Performance des Teams verantwortlich und sorgt dafür, dass von Sprint zu Sprint eine relative Verbesserung des Teams passiert.

Will man etwas verbessern, muss man zunächst auch einen Weg finden, wie man dieses Ziel objektiv messen will. Das heißt also, dass im Vorhinein Metriken festgelegt werden müssen – das kann und darf aber nicht immer nur die Velocity sein. Felder, in denen sich das Team verbessern will, identifiziert das Team selbst in den Daily Scrums und Retrospektiven, oder in eigens anberaumten Workshops zur Vereinbarung von Metriken. Damit klar wird, dass es um

Verbesserungen geht, sprechen wir bei den Teamzielen in erster Linie von diagnostischen Zielen, und damit auch von diagnostischen Metriken. Das bedeutet, dass die Ziele, die sich das Team gibt, nicht für immer gelten müssen. Vielmehr geht es darum, durch kurzfristig gesetzte Ziele eine messbare Verbesserung zu erreichen.

Zielidentifizierung mit der SOFT-Analyse

Einstieg und Ausgangspunkt für die Überlegungen zur Performanceverbesserung könnte eine SOFT-Analyse bilden (Bild 5.1). In der SOFT-Analyse wird die aktuelle Situation offen dargelegt: Welche Schwächen zeigen sich momentan in der Arbeit? Was kann passieren, wenn das Problem nicht beseitigt wird, und was wäre der Idealzustand?

BILD 5.1 Beispiel für eine SOFT-Analyse

Bei dem Beispiel aus Bild 5.1 wären mögliche Metriken, die vom Team für die Messung seiner Performance erhoben werden sollten, die Anzahl der Bugs und die Code Coverage. Die Erhebung teamimmanenter Ziele ist also ein Teil des Prozesses, der situativ dazu beitragen soll, dass das Team sich punktuell und sehr konzentriert verbessert. Wichtig bei diesen Metriken ist, dass diese Ziele nicht für alle Ewigkeit festgeschrieben werden. Ein guter Durchschnittswert liegt bei drei Sprints, in deren Rahmen der Messwert – zum Beispiel die Code Coverage – beobachtet wird.

Im Daily Business kümmert sich der ScrumMaster darum, dass das Team die vereinbarten Maßnahmen zur Erreichung der definierten Ziele auch durchführt. Er wird das Team möglicherweise darauf hinweisen, dass gewisse Aspekte im Team nicht den Standards oder den Erwartungen der Organisation entsprechen. Dazu führt der ScrumMaster einen Teamentwicklungsplan, den er mit dem Team ebenfalls in einem transparenten Prozess vereinbart. Der Manager der ScrumMaster, möglicherweise ein Company ScrumMaster, wird dann die Scrum-

Master ebenfalls wieder daran messen, ob diese ihre Teams in der Performance gesteigert haben.

Obwohl die Ziele und damit die Metriken, die ein ScrumMaster mit seinem Team beobachten kann, sehr unterschiedlich sein können und selbstverständlich komplett auf die Situation des Teams angepasst werden müssen, glauben wir, dass es legitim ist, beispielhaft ein paar mögliche Performance-Ziele für ein Team anzuführen (Tabelle 5.3):

TABELLE 5.3 Mögliche Performance-Ziele des Teams und ihre Metriken

Ziel	Metrik
Fehlerfreiheit des Codes	Anzahl bekannter Defects
Code Qualität	▪ Anzahl der Code Reviews pro Sprint ▪ Durch Diagnosetools abgesicherte Einfachheit des Codes ▪ Gibt es eine Code-Dokumentation: Anzahl der Kommentare?
Motivation und Teamzusammengehörigkeit	▪ Anzahl der Afterworks ▪ Anzahl der Lachanfälle pro Sprint
Konsequenz und Disziplin	▪ Pünktlichkeit in den Meetings ▪ Timeboxing

Zielvereinbarungen zur Erhöhung des Gewinns / Return on Investment

Was im Rahmen der Gesamtorganisation oft mehr Gewicht hat als die Verbesserung der fachlichen Performance, ist die Frage nach den Auswirkungen von Scrum auf den Gewinn bzw. auf den ROI. Vor allem in der Einführungsphase, in der noch Vergleiche mit den Zeiten vor Scrum gezogen werden, sind die Antworten darauf von besonderem Interesse. Es ist die explizite Rollenaufgabe des Product Owner, den bestmöglichen ROI mit seinem Team zu erzielen. Wir müssen also eine Verbindung zwischen den Rollenzielen des Product Owner und jenen des Teams schaffen. Das funktioniert zum einen nur darüber, dass Team und Product Owner wirklich als das definiert werden, was sie sind: eine Einheit. Gerade zu Beginn sehen bzw. empfinden das die Akteure noch anders, faktisch ist es aber so. Wenn wir Team und Product Owner als Einheit sehen, muss es auch gemeinsame Instrumente zur Zielsetzung geben. Eine Variante wäre, Teams an Kennzahlen wie zum Beispiel dem ROI zu messen. Das kann Rollenanimositäten zwischen Product Owner und Team schnell beenden und fördert zudem das unternehmerische Denken der bisher rein technisch orientierten Teammitglieder.

Der Fokus auf eine Metrik steuert das Verhalten eines Teams sehr: Sagt man einem Team, dass die Zahl der Fehler sinken muss, wird diese Zahl auch sinken. Sehr wahrscheinlich werden dadurch aber andere Metriken wiederum vernachlässigt (z.B. die Produktivität) oder das Team bzw. einzelne Teammitglieder finden informelle Wege, um das Fehlermeldesystem zu umgehen. Genauso wäre der bloße Fokus auf finanzielle Aspekte zu eindimensional und könnte im Hintergrund möglicherweise unerwünschte Nebeneffekte und Verhaltensweisen erzeugen. Ein Mittel, um Ausgewogenheit und bei allen Teammitgliedern eine gesamtheitliche Sicht auf ihr Tun zu fördern, ist die Balanced Scorecard.

Das Prinzip der Balanced Scorecard

Robert Kaplan und David Norton haben die Balanced Scorecard 1992 als Instrument für eine Performancemessung vorgestellt, die über die herkömmlichen linearen finanziellen Metriken hinausgeht.[15] Sie gingen davon aus, dass in wissensbasierten Organisationen die Orientierung in der Planung allein an rückwärtsgewandten finanziellen Kenngrößen den Anforderungen des Marktes zuwiderläuft. Für ein an der Zukunft orientiertes Konzept muss aus ihrer Sicht die finanzielle Perspektive durch drei weitere ergänzt werden, um das Bild vollständig zu machen:

- Das Verhältnis des Unternehmens mit seinen Kunden
- Interne Businessprozesse
- Lernen und Wachstum

Unternehmen sollen also ihre Finanzergebnisse verfolgen können, aber auch die nichtmonetären Entwicklungen und die Zusammenhänge in und mit jenen Bereichen im Auge behalten können, die ja die Grundlage von Markterfolg und Wachstum bilden. Das geschieht durch das Zerlegen der Vision auf Ziele, Messgrößen und Maßnahmen in jedem der drei zusätzlichen Betrachtungsbereiche.

Die Balanced Scorecard als Kommunikationsinstrument

Das Einbeziehen der zusätzlichen Dimensionen zwingt das Management, seine langfristigen Visionen nicht nur in schöne Worte zu fassen, sondern mit diagnostischen Metriken zu verbinden, an denen sich die operative Umsetzung in den einzelnen Unternehmenseinheiten (in unserem Fall den Teams) wirklich an Zahlen orientieren kann. Durch das Umlegen der finanziellen Ziele auf die zusätzlichen drei Bereiche der Balanced Scorecard zeigt sich oft schon, dass im Management nicht einmal über die Vision selbst genügend einheitliches Verständnis besteht. So kann zum Beispiel „hervorragender Service" für jeden etwas anderes bedeuten. Die Balanced Scorecard wird dann auf sämtliche organisatorischen Einheiten heruntergebrochen und auch auf den weiteren Ebenen zeigen sich die Lücken zwischen Wunsch und Wirklichkeit, die mit entsprechenden Maßnahmen geschlossen werden müssen. Neben der genaueren Klärung von Sichtweisen im Management fordert die Balanced Scorecard auch eine wesentlich intensivere Kommunikation zwischen Management und Mitarbeitern und hilft damit dem Einzelnen, die übergeordneten Ziele und Strategien besser zu verstehen. Die Balanced Scorecard auf Abteilungsebene sollte wiederum in der Organisation aufwärts kommuniziert werden. Theoretisch kann die Scorecard bis auf die Ebene des einzelnen Mitarbeiters abgeleitet werden.

[15] Kaplan, Norton 2007

Adaption der Balanced Scorecard im agilen Unternehmen

Mike Cohn adaptiert die Idee der Balanced Scorecard für Teams in der Softwareentwicklung und favorisiert statt der ursprünglichen Dimensionen von Kaplan und Norton die von Liz Barnett (Forrester Research) vorgeschlagenen Perspektiven:[16]

- **Operationale Exzellenz:** Das Team strebt danach, hochproduktiv erstellte, hochqualitative Produkte zu liefern, die im vorgegebenen finanziellen und zeitlichen Rahmen bleiben.
- **User-/Kundenorientierung:** Das Team fokussiert sich darauf, die wirklich gewünschten Funktionalitäten zu liefern.
- **Business Value:** Abseits der Produkte schaffen Teams für das Unternehmen Wert in Form von Kosteneinsparungen, steigenden Einnahmen etc.
- **Zukunftsorientierung:** Mit den Produkten und Features, die Teams heute liefern, bauen sie die Skills und Fähigkeiten für die Zukunft auf.

Jede Dimension wird durch etwa vier strategische Ziele konkretisiert. Für jedes dieser Ziele werden wiederum im Vorhinein Indikatoren definiert, die aufgrund ihrer Messbarkeit anzeigen, ob das Team bei der Zielerreichung gut vorankommt oder hinterherhinkt. Ein „Leading Indicator" (Frühindikator) ist eine Messgröße, von der man erwarten kann, dass sie sich bereits vor der Zielerreichung ändern wird. Ein „Lagging Indicator" (Spätindikator) verändert sich erst nach der Zielerreichung (oder nach Abschluss einer Aufgabe) und zeigt an, ob wirklich erreicht wurde, was man sich vorgenommen hat.

Ergänzt man diese Idee um das Prinzip der relativen statt absoluten Ziele, erhält man eine agile Balanced Scorecard, wie sie in Tabelle 5.4 zu sehen ist.

TABELLE 5.4 Agile Balanced Scorecard – Adaption eines Vorschlags von Mike Cohn

Dimension	Ziel	Frühindikator	Spätindikator
Operationale Exzellenz	Produktivität verbessern	Anteil der abgearbeiteten Backlog Items pro Sprint ist im Vergleichszeitraum gestiegen	Zahl der gelieferten Features pro Team ist im Vergleichszeitraum gestiegen
	Einhaltung des Zeitplans	Die Anzahl der Backlog Items ist im Vergleichszeitraum gesunken	
	Höhere Qualität	Prozentsatz der positiv absolvierten Tests in der laufenden Entwicklung ist im Vergleich gesunken	Zahl der Fehler, die in den ersten 30 Tagen nach Release gemeldet wurden, ist im Vergleich zur Vorperiode gesunken.

(Fortsetzung nächste Seite)

[16] Cohn 2010

Dimension	Ziel	Frühindikator	Spätindikator
User-/Kunden-orientierung	Uptime verbessern		Server downtime (geplant + ungeplant) ist im Vergleichszeitraum gesunken.
	Steigende User-/ Kundenzufriedenheit	Mehr Rückmeldungen von Kunden-Fokusgruppen als im Vergleichszeitraum	Bessere Ergebnisse in den quartalsweisen Kundenbefragungen (Ziel = mehr als im Vergleichszeitraum sagen: „übertrifft die Erwartungen“ oder „übertrifft die Erwartungen bei Weitem“)
Business value	Häufigere große Releases	Release Burndown Charts für alle Projekte produziert und veröffentlicht	Die Zahl der Tage zwischen den Releases verringert sich zum Vergleichszeitraum
	Mehr Features in den Releases		Zahl der für User sichtbaren Backlog Items pro Release steigt zum Vergleichszeitraum
Zukunfts-orientierung	Mitarbeiterbegeisterung verbessern	Anzahl der eingestellten Bewerber über die Mitarbeiterempfehlungen steigt zum Vergleichszeitraum	Ergebnisse der Mitarbeiterbefragungen verbessern sich qualitativ zum Vergleichszeitraum
	Unser Verständnis von Scrum und agilen Methoden verbessern	Anzahl der Mitarbeiter, die Vorträge an Agile-Konferenzen halten, erhöht sich zum Vergleichszeitraum	Anzahl der Initiativ-Bewerbungen, weil wir Scrum machen, wächst zum Vergleichszeitraum.

Der Einsatz der agilen Balanced Scorecard ist sicher keine einfache Aufgabe. Wenn sie als Kommunikationsinstrument statt als Kontrollinstrument eingesetzt wird, erhöht sie die Transparenz und stellt zusätzliche Anforderungen an den ScrumMaster. So muss in jedem Unternehmen individuell definiert werden, welche Dimensionen zusammenspielen müssen, um erfolgreich am Markt agieren zu können. Aber aus unserer Sicht ist sie der nächste logische Schritt, um die Frage der Performancemessung für Teams objektiviert zu beantworten und nicht eindimensional zu gestalten.

Zusammenfassung

Das klassische Performancemanagement zeigt in der Ausgestaltung seiner Instrumente (Mitarbeitergespräche und Leistungsbeurteilung, Zielvereinbarung und Vergütung) Schwächen, die mit agilen Ansätzen schwer vereinbar sind:

- Die Zeithorizonte, in denen Ziele gesetzt, Leistungen und Weiterentwicklungen überprüft werden, sind meistens zu lang.
- Der Fokus der Zielsetzungen liegt ausschließlich auf dem einzelnen Mitarbeiter, was der Erreichung von Teamzielen mitunter entgegenläuft.
- Mitarbeiter sind im Wesentlichen Zielempfänger statt Zielmitbestimmer und richten ihre Energie daher eher auf die Abarbeitung als auf die sinnvolle Entwicklung im Sinne der Unternehmensstrategie.
- Die Verknüpfung von individueller Leistung und Vergütung nimmt dem einzelnen Mitarbeiter die Motivation, sich aus eigenem Antrieb weiterentwickeln zu wollen.

Deshalb müssen die klassischen Instrumente des Performancemanagements agil ausgestaltet werden:

Mitarbeitergespräche und Leistungsbeurteilung
In der agilen Organisation sollte es – für das einzelne Teammitglied – statt Beurteilungsgesprächen in großen Abständen echte, dem gegenseitigen Verständnis dienende Dialoge im Abstand von maximal 14 Tagen geben. Diese sind die Ergänzung zu den mindestens quartalsweise stattfindenden Meilensteingesprächen mit vertiefendem Charakter (z.B. die Karriere betreffend). In diesen manchmal auch nur 20-minütigen Feedbacks hat der Manager die persönliche Weiterentwicklung des Einzelnen im Blick. Informationen dazu kann er zum Beispiel aus einem regelmäßig durchgeführten 360°-Feedback beziehen, aus Beobachtungen und aus den laufenden Gesprächen. Der ScrumMaster nutzt die Instrumentarien von Scrum für das tägliche Feedback an das Team. Er braucht dabei die Unterstützung der Personalabteilung, um seine Kommunikationsfähigkeiten und -techniken auszubauen.

Zielvereinbarungen
Der Scrum inhärente Gedanke einer kontinuierlichen Zielsetzung zur Umsetzung einer Vision ist mit dem klassischen Gedanken von Jahreszielen nicht vereinbar. Schon durch die Vorgehensweise von Scrum wird Zielsetzung zu einem permanenten Prozess. Außerdem ist es aus unserer Sicht sinnvoll, Entwicklungs- und Leistungsziele, die sich bisher auf den einzelnen Mitarbeiter konzentriert haben, voneinander zu entkoppeln. Der Grund dafür ist das Team als Leistungsträger, die Leistung des einzelnen Teammitglieds ist ein Teil dieser Leistung.

- **Entwicklungsziele des Mitarbeiters:** Die Ziele des einzelnen Mitarbeiters beziehen sich auf seine persönliche Weiterentwicklung (z.B. Kompetenzen und Karriere) und sollten nicht mit der Vergütung verknüpft werden. Dabei wird immer berücksichtigt, dass diese Ziele auch mit den Teamzielen harmonieren. Das einzelne Teammitglied vereinbart seine Ziele mit der disziplinarischen Führungskraft (Manager).

- **Leistungsziele des Teams:** Das Team misst sich vorwiegend an Leistungszielen. Diese betreffen zum einen die Performance und können durch - gemeinsam mit dem ScrumMaster vereinbarte - diagnostische Metriken gemessen werden. In der Zielerreichung bilden ScrumMaster, Product Owner und Team eine Einheit, da sie gemeinsam an einem Produkt arbeiten und für dessen Erfolg und Weiterentwicklung verantwortlich sind. Das Team hat also auch wirtschaftliche Ziele, die z.B. am ROI festgemacht werden. Dieses Ziel bekommt das Team also über die Rolle des Product Owner gesetzt. Um für das Team fachlich-prozessorientierte und wirtschaftliche Ziele in einen deutlicheren Zusammenhang zu bringen, bietet sich als weiterer Entwicklungsschritt der Einsatz einer agilen Balanced Scorecard an.

Während in der klassischen Organisation absolute Ziele gesetzt werden, sollte die Zielerreichung in einer agilen Organisation relativ gemessen werden. Relative Ziele können durch das Heranziehen externer oder interner Benchmarks und Bestleistungen definiert werden oder durch herausfordernde Stretch-Ziele und Trendbeobachtungen im Vergleich zu Leistungen aus Vorperioden. ■

6 Compensation und Benefits

Wir gehen bei Scrum von einer völlig anderen Sichtweise auf Arbeit aus. Wir haben es einerseits mit teilweise kreativen Prozessen der Produktentwicklung zu tun und andererseits interagieren wir – im besten Fall – mit Menschen, die viel intrinsische Motivation mitbringen, die mit Scrum gefördert werden kann und soll. Menschen sind intrinsisch motiviert, wenn sie Freude, Interesse, Befriedigung der Neugier, Ausdruck des Selbst oder persönliche Herausforderungen in einer Arbeit finden. Extrinsische Motivation bedeutet hingegen, dass sich Menschen in ihrer Arbeit engagieren, weil sie dafür eine Belohnung erwarten. Das bringt die Gefahr mit sich, dass nur getan wird, was unbedingt notwendig ist, um nicht negativ aufzufallen. Natürlich wollen Menschen für ihre Leistung adäquat bezahlt werden. Ein Zuviel an Belohnung kann sich dabei aber genauso zerstörerisch auf die Motivation auswirken wie ein Zuwenig bei gleichzeitiger Überforderung der Mitarbeiter.

Im Kern geht es dabei um die bereits seit Jahrhunderten diskutierte Frage des Altruismus. Sind Menschen dazu bereit, anderen zu helfen, weil es in ihnen angelegt ist oder weil sie von ihrem sozialen Umfeld dazu erzogen werden? Oder anders ausgedrückt: Helfen Menschen einander, weil der Akt des Helfens in sich eine Belohnung ist oder weil das Helfen ein Instrument zum Erreichen von Belohnungen ist? Felix Warneken, Assistant Professor an der Harvard University, Department of Psychology, und Michael Tomasello vom Max Planck Institut für Evolutionäre Anthropologie haben dazu interessante Untersuchungsergebnisse geliefert.[1] Sie haben festgestellt, dass bereits 14 bis 18 Monate junge Kleinkinder anderen völlig absichtslos und ohne Aussicht auf Belohnung helfen. In einer weiteren Studie mit 20 Monate alten Kleinkindern haben sie herausgefunden, dass Belohnungen die Hilfsbereitschaft massiv beeinflussen. In mehreren Durchgängen waren die Kinder immer wesentlich hilfsbereiter, wenn sie dafür nichts bekamen. Lob beeinflusste die Hilfsbereitschaft nicht negativ, hatte aber auch keine sonderlich positiven Auswirkungen. Sobald ihr Verhalten aber materiell belohnt wurde, ließ die Motivation zu helfen nach.

Auch wenn es um das Teilen geht, ist im Menschen im Kindesalter eine sehr altruistische und auch pragmatische Sichtweise angelegt. Wie gehen Dreijährige mit Belohnungen um, wenn sie ein Ziel erreicht haben, für das sie gemeinsam mit anderen ein Problem lösen mussten? Auch dazu bieten Warneken und Tomasello interessante Einsichten: Sogar wenn Kinder in der Lage gewesen wären, sich die Belohnung in Form von Gummibären oder Stickern ohne Rück-

[1] Warneken, Tomasello 2008

sicht auf andere unter den Nagel zu reißen, nutzten sie diese Möglichkeit nicht. Hatten sie – unabhängig davon, wer welchen Beitrag geleistet hatte – zusammen ein Problem gelöst, wiesen sie den gleichaltrigen Partner entweder direkt auf seinen Teil der Belohnung hin oder ließen die Hälfte für den anderen übrig. Streit oder Protest kamen so gut wie nicht vor. Warneken und Tomasello begründen diese Ergebnisse einerseits mit der direkten physischen Zusammenarbeit zwischen den Kindern. Dreijährige können noch nicht so weit abstrahieren, dass sie auch mit einem abwesenden, aber trotzdem unterstützenden Partner teilen würden. Einer der wesentlichsten Punkte des friedlichen Teilens sei aber das Hinarbeiten auf ein gemeinsames Ziel.[2]

Altruismus ist natürlich nicht auf Kleinkinder beschränkt. Der Wunsch zu helfen und einen Beitrag zu leisten ist auch in Erwachsenen sehr lebendig. Das deutlichste Signal dafür ist das ehrenamtliche Engagement in gemeinnützigen Organisationen. Auch wenn altruistische Motive dabei die Oberhand haben mögen, mischen sich mit zunehmendem Alter aber doch auch sehr konkrete egoistische Motive ein. Das kann von rein emotionalen Bedürfnissen wie das Eingebundensein in eine Gemeinschaft und der Sinnerfahrung abseits des Routine-Alltags bis hin zu sehr nüchternen Betrachtungen wie dem Wunsch nach Führungsverantwortung gehen. So oder so spielt dabei aber eines nie eine Rolle: der Wunsch nach materieller Belohnung.

Ob Sinn durch Helfen oder Sinn durch persönliche Weiterentwicklung: Ganz klar überwiegt bei der ehrenamtlichen Tätigkeit die intrinsische gegenüber der extrinsischen Motivation – die Sinnerfahrung und Belohnung durch die Tätigkeit selbst. An ihren Arbeitsplätzen finden viele Menschen diese Sinnerfahrung nicht mehr, weil ihre Kreativität gegängelt, kontrolliert und gemessen wird. Die größten Erkenntnisse, Erfindungen und Innovation sind selten durch gut bezahlte Auftragsforschung zustande gekommen. Sie wurden aus dem Wunsch nach Erweiterung des Horizonts, unbändiger Neugier und der Freude an der Aufgabe geboren. Das bedeutet nicht, dass in einer agilen Organisation die Vergütung überhaupt keine Rolle mehr spielt, denn dass hervorragende Mitarbeiter adäquat bezahlt werden sollen, ist selbstverständlich. Es werden auch selten Menschen zu finden sein, die ausschließlich aus intrinsischem Antrieb in einem gewinnorientierten Unternehmen arbeiten, anders mag es in Non-Profit-Organisationen aussehen.

Die Frage ist nur, welches Gewicht Vergütung, Benefits und Incentives bekommen sollen, an welchen Maßstäben ihre Größenordnung festgemacht werden soll, ob und wie Leistung und Vergütung miteinander verknüpft sein sollten und wie die Aufteilung zwischen individueller und teambezogener Vergütung aussehen kann, damit individuelle und gemeinsame Ziele im Einklang bleiben. Ziel der Vergütung in einem agilen Unternehmen kann nicht sein, extrinsisch zu motivieren, sondern die intrinsische Motivation zu unterstützen und zu fördern.

[2] Warneken et al. 2010

6.1 Grundprinzipien der Motivation

Intrinsische Motivatoren schaffen für die betreffende Person eine Form von persönlicher Befriedigung, die sich nicht quantifizieren lässt. Etwa das Gefühl, etwas erreicht zu haben, das von anderen geschätzt wird, oder dass man selbst Kontrolle über das hat, was man tut. Intrinsische Motivation hat ihren Ursprung in der Einstellung einer Person zu einer spezifischen Tätigkeit und sie ist notwendigerweise mit der Tätigkeit selbst verknüpft.[3] Intrinsisch motiviert zu sein bedeutet nicht, das Ergebnis einer Arbeit vollkommen zu „vergessen" oder zu ignorieren. Tatsächlich ist intrinsische Motivation mit dem Fokus auf ein Produkt sehr kompatibel, meistens weil es darum geht, ein spezifisches Problem zu lösen. Einen guten Nährboden hat die intrinsische Motivation dann, wenn sich Menschen in ihrer Arbeit zugleich selbstbestimmt und kompetent fühlen. Kompetent fühlen sich Mitarbeiter, wenn sie Feedback über die Art und Weise bekommen, wie sie eine Aufgabe erledigt haben. Und wenn ihnen dieses Feedback zeigt, ob sie einen Fortschritt gemacht haben, oder dabei hilft, eine Aufgabe noch besser auszuführen. Wer sich auf einem extrem hohen Niveau der intrinsischen Motivation befindet, auf dem die Schwierigkeit einer Aufgabe und die eigenen Kompetenzen perfekt harmonieren, gelangt oft in den Zustand des „Flow", den Mihaly Csikszentmihalyi beschrieben hat.[4]

Verschiedene Untersuchungen haben sechs Faktoren des sozialen Umfelds in Organisationen aufgedeckt, die der intrinsischen Motivation und Kreativität von Mitarbeitern im Wege stehen:[5]

- Bewertung
- Überwachung
- Vertraglich festgelegte, fixe Belohnungen. Boni können die Kreativität hingegen fördern.
- Wettbewerb
- Eingeschränkte Wahlmöglichkeiten in der Herangehensweise an ein Problem
- Extrinsische Orientierung

Teresa Amabile, Edsel Bryant Ford Professor of Business Administration an der Harvard Business School, führt eine sehr passende Metapher dafür an, warum extrinsische Motivatoren Kreativität und damit auch Innovation zerstören können, indem sie die intrinsische Motivation „töten": Es gilt, ein Problem zu lösen. Stellen wir uns dieses Problem als ein Labyrinth aus vernetzten Wegen vor, die die Herangehensweisen an die Lösung symbolisieren. Die verschiedenen Muster, wie das Labyrinth erkundet wird, hängen von den Zielen ab. Wenn der Problemlöser das Labyrinth mit dem einzigen Ziel betritt, am Ausgang belohnt zu werden, wird er sich den direktesten, kürzesten und bekanntesten Weg suchen und sich nicht weiter auf Erkundungsstreifzüge durch das Labyrinth begeben. Die Aufgabe ist nur das Mittel zum Ziel, daher konzentriert sich die Aufmerksamkeit auf jene Wege, die am schnellsten aus dem Laby-

---

[3] Amabile 1996
[4] Csikszentmihalyi 2005
[5] Amabile 1996

rinth hinausführen, der kognitive Aufwand wird auf ein Minimum reduziert. Ein intrinsisch motivierter Problemlöser wird verschiedene Wege erkunden und nach den interessantesten Verbindungen suchen, die zum Ausgang führen. Eine kreative Lösung zu finden erfordert einen heuristischen Zugang zu einer Aufgabe, bei dem eher neue Wege entdeckt als alte Wege ausgetrampelt werden.

Natürlich wirkt extrinsische Motivation nicht automatisch zerstörend auf die intrinsische Motivation. Es gibt selbstverständlich Wege des sinnvollen Zusammenspiels zwischen extrinsischen und intrinsischen Motivatoren, die positive Auswirkungen auf die Kreativität haben. Es ist aber nur sehr selten das Geld, das den Ausschlag gibt. Das zeigt auch eine Studie von Forrester Research. 125 Top IT-Professionals in den USA wurden danach gefragt, welche Faktoren für sie das größte Motivationspotenzial haben:[6]

- 78 % der Befragten gaben an, dass eine interessante Aufgabe ein signifikanter oder sogar der wichtigste Motivationsfaktor ist. Danach folgten Autonomie (73 %), Work-Life-Balance (68 %), das Grundgehalt (68 %), das Verhältnis zum Vorgesetzten (66 %) und die Jobsicherheit (64 %).
- Für 29 % der Befragten über 45 Jahre war das Grundgehalt ein Top-Motivationsfaktor, aber nur für 14 % der Befragten unter 45.
- 23 % der Befragten über 45 Jahre sehen in Boni für spezifische Leistungen einen besonderen Anreiz, bei den jüngeren IT-Professionals lassen sich sogar nur 11 % davon besonders beeindrucken.

Teresa Amabile fasst aus unterschiedlichen Untersuchungen in Unternehmen zusammen, welche extrinsischen und intrinsischen Motivatoren die Kreativität unterstützen:[7]

- **Extrinsisch**
  - Belohnung und Anerkennung für kreative Ideen, die die Kompetenz eines Individuums bestätigen
  - Klar definierte Projektziele
  - Häufiges konstruktives Feedback zur geleisteten Arbeit
- **Intrinsisch**
  - Ein bestimmter Grad an Autonomie
  - Arbeit, die das Individuum als positiv herausfordernd und wichtig empfindet
  - Interesse und Spaß an der Arbeit selbst

Amabile definiert zusammenfassend das intrinsische Motivationsprinzip: Intrinsische Motivation ist ausschlaggebend für die Kreativität von Mitarbeitern. Kontrollierende extrinsische Motivation wirkt zerstörerisch auf die Kreativität. Extrinsische Motivatoren, die die Arbeit und Kompetenz eines Individuums unterstützen und befähigen, fördern hingegen die Kreativität, vor allem, wenn bereits das ursprüngliche Level der intrinsischen Motivation sehr hoch war.

---

6 http://www.cioinsight.com/c/a/IT-Management/What-Motivates-Your-Top-IT-Employees-615817/

7 Amabile 1996

Bezogen auf die Managementpraxis betont Amabile, dass es ein Fehler wäre zu glauben, dass ein Motivationstyp optimal für alle Aspekte von Leistung sei. Hohe intrinsische Motivation ist dort ideal, wo es um die Entwicklung von Neuem geht, während extrinsische Motivation ausreichend sein kann, um Routineleistung zu erbringen.

6.2 Arbeitsbedingungen in einem agilen Umfeld

Der Grad der intrinsischen Motivation ist demnach unter anderem ein Ergebnis der Arbeitsbedingungen, unter denen ein Mitarbeiter seine Leistungen erbringen soll. Das Thema Arbeitsbedingungen ist ein weites Feld und wir konzentrieren uns hier nur auf die wesentlichen Aspekte. Wie Arbeitsbedingungen zu gestalten sind, ist oft auch eine Frage gesetzlicher und tariflicher Regelungen. Wenn wir an die Zustände für Mitarbeiter im Zuge der industriellen Revolution und an die Zustände für Menschen heute in Billiglohnländern denken, haben Arbeitszeitregelungen, Vorschriften für Probezeiten, Kündigungsfristen, Sicherheitsvorschriften für Arbeitsplätze, Urlaubsregelungen und Mindeststandards für das Arbeitsentgelt natürlich eine besondere Bedeutung und sind absolut wichtig. Aber innerhalb dieser Rahmenparameter hat ein Unternehmen einen Gestaltungsspielraum, um ein angemessenes und leistungsförderndes Umfeld zu schaffen. Gute Arbeitsbedingungen sind nicht nur eine Frage rechtlicher Vorschriften, sondern vor allem eine Frage einer Kultur, in der Höchstleistungen möglich sind.

Wir widmen uns in diesem Kapitel daher zwei Schwerpunkten:

1. Immaterielle Arbeitsbedingungen, die sich auf die Motivation auswirken
2. „Materielle" Arbeitsbedingungen – Vergütung in einem agilen Umfeld

Was wir im Folgenden beschreiben, ist ein Idealzustand. Inwieweit die Vorschläge in ihrer idealtypischen Form umgesetzt werden können, hängt vom Reifegrad eines Unternehmens, eines Teams bzw. der einzelnen Teammitglieder ab (vgl. dazu „situative Führung" in Kapitel 8). Die Vorschläge sind also mehr als ein Ziel zu sehen, auf das man hinsteuern könnte.

6.3 Immaterielle Arbeitsbedingungen

Arbeitszeitregelung

Endlose Überstunden sind in den letzten zwei Jahrzehnten beinahe zu so etwas wie einem „Aushängeschild" für Erfolg geworden. Allmählich wendet sich aber das Blatt. Immer öfter sind Unternehmen damit konfrontiert, dass ihre Mitarbeiter durch ständige Erreichbarkeit und Verfügbarkeit an die Grenzen ihrer Leistungsfähigkeit geraten und irgendwann unter der Last zusammenbrechen. Sinnvoll ist das für keine der beiden Seiten: Das Unternehmen büßt seine Produktivität ein, muss seine „Opfer" wieder aufpäppeln oder nach Ersatz suchen. Und der Mitarbeiter selbst hat neben körperlichen Konsequenzen auch noch mit sozialen Auswirkungen, wie einer zerbrochenen Familie und verlorenen Freundschaften, zu kämpfen. Gleichzeitig stellt sich aber auch die Frage, wie viel Zeit tatsächlich produktiv verbracht wird. Die fixe Idee von „nur wer Überstunden macht, ist ein guter Mitarbeiter" ist gleichzeitig mit einem ineffizienten Nutzen von Zeit verbunden. Jeder weiß aus eigener Erfahrung, wie viele Stunden eines Arbeitstages mit dem Abrufen privater Mails, Statusupdates auf Facebook, Flucht in Kaffee- und Rauchpausen zugebracht werden. Diese Fluchttendenzen entstehen einerseits durch Ermüdung, aber auch durch die Bedingung der Anwesenheit. Man geht davon aus, dass Mitarbeiter, die an ihrem Platz sitzen, auch tatsächlich nichts anderes tun als zu arbeiten. Das Vortäuschen von Aktivität gelingt unter diesen Umständen ganz gut, aber dadurch kommt genau der Kreislauf in Gang, der am Ende wieder zur Erschöpfung führt. Was während der regulären Arbeitszeit versäumt wurde, wird dann mit Überstunden kompensiert, die einen unnötigen Druck bewirken. Wäre es in einem agilen Unternehmen daher nicht sinnvoller, von starren Arbeitszeitregelungen wegzukommen und als einzigen Maßstab für Produktivität das Produkt heranzuziehen, das am Projektende fertiggestellt sein soll?

Agile Methoden der Softwareentwicklung – vor allem das Extreme Programming - gehen davon aus, dass sich das Programmierergebnis nicht verbessert, wenn man rund um die Uhr dabeisitzt. Eher im Gegenteil: Der Mensch ist ein begrenzt belastbares System und wenn der Zenit der Belastbarkeit überschritten ist, schleichen sich immer mehr Fehler ein. Diese Fehler müssen dann wieder mühsam ausgebügelt werden. Das Ideal ist bei agilen Methoden eine maximal-40-Stunden-Woche, die aber dem Rhythmus der Mitarbeiter folgt. Diese Forderung hat keinen gewerkschaftlichen Hintergrund, sondern ist einfach das Ergebnis der jahrzehntelangen Beobachtungen im Programmieralltag. Die Mitarbeiter brauchen zwischendurch Pausen, und zwar nicht dann, wenn es vorgeschrieben ist, sondern dann, wenn sie es für ihre Erholung brauchen. Ziel sollte es sein, ein „Sustainable Pace", eine nachhaltige Geschwindigkeit, zu erreichen. Auch wenn wir die Produktentwicklung bei Scrum in Sprints einteilen, sollte das Tempo in diesen Sprints eher einem Marathon gleichkommen. Die Entwicklungsgeschwindigkeit sollte über den gesamten Zeitraum konstant bleiben (können) und im Idealfall nicht immer wieder von panischen Endlos-Sessions unterbrochen werden, die zur Erschöpfung führen. Eine nachhaltige Geschwindigkeit bedeutet auch, dass Mitarbeiter das leben können, was heute unter dem Begriff „Work-Life-Balance" verstanden wird. Sie sollen nicht ständig von der Arbeit konsumiert werden, sondern eine klare Abgrenzung zwischen Beruf und Arbeit ziehen können, um daraus wieder Energie zu schöpfen.

Schon am Grundsatz der nachhaltigen Geschwindigkeit zeigt sich, dass strenge Arbeitszeitregelungen und die Überprüfung von Arbeitszeiten mit der Stechuhr bei Scrum wenig Platz haben. Wie wäre es mit dem Grundsatz der „Vertrauensarbeitszeit"? Ricardo Semler stellt die einfache wie entlarvende Frage zu den Zuständen in unserer heutigen Arbeitswelt: „Wenn man geschäftliche E-Mails an einem Sonntagabend beantworten kann, warum kann man dann nicht auch an einem Mittwoch Vormittag ins Kino gehen?"[8] Natürlich müssen gesetzliche Arbeitszeitregelungen eingehalten werden, aber innerhalb dieses Rahmens sollten hochqualifizierte Mitarbeiter selbst entscheiden dürfen, wann sie ihre Aufgaben erfüllen. In Scrum sollte es keine Zeiterfassung geben. Die Selbstverantwortung des Teams gilt auch für seine Arbeitszeiten. Das bedeutet aber auch: Wenn ein Team ein Ziel erreichen will, dann ist es auch seine eigene Angelegenheit, ob Mehrarbeit anfällt oder nicht. Dem Team muss die Freiheit gelassen werden, einen eigenen Rhythmus zu finden.

Gestaltung des Arbeitsplatzes/-umfelds

Um effizient miteinander arbeiten zu können, sollten Scrum-Teams in einem gemeinsamen Raum sitzen können. In der Praxis wird oft versucht, sich um diese Notwendigkeit herumzuschummeln, im Endeffekt aber nur deswegen, weil dem Management der Aufwand zu groß ist. Ein gutes Team muss doch schließlich Banalitäten wie eine räumliche Trennung überwinden können, oder? Fakt ist, dass mit einer räumlichen Trennung auch der Bezug zueinander leicht verloren geht, Lagerdenken wesentlich schneller entsteht und damit das Hinarbeiten auf ein gemeinsames Ziel erschwert wird. Aus wirtschaftlicher Sicht ist es wesentlich klüger, zu Beginn in die Infrastruktur für die Scrum-Teams zu investieren, anstatt sich später ständig mit Problemen herumzuschlagen, die aus mangelnder Kommunikation entstehen. Zunächst sollte also auf einem Stockwerk zusammengeführt werden, was in ein Stockwerk gehört. Die Gestaltung der Teamräume selbst ist eine Angelegenheit des Teams. Jeder soll sich so einrichten können, wie es für seine Leistungserbringung am sinnvollsten ist. Vor allem muss Platz genug vorhanden sein, um Dinge wie Taskboards an der Wand anbringen zu können. Für die Konzentration ist es auch notwendig, dass Scrum-Teams nicht mitten in eine turbulente, sondern in eine ruhige Umgebung gesetzt werden, in der hohe Konzentration möglich ist. Wenn wir uns Unternehmen in der Kreativbranche, zum Beispiel Werbeagenturen, ansehen, gibt es dort sehr häufig Ruhezonen und „Rückzugsgebiete". Sie werden von den Mitarbeitern genutzt, um einfach nur den Kopf ausrauchen zu lassen oder um allein oder zu zweit sehr intensiv an etwas arbeiten zu können.

Oft sind Teams durchaus in der Lage, Höchstleistungen zu erbringen – um dann aber an technischen Banalitäten wie etwa veralteten Rechnern zu scheitern. Im schlimmsten Fall bekommt das Team dann noch vorgehalten, warum es nicht besser und schneller wird. Das kommt dem Auftrag an einen Formel 1-Fahrer gleich, mit einem Tretauto die Weltmeisterschaft für sich zu entscheiden. Ein Unternehmen, das Hochleistungs-Teams haben will, muss ihnen auch eine Hochleistungs-Ausstattung zur Verfügung stellen, das ist die einfache Gleichung. Noch wichtiger ist das bei international verteilten Teams. Hier müssen zusätzliche Instrumente eingesetzt werden, um die Kommunikation zu vereinfachen und aufrechtzuerhalten.

[8] Semler 2004

Urlaubsregelung

Meistens ist es in klassischen Organisationen doch so: Ein Mitarbeiter geht für drei Wochen in Urlaub und in dieser Zeit ruht alles, wofür der Mitarbeiter im Allgemeinen verantwortlich ist. Zumindest werden Entscheidungen auf Sparflamme zurückgedreht, Kunden bekommen die Antwort zu hören: „Ich würde Ihnen ja gerne helfen, aber so genau weiß ich da jetzt auch nicht Bescheid. Aber Kollege X ist ja in drei Wochen wieder da." Solche Antworten können nur durch mangelnde Kommunikation in einem Team entstehen, in dem niemand vom anderen mitbekommt, was er eigentlich macht. Zwar werden vor Urlauben Übergaben veranstaltet, aber dieses kurzfristige Weiterreichen von heißen Kartoffeln endet selten damit, dass der übernehmende Kollege einen umfassenden Einblick hat oder haben will. In der Realität bleiben Dinge dann ohnehin solange unbearbeitet, bis der Urlauber wiederkommt.

Ein Scrum-Team ist also zum einen dafür verantwortlich, dass solche Situationen erst gar nicht entstehen, indem Wissen rechtzeitig verteilt wird. Durch das Daily Scrum und die räumliche Nähe sind schon einmal die besten Voraussetzungen dafür geschaffen, dass jeder mitbekommt, was die anderen gerade machen. Das Team hat aber schlussendlich auch selbst die Verantwortung, anhand der anstehenden Aufgaben intern zu regeln, wer wann und wie lange auf Urlaub gehen kann. Einzelne Mitarbeiter sollten sich also für ihre Urlaubsanträge nicht mehr „in erster Instanz" an ihre disziplinarische Führungskraft wenden, sondern an das Team.

Weiterbildung und Dienstreisen

Für seine Weiterentwicklung ist zum einen das einzelne Teammitglied verantwortlich und spricht Maßnahmen auch mit der disziplinarischen Führungskraft ab. Natürlich darf die individuelle Weiterentwicklung aber nicht – zum Beispiel durch ständige Abwesenheit – zu Lasten der Teamarbeit gehen. Auch hier liegt es am Team selbst, untereinander zu klären, wann wer für Weiterbildungen außer Haus ist. Gemeinsam sollte sich das Team aber auch die Frage stellen, ob es Maßnahmen gibt, die das Team zusammen absolvieren sollte, und wie sich diese Maßnahmen am besten mit den anstehenden Aufgaben vereinen lassen.

In diesem Zusammenhang muss ein Team auch die Möglichkeit haben, geschäftliche Reisen selbst zu koordinieren und mit den vorhandenen Budgetmitteln verantwortungsvoll umzugehen.

6.4 Vergütung im Scrum-Umfeld

Im Wesentlichen sind es monetäre und nicht-monetäre Bestandteile, die das Vergütungssystem eines Unternehmens bilden können. Vergütung ist in fast allen Unternehmen mit dem einzelnen Mitarbeiter und dessen individuellen Leistungen verknüpft. Der Mitarbeiter verhandelt sein eigenes Gehalt, der Bonus bzw. der variable Anteil der Vergütung ist meistens an individuelle Ziele gebunden. In Deutschland ist das Gehalt so gut wie überall Geheimsache, meistens ist in den Arbeitsverträgen diesbezüglich eine Verschwiegenheitsklausel enthalten. Und trotzdem ist das Gehalt immer wieder ein heißes Thema unter Kollegen: Sie reden ohnehin darüber, vergleichen und das führt häufig zu Gefühlen von Ungerechtigkeit, Neid und Missgunst.

Einen erfolgreichen Ansatz für die Planung eines Vergütungsmodells findet man bei Alfie Kohn. Er postuliert drei einfache Grundsätze zur Vergütung:[9]

- Bezahlen Sie Mitarbeiter gut.
- Bezahlen Sie Mitarbeiter fair.
- Und dann machen Sie alles, um Geld aus dem Kopf Ihrer Mitarbeiter zu bekommen.

Vergütungssysteme, die fixe und variable Bestandteile alleine auf den einzelnen Mitarbeiter fokussieren, haben eine paradoxe Wirkung, vor allem wenn der Schwerpunkt auf der monetären Komponente liegt.

Der variable Teil der Vergütung hat unterschwellig den Zweck, menschliches Verhalten im Dienste des Unternehmens zu steuern. Vorrangiges Ziel sind dabei Umsatz und Gewinn. Zugegeben, im Hintergrund mag ab und zu auch noch der Gedanke mitschwingen, Mitarbeiter zu motivieren und sie dadurch an das Unternehmen zu binden. Die Verknüpfung von Ziel und Geld fördert in einem Individuum aber manchmal zu sehr die Konzentration auf den eigenen Erfolg und bringt zwei besonders negative Effekte mit sich:

- Die einzelnen Mitarbeiter denken kurzfristig. Im Zentrum steht die Frage, was getan werden muss, um den nächsten Bonus zu erreichen, und nicht, was dem Unternehmen langfristig nutzt. Der Stellenwert von Kunden reduziert sich dabei auf jenen einer auspressbaren Zitrone und irgendwann beginnen die Kunden das auch zu spüren. Gerade wenn Mitarbeiter substanzielle Entscheidungen in ihrem Arbeitsbereich treffen, kann die Erwartung auf einen finanziellen Anreiz einen Mitarbeiter zu unnötigen Risiken und unethischem Verhalten verleiten.
- Geldgesteuerter Wettbewerb unter den Kollegen führt zu allem Möglichen, aber sicher nicht zu Teamgeist. Anstatt Wissen zu teilen, um gemeinsam besser zu werden, wird Wissen gehortet, um einsam reicher zu werden.

Was also als ein Weg gedacht ist, um die Motivation zu erhöhen, kann das sinnvolle Zusammenspiel von Mitarbeitern in einem Unternehmen langfristig stören. Werden die finanziellen Anreize zusätzlich mit fixierten Jahreszielen gekoppelt, legen Unternehmen dem Mitarbeiter gewissermaßen „Scheuklappen" gegenüber Umfeldveränderungen an.

---

[9] Kohn 1998

In einer Unternehmenskultur, die dem Geld einen zu hohen Stellenwert einräumt, ist die Demotivation nicht weit. Gegen steigende Boni wird man irgendwann immun. Jede Verschlechterung wird aber als Status- und Imageverlust empfunden. Geld als Motivationsfaktor verliert seine Wirkung, wenn der Mitarbeiter zwar mehr und mehr davon bekommt, aber wegen des Arbeitens rund um die Uhr keine Zeit mehr hat, um es auszugeben oder zu „präsentieren“.

6.4.1 Vergütungsmodelle

Die Anforderungen an Vergütungssysteme und -modelle sind in agilen Unternehmen andere als in klassischen Unternehmen (Tabelle 6.1):

1. Vor allem im deutschsprachigen Raum wird die Vertraulichkeit von Gehältern übermäßig betont. Agilität betont hingegen die Transparenz. Warum sollten Teammitglieder nicht über die generelle Gestaltung von Gehältern in einem Unternehmen Bescheid wissen? Wenn es einen klaren Prozess dazu gibt, wie sich Gehälter zusammensetzen, und erklärt werden kann, wer warum wie viel Geld bekommt, ist es auch völlig in Ordnung, Gehälter offenzulegen.
2. Variable Gehaltsbestandteile an die Erreichung individueller Ziele zu knüpfen, ergibt in einem agilen Unternehmen keinen Sinn mehr. Das Team steht im Mittelpunkt. Wenn wir schon unbedingt variable Gehaltsbestandteile brauchen, dann sollten sie sich am Erreichen von Teamzielen orientieren.
3. In klassischen Unternehmen stehen Geld und Status viel zu oft im Zentrum, weil es leichter ist, extrinsische Motivationsknöpfe zu drücken als eine Kultur zu schaffen, die die intrinsische Motivation fördert. Im Gegensatz dazu geht es in agilen Unternehmen darum, Mitarbeitern Anerkennung – auch monetärer Art – zu geben, sie aber nicht als Anreizsystem zu nutzen. Wesentlich wichtiger sind Anerkennung und Anreize immaterieller Art, zum Beispiel in Form entsprechender Arbeitszeitregelungen oder spannender Weiterbildungs- und Weiterentwicklungsmöglichkeiten.

TABELLE 6.1 Unterschiede in den Vergütungsansätzen zwischen klassischen und agilen Unternehmen

Klassische Unternehmen	Agile Unternehmen
Gehälter unterliegen der Vertraulichkeit	Transparenz
Variable Gehaltsbestandteile sind an individuellen Leistungen und Zielen ausgerichtet	Variable Gehaltsbestandteile werden an den Leistungen des Teams (Teamziele) ausgerichtet
Monetäre und materielle Anerkennung stehen im Vordergrund	Immaterielle Anerkennung hat einen hohen Stellenwert

Die Vergütungsstruktur

In der Praxis beginnt ein agiles Unternehmen mit seiner Vergütungsstruktur nicht bei null. Sehr selten ist diese Vergütungsstruktur homogen, eher ist sie das Ergebnis unterschiedlicher Situationen und Vereinbarungen in der Vergangenheit. Beschönigend wird dann gesagt, dass die Vergütungsstruktur „historisch gewachsen" sei. Fixgehälter und variable Gehaltsbestandteile wurden je nach Gutdünken der Führungskraft oder der aktuellen wirtschaftlichen Situation festgelegt, es sollte lediglich „irgendwie passen". In Unternehmen ohne Tarifbindung existieren für die einzelnen Mitarbeiter unterschiedliche Gehaltsbestandteile, die jeweils individuell vereinbart wurden. In Unternehmen mit Betriebsvereinbarungen oder Tarifverträgen ist das Gehaltssystem hingegen sehr starr reglementiert und lässt nur wenig Gestaltungsspielraum. Wir konzentrieren uns bei unseren weiteren Überlegungen auf nicht tarifgebundene Unternehmen.

Unabhängig von der Ist-Vergütungsstruktur ist es für ein agiles Unternehmen zunächst wichtig, eine Entscheidung zu treffen, wie die Vergütungsstruktur in Zukunft aussehen soll. Die wenigsten Unternehmen, die agil arbeiten, haben sich konkret darüber Gedanken gemacht, welche Leistungen und welches Verhalten sie belohnen wollen. Unsere praktische Erfahrung ist aber, dass der zielführendste Weg die Einfachheit ist. In der Praxis sind vier Gehaltsbestandteile üblich, die in verschiedenen Kombinationen genutzt werden.

- **Das Fixgehalt**
  Das Fixgehalt ist der regelmäßige monatliche bzw. jährliche Bezug, inklusive der garantierten Einmalzahlungen, die ein Mitarbeiter bekommt. Das ist das Geld, das dem Mitarbeiter jeden Monat auf sein Konto überwiesen wird.
- **Das variable Gehalt**
  Das variable Gehalt wird davon abhängig gemacht, ob ein Mitarbeiter bestimmte Ziele – meistens innerhalb eines Jahres – erreicht oder nicht. Das ist der „Bonus", der Anreiz, dessen Auszahlung vom Erreichen individuell gesetzter Ziele, von Teamzielen oder Unternehmenszielen abhängt.
- **Benefits**
  Benefits sind Gehaltsbestandteile, die ein Unternehmen freiwillig anbietet. Sie haben meistens einen nicht-monetären Charakter und lassen sich grob in Standardleistungen und flexible Nebenleistungen unterteilen. Unternehmen haben hier große Gestaltungsspielräume und mittlerweile sind Benefits zu einem der wesentlichen Instrumente geworden, um die Arbeitgeberattraktivität zu erhöhen.
- **Incentives**
  Incentives dienen in erster Linie der Motivation oder Belohnung und sind meistens Einmalzahlungen in Form von Geld- oder Sachprämien. Auch bei diesem Gehaltsbestandteil gibt es viele kreative Optionen, um besondere Leistungen von Mitarbeitern zu würdigen.

Die tatsächliche Ausgestaltung der Vergütungsstruktur ist natürlich unternehmensspezifisch. Es sollte aber überlegt werden, welche Elemente in der Vergütung angeboten werden wollen und können, um ein agiles Mindset zu fördern und zu unterstützen.

6.4.2 Die Gestaltung des Fixgehalts in agilen Unternehmen

Unsere Empfehlung: In vielen Situationen ist es sinnvoll, einfach ein (ordentliches) marktgerechtes Fixgehalt zu zahlen.

Die variablen Vergütungsbestandteile - so wie sie heutzutage meistens gehandhabt werden - führen sehr häufig zu großer Unzufriedenheit. Stattdessen wäre es eine überlegenswerte Variante, auf variable Gehaltsbestandteile überhaupt zu verzichten. Mitarbeitern geht es weniger um die Höhe ihres Gehalts als vielmehr um die Verteilungs- und Verfahrensgerechtigkeit. Genau die ist bei variablen Gehältern oft willkürlich, vor allem dann, wenn sie an individuelle Ziele geknüpft ist, die nur subjektiv durch die jeweilige Führungskraft gemessen werden. „Verteilungsgerechtigkeit wird dann erlebt, wenn Einsatz und Ertrag in einem befriedigenden Verhältnis zueinander stehen. Ob dem so ist, wird im Rahmen eines sozialen Vergleichs festgestellt. Leistungsabhängige Belohnung wird dann als gerecht erlebt, wenn die gewählte Vergleichsperson gleiche Belohnung für gleiche Leistung erhält.“[10]

Um diese Vergleichbarkeit für die Mitarbeiter herzustellen, muss zunächst ein organisationsweiter Konsens darüber bestehen, was im Unternehmen als (besondere) Leistung gilt und wie sie gemessen wird. Die Kriterien müssen also möglichst transparent gemacht werden. Die Verfahrensgerechtigkeit umfasst hingegen die Regeln, nach denen „Belohnung“ verteilt wird. Die Verteilung wird dann als gerecht empfunden, wenn die Verteilungskriterien bekannt, durchschaubar und die Art der Messung nachvollziehbar sind. Vor allem wenn Leistung an rein quantitativen Größen festgemacht wird, wird das als ungerecht empfunden. Jemand kann zum Beispiel quantitativ weniger Umsatz erzielen, aber durch seine hervorragenden Kontaktfähigkeiten und seinen persönlichen Einsatz dazu beitragen, dass Kunden und Partner langfristig loyal bleiben.

Darüber hinaus gibt es in einigen Unternehmen noch alternative Gehaltsleistungen - oder „Lohnnebenleistungen“ - wie Benefits und Incentives. Dies hängt aber stark von der Größe, der Branche und einigen anderen Faktoren ab. Einige Unternehmen sind sehr kreativ und bieten spannende Modelle für ihre Mitarbeiter an. Andere machen sich nur wenig Gedanken darüber. Die üblichen klassischen Organisationen, vor allem Konzerne, sind so starr, dass gar nicht agil vergütet werden kann. Gehaltserhöhungen sind hier meistens an die Dauer der Betriebszugehörigkeit geknüpft.

Gerade wenn teamorientiertes Arbeiten für einen Mitarbeiter noch neu ist, stellt sich ihm die Frage: „Wie wird denn meine Extrameile, die ich gehe und ein anderer nicht, honoriert, wenn individuelle, zusätzliche Anreize weitgehend wegfallen sollen?“ Genau das ist eine Frage, die entsteht, wenn Mitarbeiter erstens das Gefühl haben, unter ihrem Marktwert bezahlt zu werden und zweitens nicht wissen, wie sie mit ihrem Gehalt im Vergleich zu anderen dastehen und worauf sich Unterschiede begründen. Wir unterliegen nicht dem Traum, dass das Gehalt einem Mitarbeiter vollkommen egal ist, das soll es auch nicht sein. Worum es bei der Höhe des Fixgehalts in erster Linie geht, ist Fairness.

Fairness sollte übrigens nicht mit „Gleichmacherei“ gleichgesetzt werden. Es soll nicht jeder das Gleiche verdienen, denn Erfahrungen und Kompetenzen müssen natürlich unterschied-

---

[10] Kaschube, Rosenstiel 2000

lich honoriert werden. Es besteht aber auch kein Anlass, diese Unterschiede zu vertuschen und damit nur destruktive Spekulationen über das Gehalt der Teamkollegen zu provozieren. Denn über das Gehalt wird in einem Unternehmen sowieso immer geredet.

Das Fixgehalt sollte also zwei Anforderungen genügen:

- Es sollte dem Marktvergleich standhalten (externes Benchmarking)
- Es sollte transparent gestaltet sein und auch transparent gemacht werden.

Wenn wir die Verbindung zu den Karrieremodellen herstellen, können die einzelnen Rollen aus dem Karrieremodell mit der Vergütungssystematik (Gehaltsbändern je Kompetenzlevel/ Rolle) verknüpft werden. Das kann folgendermaßen aussehen (Bild 6.1):

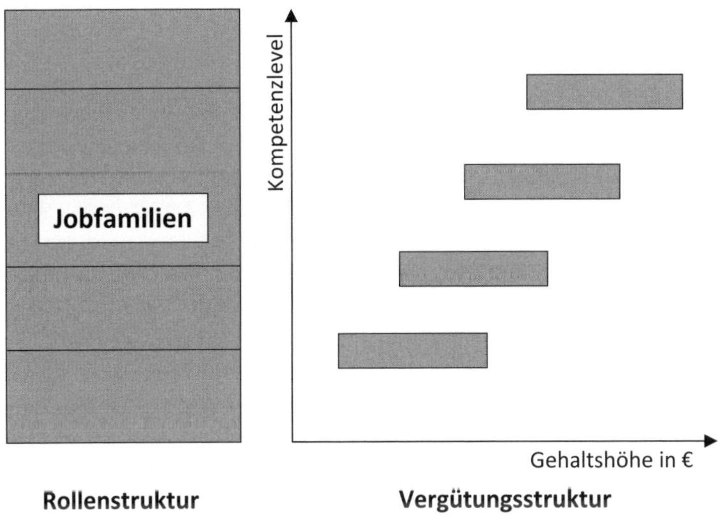

BILD 6.1 Verknüpfung von Kompetenzlevel und Gehaltsbändern

Wir haben Jobfamilien und Rollen definiert und können diese Rollen nun mit Gehaltsbändern verknüpfen. Zunächst kann die Ist-Situation der Gehälter den Rollen zugeordnet werden. Die Ist-Situation der Gehälter je Rolle kann auch herangezogen werden, um ein externes Benchmarking durchzuführen. Die Gehaltsbänder können Führungskräfte als Instrument bei der Einstellung neuer Mitarbeiter oder bei Prozessen zur Gehaltserhöhung heranziehen.

6.4.3 Variable Gehälter

Wie bereits im Kapitel zum Performancemanagement dargestellt, halten wir es bei teamorientierten agilen Methoden für kontraproduktiv, die Ziele einzelner Mitarbeiter mit variablen Vergütungsbestandteilen zu verknüpfen. Die Gründe dafür haben wir bereits eingehend beschrieben.

Die grundsätzliche Frage lautet: Was erhofft sich ein Unternehmen von den variablen Gehaltsbestandteilen? In einem agilen Unternehmen sollten Mitarbeiter das größere Ganze sehen. Ein Schritt in diese Richtung ist, variable Gehaltsbestandteile nicht an das Individuum, sondern an teambezogene Leistungen zu knüpfen. Dadurch entsteht bei den einzelnen Teammitgliedern das Interesse, dass die gesamte Teamleistung möglichst gut ausfällt, und die Bereitschaft, sich gegenseitig zu unterstützen, wächst.

Der Ansatz des Beyond Budgeting postuliert in diesem Zusammenhang auch, dass man bei variablen Gehaltsbestandteilen nicht mehr von „Anreiz und Motivierung" sprechen sollte, sondern von „Erfolgsbeteiligung". „Mitarbeiter wollen nicht verführt werden, wohl aber am Erfolg des Unternehmens teilhaben."[11]

Da stellt sich auch gleich wieder die Frage, die sich ein Mitarbeiter bereits beim Fixgehalt gestellt hat: „Profitieren dadurch nicht die Trittbrettfahrer?" Es kann nie ausgeschlossen werden, dass sich manche Mitarbeiter auf den Lorbeeren anderer ausruhen. Erinnern wir uns aber daran, dass ein Scrum-Team ein selbstreinigendes System ist. Es wird über kurz oder lang jene Teammitglieder identifizieren, die sich nicht einbringen, aber profitieren wollen. Und es wird dafür sorgen, dass diese Teammitglieder sich entweder zur Leistung durchringen oder das Team verlassen. Es ist natürlich auch denkbar, dass der umgekehrte Fall eintritt: Ein Teammitglied wird von den anderen selbst als ein ganz außergewöhnlicher Leistungserbringer identifiziert, der eine zusätzliche Belohnung verdient hätte. Dann ist es aber eine Entscheidung des Teams und die Belohnung muss nicht zwangsläufig mit Geld verbunden sein.

Was sind nun die Grundsätze einer variablen, teambezogenen Vergütung?

- Die Verknüpfung von Bonus und Zielen sollte nur klar messbare, wirtschaftliche Ziele als Grundlage haben. Hier muss im Vorfeld genau geprüft werden, welche Kennzahlen zur Leistungsmessung herangezogen werden können.
- Product Owner, ScrumMaster und Team bekommen die gleichen, nicht absolut, sondern relativ gesetzten Ziele, die sich voneinander und gegebenenfalls auch in der Gewichtung unterscheiden (siehe Kapitel 5). So werden Umsatzziele für den Product Owner stärker gewichtet sein als zum Beispiel Ziele für die Codequalität.
- An alle Teammitglieder wird die Erfolgsbeteiligung in gleich hohen Geldbeträgen oder in gleichmäßigen prozentuellen Anteilen zum Fixgehalt ausbezahlt.
- Alle Teammitglieder bekommen Gehaltserhöhungen in gleicher Höhe, zum Beispiel in gleichen prozentualen Anteilen zum Fixgehalt.

---

[11] Pfläging 2006

Eine weitere sinnvolle Variante wäre, das Team nicht nur anhand der eigenen gesetzten wirtschaftlichen Ziele zu belohnen, sondern eine Erfolgsbeteiligung am Unternehmensergebnis anzubieten. Das ist ein Modell, das sich auch auf eine gesamte Organisation anwenden lässt: Jeder Mitarbeiter bekommt einen gleichen Anteil. Dieser Ansatz ist wesentlich besser als individuelle Boni dazu geeignet, die Hilfsbereitschaft untereinander und die Identifikation mit dem Unternehmen zu unterstützen. Es ist also eine Frage dessen, welche Unternehmenskultur man haben will: eine der ständigen internen Konkurrenz oder eine Kultur, die von einem Zusammengehörigkeitsgefühl geprägt ist. Das ist gleichzeitig die Wahl zwischen kurzfristigem, schnellem – und dadurch nicht immer gesundem – Wachstum und einem langfristigen, langsameren, aber dafür kontinuierlichen Wachstum.

Generell sollten wir uns aber von der Vorstellung verabschieden, dass immer nur ein monetärer Bonus für Mitarbeiter von Wert sein kann. Wenn man es in einem agilen Unternehmen mit sehr „reifen" Teams zu tun hat, wäre es durchaus denkbar, das Team selbst entscheiden zu lassen, welche Art von Bonus es für erreichte wirtschaftliche Ziele haben will. Möglicherweise läuft das dann eher auf eine gemeinsamen Kurztrip ans Meer als auf Geld hinaus.

6.4.4 Benefits

Lohnnebenleistungen oder Benefits sollen meistens den Mitarbeitern den Arbeitsalltag etwas „versüßen" oder einfach nur erleichtern und sind also keine direkten Auszahlungen in Form von Geld. Ein weiteres Kennzeichen ist, dass sie nicht an die Leistung des einzelnen Mitarbeiters und nicht an den Unternehmenserfolg gebunden sind. Sie sind im Wesentlichen auch ein Instrument des strategischen Personalmarketings, weil sie einem potenziellen Mitarbeiter signalisieren sollen: „Wir bieten dir so viel mehr als die Konkurrenz". Als Vorteil für das Unternehmen sind diese Nebenleistungen steuerlich begünstigt. In erster Linie werden unter Benefits Leistungen verstanden, die das Arbeitsumfeld so gestalten, dass sich ein Mitarbeiter nicht ständig um Dinge Gedanken machen muss, die ihn von seiner Leistungserbringung abhalten. Ihrem Charakter nach sind Benefits für alle Mitarbeiter gleich. Solche Erleichterungen können schon bei der Einstellung eines neuen Mitarbeiters beginnen: Mit dem Umzugsservice, der Hilfe bei der Wohnungssuche, der Unterstützung von Kinderbetreuungsvarianten etc. Weiter geht es dann mit Pensionsvorsorge, Versicherungen, Ermäßigungen für Leistungen von Partnerunternehmen, Gesundheitsprogrammen und vielem mehr, die Möglichkeiten sind endlos (Tabelle 6.2). Ein Problem von Benefits ist, dass Mitarbeiter den monetären zusätzlichen Wert solcher Leistungen nicht wirklich erkennen, solange sie vorhanden sind. Erst wenn sie die Leistungen selbst bezahlen müssten, würde klar werden, dass Benefits ein enormer Kostenfaktor für ein Unternehmen sind. Genauso groß ist der Aufschrei, wenn Benefits aus welchen Gründen auch immer zurückgenommen werden, selbst wenn die betroffenen Benefits möglicherweise gar nicht so intensiv genutzt wurden. Sie werden als Selbstverständlichkeit betrachtet, je mehr Benefits vorhanden sind.

TABELLE 6.2 Beispiele für mögliche Benefits

▪ Verpflegung (Essenszuschüsse) ▪ Betriebliche Altersvorsorge (Direktversicherung) ▪ Vermögenswirksame Leistungen ▪ Versicherungen, z.B.: – Unterstützung bei Krankheits- und Unglücksfällen – Zuschuss zur Krankenversicherung – Auslandskrankenversicherung – Lebensversicherung – Unfallversicherung – Gehaltsfortzahlung länger als 6 Wochen	▪ Beiträge für Mitgliedschaften und Verbände ▪ Diensthandy ▪ Übertragung von Arbeitszeit (Sabbatical) ▪ Beteiligungen ▪ Gesundheitsvorsorge ▪ Exklusive Weiterbildungsmöglichkeiten ▪ Kindergartenzuschuss ▪ Arbeitsgeberdarlehen ▪ Transport (Auto, Jobtickets) ▪ Kontoführungsgebühren

Bei der Entscheidung, welche Nebenleistungen in welchem Umfang angeboten werden sollen, muss man sich auch immer die Frage des Motivs stellen. Es ist immer wieder eine Gratwanderung zwischen Selbstverständlichkeit und goldenem Käfig. Große Unternehmen haben natürlich die finanziellen Mittel, um über den Mitarbeitern das Füllhorn auszuschütten. Oft ist das dann aber nur der extrinsische Versuch, intrinsische Defizite zu kompensieren. Die Mitarbeiter müssen stattdessen in Kauf nehmen, dass Selbstverantwortung, Entscheidungs- und Gestaltungsfreiheit stark limitiert sind. Die Benefits, die eigentlich als Motivation gedacht sind, werden dann zu einer Belohnung für das Erdulden.

Kleine Unternehmen haben oft nicht die Mittel, um hervorragenden Leuten alles Mögliche zu bezahlen, und trotzdem entscheiden sich viele Spitzentalente gerade für sie. Das Geheimnis liegt darin, dass sie in kleinen Unternehmen eben genau das vorfinden, was in Konzernen oft nicht möglich ist: Eine Kultur der Wertschätzung, der Reiz der Aufgabe selbst und das Gefühl, etwas bewegen zu können, sind für hochqualifizierte Mitarbeiter der größte Benefit. Das ist auch jene Leistungspalette, die von anderen Unternehmen nicht imitiert werden kann, weil sie einmalig ist.

Wenn sich ein agiles Unternehmen einige Nebenleistungen leisten kann und will, dann sollten sich diese Benefits an dem ausrichten, was für Mitarbeiter wirkliche Relevanz hat. Die Unternehmenskultur selbst kann im Personalmarketing als Benefit eingesetzt werden, vorausgesetzt, dass die Realität auch der „Werbebotschaft" entspricht. In IT- oder Softwareunternehmen werden die Möglichkeit, stets mit dem besten Equipment und mit den neuesten Technologien arbeiten zu können, oder ein breites Weiterbildungsangebot wesentlich mehr Gewicht haben als ein täglich prall gefüllter Obstkorb. Auch die Möglichkeit, die Arbeitszeit selbst einzuteilen, ist ein Vorteil.

In den letzten Jahren haben sich neue Ansätze etabliert, die auf eine individuellere und flexiblere Gestaltung von Nebenleistungen abzielen. Statt pauschal alle Mitarbeiter mit Dingen zu beglücken, die sie weder brauchen noch schätzen, sollen sie innerhalb eines festgelegten Budgetrahmens aus einem „Menüplan" von Benefits jene auswählen können, die ihnen in ihrer derzeitigen Situation am meisten helfen. Bei diesem sogenannten „Cafeteria-Modell" besteht auch die Möglichkeit, die Zusammensetzung der Benefits immer wieder neu zu wählen. Bestimmte Basisleistungen bleiben gleich, der Rest wird individuell zusammengestellt. Cafeteria-Modelle haben den Vorteil, dass sie sich an Mitarbeitergruppen oder auch an neue Karrieremodelle – wie etwa der Expertenlaufbahn – anpassen und ausgestalten lassen.

Ob ein Unternehmen nun das Cafeteria-Modell oder andere Benefit-Ansätze wählt: Wenn in ein bestehendes System eingegriffen wird, muss genau kommuniziert werden, warum sich das System ändert und wie es sich ändert. Es wird auch sinnvoll sein, in einer Mitarbeiterbefragung zu erheben, welche Leistungen besonders geschätzt und vor allem genutzt werden. Denn wie bereits erwähnt, schmerzt nichts mehr als der Verlust von etwas, das man vielleicht nicht bewusst geschätzt hat, das aber immer da war.

6.4.5 Incentives

Incentives haben meistens kurzfristigen Charakter. Sie sind entweder eine zusätzliche Belohnung für bereits erbrachte, außergewöhnliche Leistungen oder sollen die Motivation vor besonders großen Herausforderungen unterstützen, indem sie bereits vorher „ausbezahlt" werden. Gerade mit Fokus auf das Team haben Incentives auch den Sinn, das Teambuilding zu unterstützen bzw. den Teamzusammenhalt unabhängig von einer Aufgabe zu stärken. Seit Mitte der 1990er-Jahre hat sich rund um das Thema Incentives eine ganze Branche ausgebildet. Eventagenturen und Unternehmensberatungen haben sich der Aufgabe verschrieben, mit Incentives aus Individuen und mit Reisen, Hochseilakten und gruppendynamischem Seelenstriptease aus Teams das Beste herauszuholen – das aber möglicherweise gar nicht vorhanden ist. Natürlich ist nicht jedes Incentive-Angebot schlecht und nicht jede versteckte Teambuilding-Maßnahme sinnlos: Es kommt wie bei allem auf die Verhältnismäßigkeit an, auf die Akzeptanz durch und die Relevanz für die „Beglückten". Ein Incentive soll etwas Besonderes sein, etwas, das aus dem Alltag heraussticht. Wenn etwas zu häufig vorkommt, ist es nicht mehr für jeden etwas Besonderes. Die Wirkung eines Incentives hängt nicht von einem besonders hohen monetären Wert ab oder von umwerfender Luxuriösität. Und Incentives – vor allem Team-Incentives – sind kein Heilmittel, wenn es sonst zwischen den Menschen einfach nicht passt.

Individuelle Incentives

Jeder Mensch sehnt sich nach Anerkennung. Dass wir so sehr auf die intrinsische Motivation pochen, bedeutet nicht, dass Menschen keine Anerkennung – auch hin und wieder in materieller Form – bekommen sollten. Es ist wichtig, auch einzelne besondere Leistungen wahrzunehmen und darauf zu reagieren. Das ist einerseits eine Herausforderung für die disziplinarische Führungskraft, vor allem aber für das Team. Das positive Feedback von Menschen, mit denen man ständig zusammenarbeitet, hat für den Einzelnen oft mehr Gewicht, weil sie hautnah miterlebt haben, welche Hürden für das Erbringen der Topleistung überwunden wurden.

Gegenseitige Anerkennung und das Hervorheben besonderer Einzelleistungen sollte also ein langfristiger, immaterieller Incentive-Plan eines agilen Unternehmens sein.

Materiell gesehen können individuelle Incentives Prämien für außergewöhnliche Leistungen eines Mitarbeiters sein. Um Bilder aus dem Sport zu bedienen, werden bei einer Fußballweltmeisterschaft ja auch immer der beste Torwart, der beste Spieler des Spiels oder der beste Torjäger gekürt und mit Trophäen geehrt. Es bleibt aber eine Frage des Motivs. Die Fußballer erbringen ihre Leistungen nicht, weil sie danach geehrt werden wollen, sondern weil sie mit ihrem Team gewinnen wollen. Intrinsisch motivierte Mitarbeiter erbringen ihre Leistung also nicht wegen des Incentives. Ihnen ist aber wichtig, dass auch Sonderleistungen vom Management wahrgenommen werden. Neben einem zeitnahen und von Herzen kommenden „Danke“ könnten herausragende Leistungen mit Awards wie zum Beispiel einer Uhr bedacht werden. Besondere Loyalität über Jahre hinweg könnte mit einer Jubiläumszahlung gefeiert werden.

So wie auch bei den Benefits stellt sich bei Incentives die Frage, was für den Mitarbeiter Relevanz hat. Bei Incentives stellt sich darüber hinaus aber auch noch die Frage, was einem Mitarbeiter besonders peinlich ist. Es ist nicht jedermanns Sache, als Mitarbeiter des Monats von allen Wänden und aus dem Intranet zu lächeln. Auch Plaketten, Pokale oder sonstige Auszeichnungsungetüme werden eher als peinlich und kindisch empfunden.

Team Incentives

Das Team hat auf jeden Fall ein gesteigertes Bedürfnis, sich weiterzuentwickeln. Es will besser werden um seiner selbst willen. Es entwickelt im Laufe der Zeit durch Daily Scrum, Reviews und Retrospektiven auch Wege, mit einzelnen Teammitgliedern umzugehen, die ihren Leistungsbeitrag nicht erbringen können oder wollen. Teambuilding passiert in einem Scrum-Team durch die Methodik von selbst. Team-Incentives sollten also nicht der Versuch sein, auf außertourlichem Weg etwas zu erreichen, was während des Alltags nicht zustande kommt. Team-Incentives sollten „lediglich“ den bereits vorhandenen Zusammenhalt stärken. Dazu braucht es keine im Vorhinein ausgetüftelten Ablaufpläne und tiefenpsychologisch motivierten Programmpunkte, die von klugen Menschen schnell durchschaut werden und nichts anderes hervorrufen als sozial erwünschtes Verhalten. Es genügt, ein Team einfach einmal abseits der täglichen Arbeit Zeit miteinander verbringen zu lassen.

Da vor allem Softwareentwickler oft nicht sehr stark auf Geld fixiert sind, können und sollten Team-Incentives auch vollkommen anderer Art sein. Den Spieltrieb zu befriedigen ist oft eine gute Idee, z.B. beim Paintball. Oder die Teammitglieder bekommen Zeit geschenkt, um eigene Ideen zu entwickeln und zu verfolgen. Bekanntestes Beispiel für diese Taktik ist Google. Die Beschäftigten dürfen dort einen Tag pro Woche ihren eigenen Start-up-Ideen nachgehen, den sogenannten „Googlettes“. Das steigert nicht nur die Motivation, sondern vor allem auch das Innovationstempo.[12] Auch einer unserer Partner – die IT-Beratung codecentric – „spendiert“ seinen Mitarbeitern Zeit für eigene Projekte.

[12] Goffee, Jones 2007

6.5 Vergütung als Umdenkprozess

Änderungen im Vergütungssystem bedeuten einen tiefgreifenden Umdenkprozess. In ein bestehendes Vergütungssystem einzugreifen ist natürlich eine heikle Sache. Es ist nichts, was in einer Nacht- und Nebelaktion durchgeführt werden kann, sondern von intensiver Kommunikation begleitet werden muss. Basis ist aber, dass Geld nicht mehr als das einzige Mittel gesehen wird, das Menschen zu Leistung motivieren und in einem Unternehmen halten kann. In manchen Unternehmen wird dieser Umdenkprozess schwerfallen, weil die Motivation und Belohnung durch Geld eine bequeme Distanz schaffen kann. Als Führungskraft entzieht man sich elegant der Aufgabe, sich mit seinen Mitarbeitern zu beschäftigen und wirklich wahrzunehmen, was sie leisten, worüber sie sich freuen und was ihnen etwas bedeutet. Manchen Unternehmen fehlt auch einfach der Mut, gegen den Strom zu schwimmen. Weil alle anderen komplexe und umfangreiche Gehalts-, Bonus- und Incentivesysteme anbieten, muss man es auch tun. Ja, man muss es wahrscheinlich auch, wenn die Unternehmenskultur nicht motivierend genug ist. Bevor man sich vorschnell an der Konkurrenz orientiert, sollte man sich auch die Frage stellen, ob deren Fluktuationsraten nicht vielleicht eine andere Sprache sprechen als die eines wirkungsvollen Vergütungssystems. Man könnte sich wahrscheinlich alle mühsam ersonnenen variablen Gehälter, Benefits und Incentives im wahrsten Sinne des Wortes „sparen", wenn sich in den Führungsriegen stärker die Kompetenz breitmachen würde, ein ehrliches „Danke" über die Lippen zu bringen – ob an den einzelnen Mitarbeiter oder an das Team gerichtet. Eine Steigerung wäre es dann noch, dass die Führungskräfte auch wissen, was und warum sie den Dank aussprechen, und dass nicht nur das, was erreicht wurde, wichtig ist, sondern auch, wie es erreicht wurde.

Einige der erfolgreichsten Unternehmen der Welt verdanken die hohe Loyalität ihrer Mitarbeiter und ihre hohe Anziehungskraft auf hochtalentierte Menschen der Tatsache, dass sie ihre Gehalts- und Vergütungssysteme radikal vereinfacht haben. Sie reden einfach mit ihren Mitarbeitern darüber, was dem Unternehmen wichtig ist und warum es wichtig ist. Niels Pfläging führt immer wieder das Beispiel der Svenska Handelsbanken an – eine Bank, die es geschafft hat, Geld in Gehaltsform nicht zum gedanklichen Mittelpunkt ihrer Mitarbeiter zu machen: „Ein langfristig orientiertes System der Mitarbeiterbeteiligung erinnert zudem alle Mitarbeiter daran, dass es stets darum geht, gemeinsam den Mitbewerb zu übertreffen: Alle Mitarbeiter nehmen an diesem System im gleichen Umfang teil, die Ausschüttung gilt für alle Mitarbeiter gleich – egal welcher Position und welchen Grundgehalts – und hängt ausschließlich von der Gesamtleistung des Unternehmens als Ganzem ab, von der erreichten Eigenkapitalrendite im Vergleich zum Wettbewerb. Diese Erfolgsbeteiligung wird nicht ausgezahlt, sondern in Form einer Beteiligung an einem Stiftungsfonds als Investment und Altersvorsorge angelegt: Die Mitarbeiter halten über die 1972 eingerichtete „Oktogonen-Stiftung" nunmehr circa 10 Prozent der Aktien. Damit ist die Stiftung einer der größten Kapitaleigner der Bank. Die Zufriedenheit der Mitarbeiter ist extrem hoch, die Personalfluktuation niedrig."[13] Im Zentrum steht also nicht das Interesse, als Einzelner ständig mehr zu bekommen, sondern das Unternehmen in seiner Gesamtheit an die Spitze zu bringen.

[13] Pfläging 2006

Agile Vergütung in einem Satz zusammengefasst bedeutet also: Verabschieden wir uns von dem Gedanken, dass Menschen permanent mit Geld belohnt werden müssen oder belohnt werden wollen.

Zusammenfassung

Im Kampf um die besten Mitarbeiter sehen viele Unternehmen in umfangreichen Vergütungspaketen oft den einzigen Weg, um Talente anzuziehen und zu halten. Der Fokus wird also auf Formen der extrinsischen Motivation gelegt, die destruktiv auf die Eigenmotivation (intrinsische Motivation) von Menschen wirken. Es lässt die Tatsache außer Acht, dass gerade hochqualifizierte Mitarbeiter den wichtigsten „Anreiz" in ihren Aufgaben selbst sehen, aber auch in der Möglichkeit, selbstverantwortlich zu entscheiden und zu handeln. Extrinsische Motivation in Form monetärer Anreize – vor allem durch variable Vergütung – ist oft ein Weg, um Schwächen der Unternehmenskultur und der Führung zu verbergen. Es soll damit mit Geld ausgeglichen werden, was an positiver Arbeitsatmosphäre fehlt. Gemeinsam mit der Gestaltung des Arbeitsumfelds ergibt die Vergütung jene Arbeitsbedingungen, die sich positiv oder negativ auf die Motivation auswirken können.

Zu den „immateriellen" Arbeitsbedingungen zählen:

- *Arbeitszeitregelungen:* In einem agilen Unternehmen sollte einem „Sustainable Pace", einer „nachhaltigen Geschwindigkeit" der Vorrang vor Überstunden-Exzessen gegeben werden. Die Mitarbeiter sollen eine kontinuierliche Arbeitsgeschwindigkeit verfolgen können und genügend Ausgleich zwischen Arbeit und Freizeit finden. Innerhalb einer 40-Stunden-Woche sollten Arbeitszeiten frei eingeteilt werden können. Zeiterfassungssysteme haben in einem agilen Unternehmen keinen Platz.
- *Gestaltung des Arbeitsplatzes/-umfelds:* Scrum-Teams müssen zusammen in *einem* (ruhigen) Raum sitzen können. Sie brauchen Platz für Taskboards und Ruhezonen, in denen sich die Teammitglieder erholen oder konzentriert an einer Aufgabe arbeiten können.
- *Urlaubsregelung*: Wer wann auf Urlaub geht, ist keine Angelegenheit mehr zwischen disziplinarischer Führungskraft und Teammitglied. Das Team entscheidet gemeinsam, wer wann frei bekommt und wie die Aufgaben in der Zwischenzeit verteilt werden.
- *Weiterbildung und Dienstreisen:* Wer wann an welchen Ausbildungen teilnimmt und auf welche Dienstreisen fährt, ist ebenfalls eine Aushandlungssache zwischen den Teammitgliedern. Genauso entscheidet das Team, welche Weiterbildungsangebote es zusammen benötigt und wahrnehmen will.

Die Vergütungsstruktur eines Unternehmens gliedert sich – historisch gewachsen – meistens in die Bestandteile Fixgehalt, variables Gehalt, Benefits und Incentives. An variablen Gehaltsbestandteilen (z.B. Boni und Prämien) ist problematisch, dass sie aus klassischer Sichtweise immer auf die Leistung des einzelnen Mitarbeiters bezogen werden und damit auch jeglichen Teamgeist unterminieren können, weil das Erreichen individueller Ziele im Vordergrund steht. Sollen variable Gehälter auch in einem agilen Unternehmen zur Vergütungsstruktur gehören, ist eine teambezogene Sichtweise angebracht. Das Team hat die Chance, Erfolgsbeteiligungen über erreichte Teamziele zu lukrieren, und teilt diese untereinander gleichmäßig auf. Eine andere Möglichkeit wäre die gänzliche Orientierung am Unternehmensergebnis und jeder in der gesamten Organisation bekommt die gleiche Erfolgsbeteiligung.

Bei der Gestaltung von Benefits und Incentives sollte im Vorhinein genau überlegt werden, welche Leistungen für die Mitarbeiter überhaupt relevant sind. Je mehr pauschal für alle angeboten wird, desto geringer ist die Wertschätzung der einzelnen zusätzlichen Leistungen. Als Alternative bietet sich das „Cafeteria-Modell" an:
Zu einem Set von Basisleistungen können die Mitarbeiter innerhalb eines Budgetrahmens jene Leistungen dazuwählen, die für sie persönlich am sinnvollsten sind. ■

7 Trennungsmanagement

Die Eltern der Generation X hatten für ihre Kinder den sehnlichen Wunsch, dass sie nach ihrer Ausbildung einen guten Job finden und dass sie an der einmal gefundenen Arbeitsstelle möglichst lange bleiben würden. Am besten bis zur Pensionierung. Diese Zeiten sind eindeutig vorbei. Die Generation X, geboren in den 1960ern und 1970ern, ist bereits in jene Entwicklung gerutscht, die kennzeichnend für die Arbeitswelt von heute ist: permanenter Neubeginn, permanente Trennung. Mit den „Millenials", der Generation der ab 1980 Geborenen, rücken nun junge Menschen am Arbeitsmarkt nach, die schon gar nicht mehr in der Annahme aufgewachsen sind, ihr Arbeitsleben in nur einem oder zwei Unternehmen zu verbringen. Sie sind bereits von der ständigen Unbeständigkeit geprägt, die in der Wirtschaft eingezogen ist: von Hypes, die nach einem kurzen Aufflackern wieder im Nichts verglühen, von den täglichen Meldungen über Arbeitsplatzverluste durch die Verlagerung von Produktionsstätten in Niedriglohnländer, von der Diskrepanz zwischen Internationalisierungsstrategien von Unternehmen und der ständigen Diskussion über den Mangel an Fachkräften, welche immer „händeringend" gesucht werden. Sie kennen vom Arbeitsmarkt nichts anderes als den Druck, jung und gleichzeitig mit einer Top-Ausbildung und parallel gesammelter umfangreicher Erfahrung gesegnet sein zu müssen. Anders als die Generationen vor ihnen haben die Vertreter dieser Generation eine gute Ausbildung, inklusive eines oder mehrerer Semester im Ausland, als Selbstverständlichkeit mitbekommen. Hochschulabschlüsse sind nicht mehr die Ausnahme, sondern die Regel und die Millenials wissen als „Digital Natives" durch den leichten Zugang zu Information gleichzeitig um die Möglichkeiten, die sie in ihrer Heimat und auf der ganzen Welt haben.

War in früheren Zeiten für Arbeitnehmer die Versorgungssicherheit eines der Hauptargumente für oder gegen ein Unternehmen, ist heute in den stark wissensbasierten Branchen wie der IT für hochqualifizierte Kräfte die Erweiterung des eigenen Wissens und Könnens oftmals ausschlaggebend für einen Wechsel. Nicht immer sind es nur schlechte Arbeitsbedingungen oder die mangelnde Identifikation mit einem Unternehmen, die einen Mitarbeiter weiterziehen lassen. Oft ist es einfach nur der Wunsch nach Weiterentwicklung, die am aktuellen Arbeitsplatz nicht mehr möglich ist, und über allem steht der Wunsch nach Selbstbestimmung des eigenen Lebens. Heute bleibt ein qualifizierter Mitarbeiter seinem Arbeitgeber durchschnittlich vier Jahre erhalten, bevor er sich wieder verabschiedet.[1] Solche Zeitspannen waren

[1] Pogorzelski et al. 2009

vor 20 Jahren noch ein argwöhnisch beäugter dunkler Fleck im Lebenslauf, heute regt es niemanden mehr auf. In der Diskussion um die Millenials gibt es sehr gegensätzliche Meinungen. Manche sehen in ihnen eine opportunistische Generation, die ohne Rücksicht auf Verluste einer hoch volatilen Arbeitswelt mit Egozentrik entgegentritt, um immer nur das Maximum für das eigene Wohl herauszuholen. Praktische Erfahrungen lassen aber darauf schließen, dass auch diese Generation im Grunde auf der Suche nach Beständigkeit ist. Sie will sich nicht ausschließlich für den Beruf aufopfern, sondern nebenbei auch noch leben. Und sie ist bereit, auch länger zu bleiben, wenn sie in einem Unternehmen Sinn, eine positive Atmosphäre und die Möglichkeit zur Weiterentwicklung findet.

Nichtsdestotrotz prägt ein ständiges Kommen und Gehen das Personalmanagement heute stärker als je zuvor. Es ist zum Tagesgeschäft geworden und dennoch wird dem sorgsamen Umgang mit Trennungen von Mitarbeitern wesentlich weniger Bedeutung beigemessen als zum Beispiel der Gewinnung neuer Mitarbeiter. Trennungen haben die verschiedensten Ursachen. Sie können betriebsbedingt unumgänglich sein, sie können auf das Verhalten eines Mitarbeiters oder seinen eigenen Wunsch nach neuen Wegen zurückzuführen sein. Es kann sich um eine endgültige Trennung vom Unternehmen handeln, aber auch um eine Trennung innerhalb der Organisation, zum Beispiel durch den Wechsel in eine andere Abteilung oder das Beschreiten eines bestimmten Karrierepfades. Allen Varianten ist aber gemeinsam, dass – wie auch bei jeder Beziehung im privaten Bereich - Trennung immer emotional behaftet ist. Trennung bedeutet immer, einen Schnitt zu machen und dabei Menschen und Aufgaben zurückzulassen, die einem mitunter ans Herz gewachsen sind. Die „Trennungskultur“ in einem Unternehmen hat also einen ganz entscheidenden Einfluss darauf, ob beim Mitarbeiter, der geht, aber auch bei den „verlassenen“ Kollegen nach einer Trennung ein positives oder negatives Bild einer Organisation und ihrer verantwortlichen Trennungs-Akteure zurückbleibt.

7.1 Trennungen in einer agilen Organisation

Aus Unternehmenssicht ist das Gehen bisheriger und das Kommen neuer Mitarbeiter natürlich nicht ausschließlich schlecht. Eine Fluktuationsrate von 0 würde ein Unternehmen ebenso in seiner Weiterentwicklung hemmen wie der ständige Wechsel von Menschen, die schon wieder weg sind, bevor sie noch ihr Potenzial richtig entfalten konnten. Trennungen können eine agile Organisation aber wesentlich schwerer treffen als Unternehmen mit klassischen Strukturen. In starren Organisationen wird der Schwerpunkt auf den Prozess und die Position gesetzt, auf die Ersetzbarkeit des Einzelnen durch umfangreiche Dokumentationen, Vorschriften und Job Descriptions. Auf jede Stelle passt ein Spezialist mit eng definierten Kompetenzen und Aufgaben. Agile Organisationen setzen hingegen auf das Individuum in seiner Eigenschaft als Talent, auf dessen nicht nur explizites, sondern auch implizites Wissen, und darauf, dass er dieses Wissen im Team und schlussendlich in der Organisation mit anderen teilt. Man geht in der agilen Organisation davon aus, dass Wissensmanagement nicht ausschließlich über Wissensdatenbanken und Workflow-Tools funktionieren kann, sondern über die Art und

Weise, wie Menschen miteinander arbeiten. Peter Drucker hat bereits vor mehr als 30 Jahren erkannt, dass es nicht möglich ist, das Wissen aus den Köpfen der Spezialisten zu extrahieren und an der Spitze der Organisation zu sammeln. Die Trennung von einem Mitarbeiter macht in einer agilen Organisation also dann Probleme, wenn man es nicht geschafft hat, sein Wissen innerhalb des Teams zu verteilen.

Es ist die Aufgabe des Managements und im Tagesablauf auch des ScrumMasters, darauf zu achten, dass diese Wissensverteilung funktioniert. Möglichkeiten dazu bieten sich in allen in den letzten Kapiteln diskutierten Prozessen. Bereits in der Auswahlphase kann man mitunter erkennen, ob ein potenzieller Mitarbeiter mit seinem Wissen proprietär umgeht oder nicht. Wehrt sich jemand zum Beispiel gegen Pair Programming, weil es dadurch - angeblich - nicht mehr möglich ist nachzuvollziehen, wer welchen Anteil zu einem Code in welcher Qualität beigesteuert hat? Einige Unternehmen sind daher dazu übergegangen, in ihren Performance-Messungen auch Aspekte wie „Coaching der Kollegen" einzubeziehen. Die Kunst liegt also darin, den Teammitgliedern zu vermitteln, dass sie keine Inseln des Wissens mehr sind und dass es weder dem Individuum noch dem Unternehmen nützt, wenn man stur auf diesem Wissen sitzen bleibt. Im Zusammenhang mit Trennungen kommt die Betonung des Generalistentums in Scrum noch einmal besonders zum Tragen: Eine Trennung darf nicht dazu führen, dass der Rest eines Entwicklungs-Teams vollkommen blockiert ist, weil die Zurückbleibenden überhaupt keine Ahnung von dem haben, was der Gehende gemacht hat.

Wenn wir es einmal nur aus der Sicht der Performance eines Teams betrachten, darf uns die Angst vor dem Wissensverlust aber nicht zu dem Grundsatz verleiten, dass wir in einer agilen Organisation Trennungen um jeden Preis verhindern wollen. Natürlich stehen immer zunächst alle Maßnahmen zur Weiterentwicklung eines Teams im Vordergrund, aber wenn einzelne Teammitglieder die Entwicklung - auf welche Art und Weise auch immer - behindern, ist es nicht sinnvoll, sie mit aller Kraft zu halten. Ein Team, das seine Leistung nicht erbringen kann, wächst sich, hart gesprochen, auf Dauer zu einem Krebsgeschwür aus, das zwar ständig Ressourcen aus der Organisation abzieht, aber nichts zurückgibt außer Schwierigkeiten. Es kann natürlich auch sein, dass ein Teammitglied nur in diesem speziellen Team nicht zur Höchstform auflaufen kann und in einem anderen Team oder überhaupt an einer anderen Stelle im Unternehmen besser aufgehoben wäre.

In einer agilen Organisation wollen wir endgültige Trennungen weitgehend vermeiden und zunächst andere Möglichkeiten prüfen. Wir wollen Mitarbeiter grundsätzlich im Unternehmen halten, aber nicht notwendigerweise im Team.

7.2 Interne Trennungen

Es gibt in der Scrum-Community durchaus Stimmen, die der Meinung sind, dass sich die Besetzung von Scrum-Teams ständig ändern sollte. Dieser Meinung sind wir nicht, denn wie wir wissen, muss ein Team bestimmte Phasen des Zusammenwachsens (siehe Kapitel 4) durchlaufen, bis es wirklich dazu in der Lage ist, eine ordentliche Performance zu liefern. Diese Prozesse sind für die Teammitglieder ein Aufwand an Energie und Emotion, und diese Phasen immer wieder zu zerreißen wäre am Ende kontraproduktiv. Trotzdem ergeben sich in einer agilen Organisation ständig die unterschiedlichsten Formen interner Trennungen, die sich vor allem auf den Wechsel zwischen Teams und den Wechsel zwischen Rollen beziehen:

- **Rollentausch**
  Vor allem, wenn Scrum gerade eingeführt wird, müssen Unternehmen zunächst einmal die Mitarbeiter ausfindig machen, die eine bestimmte Rolle ausfüllen können oder in einem ersten Schritt einfach dazu bereit sind, diese Rolle zu übernehmen. Nehmen wir den Fall, dass ein Entwickler zum Product Owner geworden ist und sich nach einiger Zeit herausstellt, dass er fachlich nach wie vor brillant ist, aber die wirtschaftlichen Aufgaben und den Kontakt mit den Kunden nicht wirklich gut hinbekommt. Nun soll der erfolglose Product Owner wieder zum Entwickler werden, also die Rolle im Team einnehmen, die er ideal ausgefüllt hat. Doch das ist häufig schwierig. Denn die Ernennung zum ScrumMaster oder Product Owner wird – natürlich abhängig von der ursprünglichen Position – insgeheim gerne als „Aufstieg" empfunden. Da kann man noch so oft wiederholen, dass in Scrum alle Rollen auf Augenhöhe agieren. Viele verbinden mit der Rolle des Product Owners trotzdem unterschwellig etwas wie die hierarchisch darüberstehende „Teamleitung". Deshalb wird der Wechsel zurück ins Team vom betroffenen Mitarbeiter in erster Linie als „Degradierung" interpretiert. In solchen Fällen müssen daher intensive Gespräch mit dem Mitarbeiter über seine Befindlichkeit geführt werden. Gleichzeitig sind solche Reaktionen aber auch ein Signal dafür, dass am Scrum-Mindset im Unternehmen noch wesentlich stärker gearbeitet werden muss.

- **Teamsplitting**
  Die Größenbeschränkung von Scrum-Teams auf fünf bis sieben Mitglieder ist keine bloß ideelle Vorgabe, sondern hat einen praktischen Grund. Je größer Teams sind, desto größer ist auch die Wahrscheinlichkeit, dass sich innerhalb des Teams Lager bilden und sie langfristig von selbst zerfallen. Wenn dieses Team nun schon längere Zeit miteinander gearbeitet hat und „von oben" der Auftrag kommt, dass daraus zwei Teams entstehen müssen, ist die instinktive Reaktion aber trotzdem „wir sind doch *ein* Team!". Es wäre Aufgabe des ScrumMasters, den Prozess des *eigenständigen* Zerfalls eines Teams im Auge zu behalten und ihn den Teammitgliedern auch bewusst zu machen, damit eine „offizielle" Trennung des Teams weniger Probleme bereitet.

- **Teamwechsel – nicht ohne meine Pflanze**
  Scrum-Teams sollten konstant bleiben, aber natürlich muss auch die Möglichkeit bestehen, sich immer die Leute an Bord zu holen, die in einem aktuellen Projekt einen wichtigen Bei-

trag leisten können. Diese Leute haben ihre angestammte „Heimat" in einem anderen Team. Der Wechsel wird dann schwierig, wenn sich das betreffende Teammitglied dort schon zu gemütlich eingerichtet hat. Es hat das Eck, in dem es am liebsten arbeitet, dort hängen die Fotos aller seiner Lieben und die mühsam aufgepäppelte Topfpflanze gedeiht bei dem spezifischen Lichteinfall an seinem Arbeitsplatz am besten. Menschen hängen an diesem Umfeld, das sie sich selbst und mit anderen geschaffen haben. In den Augen von Führungskräften mögen solche Denkweisen vielleicht kindisch wirken, trotzdem müssen sie sich damit auseinandersetzen. Es geht darum, den Mitarbeitern zu vermitteln, dass der Wechsel zwischen Teams nicht für alle Ewigkeiten festgeschrieben, sondern temporär ist.

- **Aufstieg**
  Auch in einem agilen Unternehmen ist Karriere weiterhin möglich. Also wird es oft genug vorkommen, dass Mitarbeiter diese Möglichkeit nutzen und für diesen Schritt das Bisherige zurücklassen müssen. Die deutlichste Form der internen Trennung wegen eines Aufstiegs zeigt sich am ScrumMaster. Im Laufe seines Karrierepfades wird er zusätzliche oder andere Teams übernehmen, möglicherweise wird er sogar zum Company ScrumMaster. Das bedeutet, sich vom Team, das er bisher begleitet hat, zu trennen. In der Praxis wird häufig einfach entschieden, dass ein ScrumMaster von heute auf morgen von Team A zu Team Z umgesetzt wird, und diese Entscheidung ist schlicht zu akzeptieren. Die bessere Vorgehensweise wäre, die Pläne dem Team gegenüber transparent zu machen. Es muss klar kommuniziert werden, *dass* der ScrumMaster neue Aufgaben übernimmt und *ab wann* er sie übernehmen wird. Und man sollte Rücksicht auf Einarbeitungszeiten nehmen, die notwendig sind, damit sich der neue ScrumMaster und das Team aneinander gewöhnen und der bisherige ScrumMaster und das Team voneinander „verabschieden" können.

- **Talentmanagement**
  Mitarbeitern ist oft gar nicht bewusst, zu welchen Karriereschritten sie fähig sind. Wirklich gute disziplinarische Führungskräfte oder ScrumMaster sehen aber das Potenzial von Menschen. Manchmal muss man die Mitarbeiter dann erst in die Richtung schubsen, in der sie ihr ganzes Talent entfalten können. Das bedeutet in letzter Konsequenz vielleicht, dass sie in einem anderen Team oder überhaupt an einer anderen Stelle im Unternehmen besser aufgehoben wären. Einem hervorragenden Mitarbeiter müssen diese Perspektiven deutlich gemacht und eröffnet werden, aber auch das bedeutet im Endeffekt wieder, sich von etwas und von jemandem zu trennen.

Das sind nur einige Varianten von internen Trennungen in agilen Organisationen. Es wird oft vorkommen, dass ScrumMaster oder Product Owner wechseln oder dass sich Teamzusammensetzungen durch sinnvolle interne Wechsel verändern. Ziel sollte es sein, diese Formen der Trennung zu etwas Normalem zu machen. Es gibt keine Patentrezepte für den Umgang mit all diesen verschiedenen internen Trennungssituationen, aber der gemeinsame Nenner ist bei allen das Gespräch. Offene Kommunikation über Trennungen kann weitestgehend verhindern, dass sich Gerüchte und Spekulationen rund um die Ursachen entwickeln, die nur unnötige Energie kosten. Interne Trennungen zu „normalisieren" bedeutet auch, ihre Vorteile hervorzuheben. Trennungen können eine Form interner Weiterentwicklungsförderung sein. Wer an mehreren Stellen im Unternehmen gearbeitet hat, erweitert seinen Horizont erheblich und kann wahrscheinlich besser verstehen, warum zum Beispiel die Sales-Kollegen öfter mal Druck machen. Mit einem positiven Denkansatz können interne Trennungen also auch eine Form von Mitarbeiterbindung sein, um die Aufgabenbereiche der einzelnen Mitarbeiter interessanter zu gestalten.

7.3 Problemfelder endgültiger Trennungen

Wenn es um die Frage der endgültigen Trennung von einem oder mehreren Mitarbeitern geht, ist ein Unternehmen drei Kräften ausgeliefert: dem Markt, den eigenen Zielen und seinen Mitarbeitern. Auf eine endgültige Trennung kann es also hinauslaufen, wenn die Wettbewerbsbedingungen, das Verhalten oder der eigene Wille des Mitarbeiters es nicht anders zulassen. Jede dieser Varianten hat ihre eigenen Stolperfallen, die eine ohnehin belastende Situation noch schwieriger machen können.

Betriebsbedingte Trennungen

Oft genug lassen wirtschaftliche Gründe es einfach nicht mehr zu, alle Mitarbeiter zu halten, die an und für sich hervorragende Arbeit leisten. Der „schwarze Peter" liegt in diesem Fall ausschließlich beim Management: Dort muss die schwere Entscheidung getroffen werden, auf wen das Unternehmen am ehesten verzichten kann. Wenn die Situation bereits sehr verfahren ist, bleibt manchmal nur noch die Wahl zwischen Varianten, die „schlecht" oder „schlechter" sind. Mit der rein wirtschaftlichen Brille auf der Nase können sich solche Entscheidungen aber noch schwerwiegender auswirken. Die feinen Zusammenhänge in einem Team lassen sich nicht allein an Leistungsparametern der einzelnen Mitglieder festmachen. Genauso wichtig sind zwischenmenschliche Aspekte, die ein Team zusammenhalten und es zum Erfolg führen. Nicht immer ist derjenige, der am meisten redet, auch die treibende Kraft, die alle anderen immer wieder anspornt und ohne Aufforderung unterstützt. Eine falsche Entscheidung in einer ohnehin schlimmen Lage kann also die Abwärtsspirale noch beschleunigen, weil das Team in seiner Performance abfällt. Hier zeigt sich wieder, wie wichtig das ständige Gespräch der disziplinarischen Führungskraft mit dem einzelnen Mitarbeiter ist, ergänzt durch das Feedback von Kollegen und anderen Stakeholdern, die mit ihm zusammenarbeiten. Auf diese Weise bekommt die Führungskraft ein Gesamtbild abseits der fachlichen harten Leistungsfakten. In die Entscheidung, welches Teammitglied schlussendlich gehen muss, sollte aber der ScrumMaster auf jeden Fall eingebunden werden. Er erlebt das Team in seiner täglichen Arbeit und kann daher beurteilen, welche Effekte welche Entscheidung haben könnte.

Verhaltensbedingte Trennung

Gerade die Implementierungsphase von Scrum bringt oft massive Umwälzungen in der Belegschaft mit sich. Nicht jeder ist bereit, sich an die neuen Spielregeln zu halten, weil sie für manche Begriffe viel zu schonungslos Fehler offenlegen und Denkweisen erfordern, die letztendlich den offenen Umgang mit eigenen Schwächen notwendig machen. Mitarbeiter müssen natürlich eine angemessene Chance bekommen, sich mit der neuen Situation auseinanderzusetzen. Schlussendlich ist die Arbeit mit Scrum aber eine Entscheidung, die das Unternehmen aus Überlegungen zu seinem eigenen Fortbestand trifft, und daher kann es nicht sein, dass ein Mitarbeiter - auch wenn er noch so qualifiziert ist - auf seinem traditionellen Standpunkt beharrt und der Organisation seinen Willen aufzwingt. Das würde zwangsläufig ein Ungleichgewicht zwischen Kollegen schaffen, die sich im Rahmen von Scrum alle auf Augenhöhe begegnen sollen.

Ob eine Trennung aus verhaltensbedingten Gründen notwendig ist, kann im Falle von Teammitgliedern sowohl vom ScrumMaster als auch vom Team identifiziert werden. Wenn wir den Fall einer schlechten Performance heranziehen, muss es im Vorlauf auf jeden Fall Gespräche seitens des ScrumMasters mit dem betroffenen Mitarbeiter geben und der ScrumMaster muss die Problematik im Daily Scrum thematisieren. Der Mitarbeiter muss die Chance bekommen, Dinge zu verbessern. Dabei muss vor allem auch das Team zunächst versuchen, den Konflikt intern zu regeln. Die übrigen Teammitglieder müssen sehen, wie sie dieses Teammitglied so trainieren, dass es seinen notwendigen Beitrag leisten kann. Erst wenn das nicht fruchtet, eskaliert der ScrumMaster die Entscheidung zur disziplinarischen Führungskraft, die dann mit dem Teammitglied besprechen muss, ob es an einer anderen Stelle im Unternehmen besser aufgehoben ist oder ob eine endgültige Trennung gewünscht ist.

Mike Cohn warnt davor, das Team allein darüber entscheiden zu lassen, ob jemand gehen muss oder nicht.[2] Er sieht die Gefahr darin, dass Teams im Zeitverlauf dazu tendieren, zu homogen zu werden. Jeder „Eindringling" von außen, der zum Beispiel auf Initiative des ScrumMasters dazustößt, um die Homogenität aufzubrechen, wird möglicherweise postwendend hinausgebissen. Aus Sicht von Mike Cohn muss die endgültige Entscheidung daher immer beim Management liegen, auch wenn Einwände des Teams natürlich berücksichtigt werden.

Kündigung auf Wunsch des Mitarbeiters

Es steht jedem Menschen offen, Entscheidungen über das eigene Leben zu treffen, die nicht zwangsläufig jedem anderen passen müssen. Man kann nicht verlangen, dass Mitarbeiter Chancen ziehen lassen, die sie persönlich weiterbringen. Trennungsschmerz gibt es nicht immer nur auf der Seite von Menschen, die gekündigt werden; auch Führungskräfte, denen sozusagen die „Gefolgschaft" aufgekündigt wird, können reagieren wie ein getroffenes Tier: bissig und nachtragend. Da wird plötzlich penibel aufgelistet, wie viel in den Mitarbeiter investiert wurde, die Konkurrenzklauseln werden hervorgekramt, Leistungen des Mitarbeiters werden mit einem Mal relativiert und bevor der Mitarbeiter geht, soll er gefälligst noch dokumentieren, dokumentieren, dokumentieren. Oder es tendiert ins andere Extrem: Der

[2] Cohn 2010

Mitarbeiter soll auf alle Fälle spüren, dass er in jeder Hinsicht ersetzbar ist. Weder die eine noch die andere Verhaltensweise bringt dem Unternehmen langfristig etwas, außer dass es sich am Ende einer bisher vielleicht fruchtbaren Zusammenarbeit einen potenziellen Unterstützer der Talentpipeline vergrault hat. Jeder Mitarbeiter, der das Unternehmen verlässt, nimmt eine Botschaft mit sich, die er genau in jener Community verbreitet, die für Nachbesetzungen gebraucht wird. Möglicherweise wird dieser Mitarbeiter in Zukunft auch an Stellen sitzen, an denen er über die Zusammenarbeit mit Lieferanten und Partnern entscheidet. Im besten Fall sagt er nichts zu seinen Erfahrungen, im schlechtesten Fall bricht es aber aus ihm heraus.

Gerade wenn Mitarbeiter selbst kündigen, sollten Unternehmen die Chance nützen, um mehr über die Hintergründe zu erfahren. Welche Perspektiven konnten dem Mitarbeiter nicht geboten werden? Gibt es Schwächen in den Prozessen oder im Arbeitsumfeld, die das Unternehmen für ihn nicht mehr attraktiv genug erscheinen lassen? Sind die Führung und ihre Visionen zu wenig verständlich und fassbar? Jeder Mitarbeiter, der geht, bietet einem Unternehmen die Chance, mehr über sich selbst zu erfahren. Über die guten Seiten und über die wunden Punkte. Jeder Mitarbeiter, der geht, ist ein Multiplikator, der neue talentierte Mitarbeiter in die Richtung des Unternehmens lotsen und das Image eines Unternehmens bekräftigen kann.

Mit der Performance des Teams im Blick stellt sich natürlich die Frage, wie sich endgültige Trennungen von unterschiedlichen Rollenträgern wiederum auf die zurückbleibenden Akteure auswirken. Die möglichen Varianten werden wir nun kurz skizzieren.

7.3.1 Der Manager geht

Wie wir in den vorangehenden Kapiteln dargestellt haben, konzentrieren sich die Aufgaben des Managers darauf, die idealen Rahmenbedingungen für das Team zu schaffen, und für die persönliche Weiterentwicklung des einzelnen Mitarbeiters zu sorgen. Wenn der Manager geht, ist es im Prinzip so wie bei einem Fußballverein: Sein Abgang hat zunächst einmal keinen Einfluss auf die Leistung des Teams. Anders sieht es bei Trainer und Co-Trainer (ScrumMaster und Product Owner) aus: Sie verlieren mit dem Manager ihren Sparringpartner, der ihnen dabei hilft, Impediments aus dem Weg zu räumen und die Visionen des Unternehmens mit den Visionen und Zielen auf Produktebene in Einklang zu bringen. Für den einzelnen Mitarbeiter als entwicklungsbereites Individuum fällt der persönliche Entwickler weg.

Aus der Sicht des Teams ist es vor allem wichtig, dass es aus allen Schlammschlachten, die sich nach einer Kündigung ergeben können – wie es auf Managementebene gerne der Fall ist –, herausgehalten wird. Es soll sich auf seine Arbeit konzentrieren können.

7.3.2 Der ScrumMaster geht

Es klingt nicht gerade schmeichelhaft, aber: Für ein Team sollte es kein Verlust sein, wenn der ScrumMaster geht. Auch ein Fußballteam fällt nicht sofort aus der Liga, wenn der Trainer abgesetzt wird, weil es ja im Idealfall selbstorganisiert handelt und aus eigenem Antrieb seine

Leistung erbringen kann. Das gleiche Ziel hat ja auch der ScrumMaster: Er will das Team so weit im Umgang mit dem Prozess befähigen, dass er eigentlich überflüssig wird. Der Verlust beim Weggang eines ScrumMasters ist wohl weniger auf der fachlich-prozessualen Ebene zu sehen, sondern eher auf der persönlich-emotionalen Ebene. Wenn dadurch ein glänzender Motivator verloren geht, fällt das Team möglicherweise kurzfristig in ein Produktivitätsloch. Nicht egal ist das Ausscheiden des ScrumMaster auch in der Implementierungsphase: In dieser Zeit muss sich das Team erst strukturieren und benötigt die Anleitung dazu. Und der Product Owner steht mit seinem Backlog da und muss mit der Sorge leben, ob die Selbstorganisation des Teams bereits weit genug fortgeschritten ist, um die Aufgaben problemlos abarbeiten zu können. Außerdem geht dem Product Owner in seiner manchmal schwierigen Rolle gegenüber dem Team der Vermittler und „Übersetzer" verloren.

In dieser schwierigen Konstellation ist es die Aufgabe des Managers, den Trennungsprozess gründlich vorzubereiten. Er muss dafür sorgen, dass die Talentpipeline sofort aktiviert wird oder dass interimistisch ein anderer - interner oder externer - ScrumMaster die Arbeit mit dem Team übernimmt. Gleichzeitig muss der Product Owner eingebunden werden, weil er einerseits mögliche Konsequenzen für die laufende Arbeit am Produkt abschätzen muss und den neuen ScrumMaster mit der Vision und dem aktuellen Stand der Dinge vertraut machen muss. Besonderes Gewicht hat bei der Trennung vom ScrumMaster die Kommunikation mit dem Team: Es muss offen und ehrlich darüber informiert werden, was die Gründe für die Trennung sind und wie es nun weitergeht.

7.3.3 Der Product Owner geht

Wenn der Product Owner geht, könnte das im schlimmsten Fall bedeuten, dass das Produkt, an dem gerade gearbeitet wird, damit gestorben ist. Das ist dann der Fall, wenn er es in seiner „Amtszeit" nicht geschafft hat, die Produktvision stark genug im Team zu verankern. Die Kündigung eines Product Owners auf Initiative des Unternehmens sollte aus wirtschaftlichen Aspekten gut überlegt sein. Ist das Sterben eines Produkts also keine Option und auch nicht gewollt, hat die Nachbesetzung der Rolle oberste Priorität. Im Idealfall hat der neue Product Owner noch die Möglichkeit, mit seinem Vorgänger ausreichend lang zusammenzuarbeiten, um die Produktvision zu verstehen und zu verinnerlichen.

Der zweite Aspekt, an den das Management in diesem Fall denken muss, ist die Signalwirkung an das Team: Bedeutet der Abgang des Product Owners, dass das Unternehmen in Schwierigkeiten ist? Ist die Kündigung des Product Owners nur der Anfang und wir sind die nächsten auf der Liste? Bei Unternehmen, die diesen Schritt tatsächlich aus wirtschaftlichen Gründen gehen, kann das eine Trennungslawine auslösen, die der Organisation schneller als erwartet - oder gerade deshalb - das Genick bricht. Daher ist eine transparente Kommunikation dem Team gegenüber essenziell, um keine (unnötige) Unruhe aufkommen zu lassen. Auch wenn die Trennung vom Product Owner verhaltensbedingt ist, braucht das Team eine plausible Erklärung und darf über die Gründe nicht im Unklaren gelassen werden.

7.3.4 Ein Teammitglied geht

Im Gegensatz zur klassischen Organisation ist die Kündigung eines Teammitglieds keine Sache, die sich nur zwischen dem einzelnen Mitarbeiter und der disziplinarischen Führungskraft abspielt. Die disziplinarische Führungskraft darf ein Teammitglied nicht einfach entlassen (schwerwiegende Verstöße ausgenommen), ohne vorher zumindest den ScrumMaster, im Idealfall auch den Product Owner, einzubinden. Wie bereits erwähnt geht mit einem Teammitglied nicht nur dessen fachliche Kompetenz, sondern auch seine Funktion in einem sozialen Gefüge. Einer endgültigen Entscheidung gehen bei verhaltensbedingten Kündigungsabsichten also immer erst die Bemühungen des Teams zur Lösung vorhandener Konflikte voraus. Erst wenn sich dadurch keine Verbesserung zeigt, wird die Kündigung ausgesprochen. Wie sehr ein Team in seiner Produktivität ins Wanken gerät, kommt immer darauf an, welches Teammitglied ausgetauscht wird. Nicht jeder Abgang eines Teamkollegen wirkt sich negativ aus. Tatsache ist, dass ein Team manchmal erst zu Höchstleistungen aufläuft, weil es sich von einem Bremsklotz befreit hat. Die Aufgabe des ScrumMasters ist es in dieser Zeit, das Team bei seiner Neuorganisation zu unterstützen. Er thematisiert die Auswirkungen der Trennung im Daily Scrum, damit das Team selbst erkennt, wie es in der Übergangsphase zu einem neuen Kollegen den Abgang durch eine Umverteilung von Aufgaben kompensieren kann.

7.4 Betroffene der Trennung

Wenn vom Thema Kündigung die Rede ist, steht meistens eine Perspektive im Vordergrund: die des Gekündigten. Das ist auch verständlich. Denn er ist es, der bei einer Kündigung, die vom Unternehmen ausgesprochen wird, auf einen Schlag mit Fragen und Problemen in einer persönlichen Dimension konfrontiert wird, die er einen Tag zuvor noch nicht hatte. Natürlich gibt es sie, die eiskalten Rausschmeißer, die Kündigungen ohne mit der Wimper zu zucken aussprechen. Man kann aber davon ausgehen, dass der Großteil der Personalverantwortlichen schwer mit diesen emotional belastenden Situationen zu kämpfen hat. Und schließlich sind da noch jene, die zurückbleiben: Das Team, das sich je nach Ausgangssituation und wahrnehmbarer Atmosphäre Fragen von der Gerechtigkeit bis hin zur eigenen Jobsicherheit stellt.

Sehen wir uns also an, wie sich eine Trennung auf alle Beteiligten auswirkt.

Der Überbringer der schlechten Nachricht – die disziplinarische Führungskraft

In den letzten Kapiteln haben wir immer wieder gezeigt, dass ursprünglich rein auf die disziplinarische Führungskraft (Manager) konzentrierte Aufgaben sich durch die Rollen in Scrum neu aufteilen. Trennungsgespräche, vor allem wenn es um das tatsächliche Aussprechen einer Kündigung geht, bleiben hingegen zur Gänze an der disziplinarischen Führungskraft hängen. Auch wenn es im Vorfeld Beratungen mit ScrumMaster und/oder Product Owner gegeben hat: Die Hiobsbotschaft selbst überbringt der Vorgesetzte. Manager werden in ihrer Laufbahn zu vielen Aspekten ihrer Führungsrolle trainiert – Zeitmanagement, Motivation, Verhandlungstaktik, Kampfrhetorik und was es sonst noch alles gibt. In den seltensten Fällen bekommen sie aber die Möglichkeit, Trennungs- oder Kündigungsgespräche zu üben. Bewerbungs- und Einstellungsgespräche werden bis ins Detail durchgeplant und vorbereitet, selbst falls ein Bewerber nicht aufgenommen wird, hat der gesamte Prozess immer etwas Positives, etwas von Aufbruchsstimmung und Erneuerung. Im Trennungsprozess wird eine Führungskraft mit einer emotionalen Bandbreite konfrontiert, die das genaue Gegenteil darstellt. Vor allem bei betriebsbedingten Kündigungen meldet sich das soziale Gewissen: Wie geht es mit diesem Mitarbeiter weiter? Wie schnell wird er einen neuen Job finden, wie wirkt sich die Kündigung auf seine Familie aus? Wie viele Kündigungen dieser Art werde ich noch aussprechen müssen, wann geht es mir an den Kragen und habe ich vielleicht selbst in meiner Managementrolle versagt? Dazu kommt noch der persönliche Bezug zu einem Mitarbeiter: Man soll jemandem, den man mag und schätzt, innerhalb von fünf Minuten einige seiner Perspektiven wegnehmen. Man weiß, dass dieser Mensch für diesen Job vieles auf sich genommen hat, vielleicht sogar einen Umzug. Man weiß, dass er mit Hilfe dieses Jobs vielleicht gerade andere Weichen in seinem Leben gestellt hat, vielleicht gründet er gerade eine Familie. Plötzlich findet sich der Vorgesetzte in der Rolle des „Bösen“ wieder, als Vollstrecker.

Natürlich kann es aber auch genau umgekehrt sein, vor allem wenn die Kündigung verhaltensbedingte Ursachen hat. Insgeheim ist man als Führungskraft froh, dass der Mitarbeiter endlich geht, aber so direkt zeigen kann man das ja auch nicht. Meistens holen den Vorgesetzten in dieser Situation auch die Unehrlichkeiten und Oberflächlichkeiten der Vergangenheit ein: Bei seinen Leistungsbeurteilungen hat er den Mitarbeiter doch immer gut bewertet und das alles soll plötzlich nichts mehr wert sein? Gerade bei verhaltensbedingten Trennungen ist auch die Gefahr groß, dass sich das Karussell der Schuldzuweisungen zwischen Mitarbeiter und Führungskraft zu drehen beginnt. Das bringt am Ende nichts, nur der Scherbenhaufen ist noch ein Stück größer geworden.

Führungskräfte versuchen daher, solchen Situationen auszuweichen. Sie schieben das Gespräch so lange auf, bis es wirklich nicht mehr anders geht, oder sie werfen die heiße Kartoffel gleich der Personalabteilung zu, schließlich ist das doch deren Aufgabe. In der Zwischenzeit ist die Luft im Team zum Schneiden dick, weil jeder ahnt, dass etwas im Busch ist. Wenn es dann endlich zum Gespräch kommt, wird versucht, es so schnell wie möglich und mit mehr oder weniger geeigneten Selbstschutztechniken wie Zynismus, Distanziertheit, Abwertung oder Arroganz rumzubiegen. Der Mitarbeiter steht danach zwar erst einmal ratlos im Regen, aber der wichtigste Teil ist schnell und für die Führungskraft schmerzlos über die Bühne gebracht.

Der emotionale Stress mag solche Reaktionen eines Vorgesetzten vielleicht entschuldigen, aber sie gehören zu den letzten Eindrücken, die ein scheidender Mitarbeiter von der Kultur eines agilen Unternehmens mitnimmt. Wenn zuvor immer von Werten, Wertschätzung und dem hohen Stellenwert der Kommunikation gesprochen wurde, wie passt dazu dann ein zynisches Trennungsgespräch als Schlusspunkt?

Führungskräfte können Trennungsgespräche zwar nicht einfach abschieben, aber sie können sich Hilfe holen. Grundvoraussetzung ist, dass Trennungsprozesse den gleichen Stellenwert bekommen wie Einstellungsprozesse, und sich auch hier die Werte von Scrum wiederfinden: Commitment, Fokus, Offenheit, Mut und Respekt.

- Die Personalabteilung sollte sich in einem agilen Unternehmen Programme überlegen, in denen Manager den Umgang mit diesen herausfordernden Situationen lernen können.
- Vor einem Trennungsgespräch können die Kollegen der Personalabteilung als neutrale Coaches der Führungskraft helfen, sich über die eigene Haltung und den eigenen Standpunkt in dieser Situation klar zu werden. Gemeinsam kann der spezifische „Fall" noch einmal reflektiert werden und daraus die Inhalte, Argumentationen und der Ablauf des Gesprächs definiert und mögliche Reaktionen durchgespielt werden.
- Auch im Trennungsgespräch selbst bzw. in den Folgegesprächen kann die Personalabteilung der Führungskraft zur Seite stehen und als Mediatorin eingreifen, wenn die Lage zu eskalieren droht. Außerdem kann sie dem Gekündigten alle entstehenden rechtlichen Fragen beantworten. Gemeinsam mit Führungskraft und dem Gekündigten kann die Personalabteilung auch klären, wie die Zeit bis zum tatsächlichen Austritt gestaltet werden soll, ob Unterstützung bei der Jobsuche benötigt wird, wie die Kommunikation dem verbleibenden Team, diversen Ansprechpartnern im Unternehmen, Kunden und Lieferanten gegenüber aussehen soll.

Die Personalabteilung ist im Trennungsmanagement nicht der bloße Erfüllungsgehilfe und Abwickler administrativer Notwendigkeiten, sondern sollte strategische Führungsentwicklungsarbeit leisten. Denn eine Führungskraft sieht sich im Trennungsprozess, vor allem wenn es um Kündigungen in einem größeren Ausmaß geht, nicht nur einer schwierigen Situation dem Gekündigten gegenüber. Gleichzeitig übt womöglich die Geschäftsleitung Druck aus, der Betriebsrat schaltet sich ein, die restlichen Mitarbeiter wollen Antworten auf manchmal nur latent im Raum stehende Fragen und die eigene Familie stellt auch ihre Ansprüche nach Ausgeglichenheit. Allen diesen Erwartungen gerecht werden zu müssen, kann selbst die stärkste Persönlichkeit manchmal in die Knie zwingen. Daher sind Training, Vorbereitung, Begleitung und Unterstützung unbedingt nötig.

Das Opfer – der Gekündigte

In einem agilen Unternehmen sollte eine Kündigung für einen Mitarbeiter keine vollkommene Überraschung sein. Sowohl bei einer betriebsbedingten als auch bei einer verhaltensbedingten Trennung darf eine Führungskraft nicht einfach eigenmächtig jemanden bestimmen, der gehen muss. In beiden Fällen sollten – je nachdem, welcher Rolleninhaber gekündigt wird – vor der Trennung auch Gespräche im Team, mit dem ScrumMaster und dem Product Owner stattgefunden haben. Doch egal, um welche Art der Kündigung es sich handelt: Wenn diese in der Lebensplanung des betroffenen Mitarbeiters gerade nicht vorgesehen war, löst das Unsicherheiten auf mehreren Ebenen aus. Natürlich sind da zunächst die existenziellen Ängste, vor denen auch noch so talentierte Menschen nicht gefeit sind, die objektiv betrachtet wahrscheinlich bald wieder einen neuen Arbeitsplatz finden werden. Noch stärker können diese Ängste bei Lowperformern auftreten, denen gesagt wird, dass ihre Leistung für ein hyperproduktives Team nicht ausreicht. So sehr die Zusammenarbeit im Team motivieren kann, so schlimm kann es auch sein, von diesem Team „verstoßen" zu werden. Bei verhaltensbedingten Kündigungen war es schließlich nicht nur die Führungskraft, die entschieden hat, und der man zur Not noch Unwissen vorhalten könnte. Im Fall von Scrum fällt bei verhaltensbedingten Kündigungen die Entscheidung durch mehrere Menschen, die zu einem gemeinsamen Urteil gekommen sind. Dazu gerät man dann auch noch in den Erklärungsnotstand den Kollegen aus anderen Abteilungen und Kunden gegenüber, aber auch im privaten Umfeld, denn wer sagt schon gerne offen, dass man einfach nicht genügt hat? Ohnehin wird man nach einem Jobverlust von der Umgebung plötzlich anders behandelt. Zunächst noch mit Mitleid, manchmal mit einem aufmunternden „ist besser so, das war nichts für dich". Je länger die Jobsuche andauert, desto unerträglicher wird das Mitleid, und die aufmunternden Worte bekommen einen etwas ungeduldigen Unterton.

Die Reaktionen der Gekündigten fallen natürlich unterschiedlich aus. Die Bandbreite reicht von einer irritierenden Selbstbeherrschtheit, über das Aufbrausen, den beunruhigenden Schockzustand bis zum Verhandeln und dem Versuch, die Führungskraft zu Zugeständnissen zu drängen.[3] Führungskräfte sind – mit Unterstützung der Personalabteilung – hier besonders gefordert, diese Zustände zu erkennen und mit größter Sensibilität zu handeln, weil schon ein falsches Wort manchmal die Situation noch schlimmer machen kann. Die Reaktion des Betroffenen ist auch ein Anhaltspunkt dafür, wie die Phase des Ausstiegs für ihn, aber auch für das Team gestaltet werden sollte, weil die schlechte Stimmung eines Einzelnen natürlich die Stimmung im gesamten Team und damit auch die Leistung beeinflussen kann.

Die Zurückbleibenden

Gerade bei Restrukturierungen drehen sich alle Bemühungen rund um jene Menschen, die das Unternehmen verlassen müssen. Für Stabilität und Kontinuität in der Leistung sorgen aber diejenigen, die zurückbleiben. Das Übersehen dieses Faktums setzt vor allem bei betriebsbedingten Kündigungen einen Teufelskreis in Gang. Durch die mangelnde Kommunikation beginnen die verbliebenen Mitarbeiter von selbst, das sinkende Schiff zu verlassen. Meistens sind es vor allem die leistungsstarken Teammitglieder, die auch aufgrund ihres Könnens, ihrer Erfahrung und ihrer Persönlichkeit für die anderen ein gewisser Ankerpunkt sind. Es ist nicht genug Geld da, um die Restbelegschaft wenigstens noch extrinsisch zu motivieren, gleichzeitig lässt die Leistungsfähigkeit des Unternehmens rapide nach, weitere Auftragsverluste sind die Folge. Michael Lopp beschreibt die Situation aus Sicht der Mitarbeiter in seinem Buch „Beeing Geek" folgendermaßen:[4]

„Culture assessment is an information game, and it's never over. Your career depends on your ability to continually situate yourself in such as a way that, as quickly as possible, you can assess subtle changes in the culture of your company.

I wasn't concerned when Netscape started losing market share to Microsoft. I didn't sweat it when the stock price stalled. The reason I started thinking about my next gig was, months before either of these two events occurred, one of the lunchtime bridge team left.

The game stopped. The small group of four no longer spent a long lunch quietly, unknowingly defining the culture of the company, and everyone who was watching noticed. They noticed

---

3 Andrzejewski 2004
4 Lopp 2010

when one of those who had humbly done work that defined the company no longer believed enough to stay.“

Wenn einer Trennung nicht zermürbende Konflikte und Leistungsblockaden vorangegangen sind, hat das Team mit dem Verlust eines geschätzten Kollegen zu kämpfen. Bei betriebsbedingten Kündigungen leidet das Vertrauen in die Unternehmensführung, man überlegt hin und her, ob man selbst schon auf der Abschussliste steht. Dazu kommt noch die Frage, wie man denn die zusätzliche Aufgabenlast bewältigen soll, wenn für eine Nachbesetzung nicht genügend finanzielle Mittel vorhanden sind. “Trennungspapst” Laurenz Andrzejewski beschreibt auch einen sehr interessanten Aspekt, der sowohl bei betriebs- als auch verhaltensbedingten Kündigungen oft vergessen wird: Die Mitarbeiter, die bleiben, nehmen es einer Führungskraft besonders übel, wenn die Arbeit des Gekündigten nicht abschließend gewürdigt und Dank ausgesprochen wird.[5] Diese Würdigung erlaubt es – auch wenn jemand gehen musste, weil er seine Leistung nicht erbracht hat – einen positiven Schlussstrich unter Konflikte zu ziehen, die den Rest der Mannschaft sonst noch eine ganze Weile beschäftigen, auch wenn die Konfliktursache das Unternehmen bereits verlassen hat.

In einem agilen Unternehmen hat vor allem der verhaltensbedingte Abgang eines Kollegen auf das Team aber noch eine ganz andere Wirkung. Plötzlich fehlt der Sündenbock. Das Team hat nun auch die Beweislast, dass wirklich nur dieses eine Teammitglied die Performance gehemmt hat. Dass es wirklich der unpassende ScrumMaster war, der das Team nicht auf Schiene bringen konnte. Dass es wirklich der unorganisierte Product Owner war, der die Vision einfach nicht rübergebracht hat und nicht zur Priorisierung fähig war.

Was Teams nach dem Kündigungsverlust eines Kollegen auf jeden Fall brauchen, ist eine Form des Abschlusses und des Neubeginns. Sie brauchen Zeit, sich neu zu formieren und Beziehungen – zum Beispiel mit neuen Kollegen – neu zu definieren, aber auch, um wieder Vertrauen in die Führung zu gewinnen.

7.5 Umgang mit Trennungsprozessen

Trennungen sind nichts, womit man sich auseinandersetzen möchte, bevor sie nicht akut werden. Dieses Thema in den Prozessen und Strukturen eines Unternehmens auszuklammern, ist ein fataler Fehler. Unkoordiniert und unprofessionell verlaufende Trennungsprozesse schaffen Unruhe im Haus, unterminieren die Motivation jener, die im Unternehmen bleiben, und geben auch am Markt ein schlechtes Bild ab, wenn z.B. bei Kündigungswellen sehr kaltblütig vorgegangen wird oder Kunden wegen der hohen Fluktuationsraten schon nicht mehr wissen, wer nun eigentlich ihr Ansprechpartner ist. Mit einer „hire & fire“-Mentalität verscherzt es sich ein Unternehmen auf Dauer auch auf dem Talentmarkt, weil das Image Schaden nimmt. Wenn ein Mitarbeiter aus seinem eigenen Weiterentwicklungsbedürfnis heraus geht, lässt ein sorgsamer Trennungsprozess die Option offen, dass er in Zukunft wieder

[5] Andrzejewski 2004

in das Unternehmen zurückkehrt - mit vielfältigerem Know how und zusätzlichen Blickwinkeln, die er in der Zwischenzeit gewonnen hat.

Und schlussendlich geht es bei der Trennung von einem Mitarbeiter auch immer um Kosten: um direkte Kosten wie Abfindungen, Anwalts- und Prozesskosten, Restgehälter und Boni, aber auch um indirekte Kosten, die durch Leistungseinbrüche, Demotivation oder Imageverlust entstehen.

Gerade für ein agiles Unternehmen, in dem - neben den ethischen Werten - Effizienz und Motivation die wichtigsten Erfolgsfaktoren sind, sollten auch Trennungsprozesse so gestaltet sein, dass sich die entstehende Unruhe in Grenzen hält. Die Basis dafür ist ein weiterer agiler Erfolgsbaustein: Kommunikation.

Strategisches Bewusstsein schaffen

Der erste wichtige Kommunikationsschritt: In den Führungsetagen und bei allen in Trennungsprozessen involvierten, verantwortlichen Personen muss sich das Bewusstsein etablieren, dass Trennungsmanagement genauso ein personalpolitisch erfolgskritischer Prozess ist wie Einstellungsverfahren oder Personalentwicklungspläne. Der Umgang mit Trennungen ist ein Ausdruck der Unternehmenskultur. Andrzejewski definiert die Trennungskultur eines Unternehmens als „die Summe aller Regeln und Maßnahmen, die Trennungen und Veränderungen in Unternehmen fair und professionell machen. Trennungs-Kultur ist manifest, wenn Trennungen und Veränderungen mit möglichst geringen Verletzungen der Persönlichkeit aller Beteiligten einhergehen."[6] Die Schaffung einer Trennungskultur ist also auch Bestandteil der Organisationsentwicklung oder des Change Managements, in dem vor allem auch die Personalabteilung die treibende Kraft sein muss. Sie muss Antworten auf einige der folgenden Fragen finden:[7]

- Was heißt für uns Trennungskultur und welchen Stellenwert genießt sie im Unternehmen?
- Wie gehen wir mit Trennungen um? Welche Haltung haben wir gegenüber Trennungen?
- Welche Kündigungsstrategie wollen wir verfolgen? Welche Werte sind uns wichtig?
- Wer sind die betroffenen, relevanten Umwelten von Trennungen?
- Welchen grundsätzlichen Umgang pflegen wir mit Gekündigten in allen Phasen - vor der Kündigung, im Gespräch, bis zum tatsächlichen Austritt und danach?
- Wie unterstützen wir die Führungskräfte in den einzelnen Phasen? Welche Schulungen und Coachings integrieren wir in die Entwicklungsmaßnahmen disziplinarischer Führungskräfte, aber auch des ScrumMasters?
- Wie gehen wir mit den Menschen um, die im Unternehmen bleiben?
- Wie kommunizieren wir über dieses Thema: offen oder ist es ein Tabu?

---

[6] Andrzejewski 2004
[7] Stark 2003

Zuständigkeiten definieren

Einem Trennungsprozess gehen in der Regel mehrere Eskalationsstufen voraus. Sowohl bei betriebsbedingten als auch bei verhaltens- oder personenbedingten Trennungen beginnt sich zunächst einmal ein Problem zu manifestieren, entweder wirtschaftlicher oder leistungsbezogener Natur, das also vom Management, vom ScrumMaster oder vom Team registriert und aufs Tapet gebracht wird. zeigt noch einmal die Zuständigkeiten bei einer verhaltensbedingten Trennung auf.

TABELLE 7.1 Zuständigkeiten bei verhaltensbedingten Trennungen

Team	▪ Offenlegung des Problems im Daily Scrum ▪ Versuch der Unterstützung des Betroffenen ▪ Chance zur Verbesserung geben
ScrumMaster	▪ Gespräch über das Problem mit dem Betroffenen suchen ▪ Bei erfolglosen Verbesserungsversuchen: Eskalation zur disziplinarischen Führungskraft ▪ Kommunikation mit dem Team über Konsequenzen für die weitere Arbeit und Neuorganisation
Manager (disz. Führungskraft)	▪ Gespräch mit dem Betroffenen über interne Versetzungsmöglichkeiten ▪ Keine interne Lösung: Veranlassung der Kündigung, Führen des Kündigungsgesprächs ▪ Kommunikation mit dem Team über die Entscheidung (Würdigung) ▪ Kommunikation mit weiteren internen und externen Betroffenen
Personalabteilung	▪ Unterstützung der Führungskraft im Gespräch ▪ Klärung der rechtlichen Aspekte ▪ Angebote zur Unterstützung bei der Jobsuche

Bei betriebsbedingten Kündigungen – möglicherweise im größeren Umfang – ist die Frage der Zuständigkeiten wesentlich komplexer und würde den Rahmen dieses Buches sprengen. Hier kommen noch weitere Akteure wie der Betriebsrat, die Öffentlichkeit, Partner und Lieferanten ins Spiel. Wichtigster Aspekt ist aber auch hier die offene Kommunikation des Managements über die Problemlage und die sorgsame „Auswahl" der zu Kündigenden mit jenen Personen, die unmittelbar mit dem Team zusammenarbeiten – also ScrumMaster und Product Owner.

Kommunikation

Neben dem Schock, den eine Kündigung (aber auch eine interne Trennung) an sich auslösen kann, ist es meistens die Art und Weise, wie diese Gespräche geführt werden, die das Ausmaß der „Verletzung“ beim Betroffenen beeinflusst. Diese Verletzungen entstehen durch die Unsicherheit der Führungskräfte, die wir bereits beschrieben haben. Es kommt durchaus vor, dass Betroffene einfach per E-Mail und zu den unpassendsten Zeitpunkten, zum Beispiel vor Feiertagen, von ihrer Kündigung in Kenntnis gesetzt werden. Im Wesentlichen sind bei einem Trennungsgespräch vier Punkte zu beachten:[8]

- **Wer**
  Der direkte Vorgesetzte muss das (erste) Gespräch führen, nicht die Personalabteilung.
- **Wann**
  Dem Gespräch geht eine gute Vorbereitung voraus. Es findet so bald wie möglich nach der Entscheidung statt, damit sich der Betroffene auch bereits neu orientieren kann oder Outplacement-Programme[9] starten können. Ob das Gespräch länger oder kurz vor dem tatsächlichen Trennungstermin geführt wird, unterliegt aber natürlich auch unternehmensspezifischen Fragen, wenn damit zum Beispiel die Gefährdung von Daten zusammenhängt oder andere Effekte von sinkender Loyalität zu erwarten sind. Trennungsgespräche sind nichts, was man unbedingt noch vor dem Wochenende, an einem Freitag, rasch über die Bühne bringen sollte. Genauso sind persönliche Festtage, wie der kurz bevorstehende Geburtstag des Betroffenen oder Jubiläen, nicht der beste Zeitpunkt für Hiobsbotschaften.
- **Wo**
  Ein Trennungsgespräch findet nicht vor Publikum statt, sondern für andere uneinsehbar in einem separaten Raum.
- **Wie lange**
  Trennungsgespräche sollten tagsüber stattfinden und zunächst maximal 15 Minuten dauern. Sie enden aber mit der Vereinbarung von Folgegesprächen.

Für die Führungskraft, die das Gespräch führen muss, ist die Vorbereitung das A und O. Im Vorfeld müssen in Zusammenarbeit mit der Personalabteilung Personalakten und Verträge studiert werden, um rechtliche Aspekte und Fristen abzuklären. Möglicherweise ist auch der Betriebsrat zu informieren. Die inhaltliche Vorbereitung umfasst aber auch die genaue Beschäftigung mit den Ursachen einer verhaltensbedingten Kündigung, der klaren Ausformulierung des Trennungsgrunds, mögliche Gegenargumente des Betroffenen, Angebote, die man dem Gekündigten machen kann, und die weitere Vorgehensweise. Neben den harten Fakten sollte sich eine Führungskraft aber innerlich auch mit der Person selbst auseinandersetzen. Es sollten Informationen über die persönliche Situation eingeholt werden, damit man sich auch schon auf mögliche Reaktionen vorbereiten kann. Vor allem bei verhaltensbedingten Kündigungen muss die Führungskraft zwischen Mensch und Leistungsträger differenzieren und sich darüber klar werden, dass ein Trennungsgespräch keine Abrechnung ist. Im Gespräch

[8] Andrzejewski 2004

[9] „Outplacement“ ist vor allem bei größeren betriebsbedingten Kündigungswellen eine Dienstleistung des Unternehmens für die betroffenen Mitarbeiter. Dabei werden die Ausscheidenden bei ihrer Neuorientierung unterstützt: von der Analyse der Karriereperspektiven bis hin zum Entwickeln individueller Bewerbungsstrategien, der Beurteilung von Stellenangeboten, dem Coaching für Bewerbungsgespräche und der Unterstützung bei Arbeitsverträgen.

selbst muss die Trennungsbotschaft deutlich formuliert sein und in den ersten Sätzen transportiert werden. Ausschweifende Gesprächseinleitungen haben hier keinen Platz, weil sie nur für Verwirrung und Missverständnisse sorgen. Das (erste) Trennungsgespräch sollte also in vier Phasen verlaufen:

1. Einleitung ohne Smalltalk, Überbringen der eindeutigen Trennungsbotschaft
2. Trennungsbegründung (auf Basis einer nachvollziehbaren Faktenlage)
3. Umgang mit (Schock)Reaktionen, Verständnis zum Ausdruck bringen
4. Abschluss des ersten Gesprächs und Vereinbarung von Folgegesprächen für etwaige Verhandlungen

Der emotional aufgeheizte Rahmen des ersten Trennungsgesprächs ist meistens nicht ideal, um gleich über die harten Fakten der Trennungsformalitäten zu diskutieren. Das ist Teil von Folgegesprächen, in denen das Kündigungspaket ausgehandelt werden kann. Folgegespräche sind aber auch dazu da, um über die auftretenden Gefühle des Mitarbeiters zu reden, näher darauf einzugehen und möglicherweise auch in diesem Bereichen mögliche Hilfestellung zu überlegen.

Kommunikation mit den Zurückbleibenden

Der Mitarbeiter, der sich vom Unternehmen trennt oder getrennt wird, war kürzere oder längere Zeit Teil eines Teams. Die Trennung wiegt umso schwerer, wenn die persönliche Basis, nicht aber die Leistung gestimmt hat. Wie die Abnabelung vom Team gestaltet wird, hängt natürlich auch von den Wünschen des ausscheidenden Mitarbeiters ab. Im agilen Einstellungsprozess wird ein neuer Mitarbeiter schon möglichst früh in die Aktivitäten des Teams eingebunden, im Idealfall gibt es auch ein offizielles Aufnahmeritual (z.B. ein gemeinsames Essen). Wenn keine schwerwiegenden Gründe wie Sicherheitsinteressen dagegen sprechen, sollte also auch ein ausscheidender Kollege nicht plötzlich von allem ausgeschlossen werden. Er sollte in den Daily Scrums noch die Möglichkeit haben, den Stand seiner Aufgaben hinreichend aufzuzeigen, zu erklären und zu delegieren. Auf jeden Fall sollten in der letzten Besprechung, an der der Gekündigte teilnimmt, alle Beteiligten - Führungskraft, ScrumMaster, Product Owner und Team - ihren Dank und Respekt aussprechen. Das ist auch angebracht, wenn ein Kollege nicht im besten Einvernehmen mit dem Rest des Teams geht. Es bietet die Möglichkeit, Konflikte ad acta zu legen. Wenn es vom Team und vom Gehenden gewünscht ist, sollten auch Zeit und Mittel für ein abschließendes gemeinsames Trennungsritual bereitgestellt werden (z.B. ebenfalls ein gemeinsames Essen), in dessen Rahmen auch die vorherrschenden Gefühle Ausdruck finden können.

Möglicherweise findet ein Team nach einer Trennung gleich wieder in seinen Arbeitsrhythmus, vielleicht auch gerade wegen der Trennung. Auf jeden Fall muss sich aber auch die disziplinarische Führungskraft Zeit dafür nehmen, die nun anstehenden Veränderungen zu besprechen, und auch zu signalisieren, dass das Team die Zeit bekommt, um sich neu zu organisieren. Das Team sollte auch dafür Anerkennung bekommen, dass es in einer schwierigen Zeit mit seiner Leistung und Kooperationsbereitschaft einen wichtigen Beitrag leistet. Dabei sollte auch angesprochen werden, ob noch weitere Veränderungen auf das Team zukommen oder ob es „das jetzt einmal war". In dieser Zeit sollten nicht einfach massenweise Anweisungen und Memos verschickt werden, sondern die anstehenden Themen wirklich *besprochen* werden. Eine Führungskraft muss auch damit rechnen, dass die Teammitglieder ein stärkeres Bedürfnis an Einzelgesprächen haben als sonst, und darf dieses Bedürfnis nicht einfach abblocken. Es kann nicht schaden, als Führungskraft auch die eigene Befindlichkeit im Trennungsprozess offenzulegen und die Verbliebenen um ihre Loyalität und Unterstützung zu bitten.

Was wir in diesem Kapitel liefern konnten, waren nur einige Aspekte und Vorschläge, denn die konkrete Gestaltung von Trennungsprozessen ist so unterschiedlich wie die Unternehmen, in denen sie stattfinden, und wie die Menschen, die in diesen Prozessen agieren müssen. Wir haben zu Beginn gesagt, dass Trennungen „normalisiert" werden sollten, weil sie zum Leben generell und in dynamischen Branchen auch zum Arbeitsalltag gehören. „Normal" möchten wir aber nicht mit „egal" gleichsetzen. Wenn wir in Scrum für uns in Anspruch nehmen, Menschen mit all ihren Fähigkeiten und Persönlichkeiten zu respektieren, dürfen Menschen auch nicht einfach als Zugänge oder Abgänge betrachtet werden. Trennungsmanagement ist also eine einzige große emotionale Führungsherausforderung, wenn man es respektvoll und mit Weitblick betreiben will.

Zusammenfassung

Das Kommen und Gehen von Mitarbeitern bestimmt den Alltag eines Unternehmens heute wesentlich stärker, als es in der Vergangenheit der Fall war. Wissensbasierte Unternehmen, wie es auch agile Organisationen in der Softwareentwicklung sind, können von häufigen Trennungen von Mitarbeitern umso schwerer getroffen werden, wenn sie es nicht schaffen, das Wissen der Mitarbeiter rechtzeitig und richtig zu verteilen. Grundsätzlich sollte also immer zunächst nach anderen Einsatzmöglichkeiten für einen Mitarbeiter gesucht werden, bevor eine Kündigung stattfindet. Trennung betrifft aber nicht nur das endgültige Auseinandergehen von Unternehmen und Mitarbeiter. In einer agilen Organisation treten ständig die unterschiedlichsten Formen interner Trennungen auf, die sich vor allem auf den Wechsel zwischen Teams und den Wechsel zwischen Rollen beziehen. Diese Trennungen können sowohl langfristig als auch temporär sein, sollten aber weitestgehend „normalisiert" werden. Das gelingt durch offene Kommunikation, aber auch durch die Einstellung, dass interne Trennungen auch eine Möglichkeit der persönlichen Weiterentwicklung sind, in deren Rahmen man neue Sichtweisen kennenlernt.

Was endgültige Trennungen betrifft, ist allgemein zu beobachten, dass der Gestaltung von Trennungsprozessen in Unternehmen nicht die Aufmerksamkeit geschenkt wird, die sie durch ihre emotionale Behaftung und die daraus resultierenden Folgen auf das Unternehmensimage eigentlich bekommen sollten. Die Verantwortlichen in einer agilen Organisation sollten sich daher bewusst sein, dass sich agile Werte und das agile Mindset auch in einer entsprechenden „Trennungskultur" widerspiegeln sollten. Ziel sollte nicht ausschließlich eine rasche Abwicklung sein, sondern vor allem der respektvolle Umgang mit den ausscheidenden Mitarbeitern, aber auch mit jenen Mitarbeitern, die nach einer Trennung zurückbleiben. Die Personalabteilung sollte ihren Beitrag darin sehen, das Bewusstsein für die Bedeutung einer Trennungskultur in einem Unternehmen zu schaffen und den Verantwortlichen – vor allem disziplinarischen Führungskräften und ScrumMastern – die Unterstützung in Form von Trainings und Coachings zukommen zu lassen, die sie für diese herausfordernde Aufgabe brauchen.

8 Leadership

8.1 Klassisches Führungsverständnis

Wenn Wirtschaftskrisen ihre bedrohlichen Schatten werfen, beginnt in den Führungsetagen einiger Unternehmen wieder das Bedürfnis nach zentraler Planung, Anordnung, Kontrolle und Linearität zu keimen. Zurück zum „Management by Controlling", die Zahlen müssen stimmen, alles andere ist egal. Ein durchaus verständlicher Ansatz, der in einer haltlosen Welt ein Mindestmaß an Orientierung geben soll. Von der Sinnhaftigkeit her ähnelt diese Reaktion aber dem analogen Krisenverhalten, die Marketingbudgets runterzufahren. Eine Reaktion, die Abwärtsspiralen nur noch verschlimmert, denn wenn ich unsichtbar bin, kann ich nicht verkaufen.

Gerade für wissensbasierte Organisationen hat die Rückkehr zu „Law and Order" fatale Folgen. „Der Reflex, der angesichts der Wirtschaftskrise droht: Je härter die Umweltbedingungen, desto weniger Stellenwert wird den Sozialkompetenzen beigemessen. Die Konsequenz: Unternehmen verlieren wesentliches Humanpotenzial durch Abwanderung der Besten, denn trivialisieren lassen sich Menschen nur dann, wenn sie keine anderen Optionen haben."[1] Im schlimmsten Fall warten also die besten Mitarbeiter gerade mal die härtesten Phasen ab, um sich still und leise nach Alternativen umzusehen. Dabei gäbe es doch sinnvollere Wege durch Krisen aller Art, denn Loyalität setzt Kommunikation voraus. Die meisten Menschen sind bereit, ihren Beitrag zur Meisterung schwieriger Situationen zu leisten - man muss sie allerdings in Entscheidungen einbinden, anstatt sie zu instrumentalisieren.

Pawlow'sche Methoden

Klassische Führung in ihrer schlimmsten Form basiert auf dem Verständnis, dass Menschen zur Arbeit gezwungen werden müssen. Oder in Anlehnung an Iwan Pawlows klassische Konditionierung anders ausgedrückt: Der richtige Reiz löst auch einen Reflex aus. Diese Denkweise stammt aus den Zeiten der industriellen Revolution. Löhne wurden damals täglich ausgezahlt, denn in einem Punkt waren sich die Besitzer unsicher: Würden die Arbeiter am nächsten Tag aus eigenem Antrieb wieder in die Fabrik kommen? Am frühen Morgen lief der „Wecker" durch die Straßen: ein Mensch, der die Leute aus dem Bett rief, damit sie rechtzeitig zu Ar-

[1] Kasper 2010

beitsbeginn vor Ort waren. Über Jahrzehnte hinweg mussten Menschen erst dazu gebracht werden, morgens pünktlich zur Arbeit zu erscheinen. Angesichts der Arbeitsbedingungen war Geld der einzige Antrieb, so wie es auch in unseren Tagen für die ausgebeuteten Menschen in Entwicklungsländern der einzige Antrieb ist. Die Besitzer der Fabriken wussten nicht einmal, wie ihre Arbeiter tatsächlich lebten, so wie es auch heute noch viel zu oft der Fall ist.

Das klassische Führungsverständnis hat eine weitere, für uns heutzutage „unangenehme" Quelle, die wir gerne übersehen: die militärische Tradition. Die meisten Ideen darüber, was Strategie ist, wie man Menschen führt und wie man sie motiviert, stammen aus den Erfahrungen der Soldaten, die dann in den Offiziersschulen weitergegeben werden.

Denken nach der Stechuhr

In großen deutschen Automobilkonzernen werden im Verwaltungsbereich tatsächlich noch Stechkarten eingesetzt. Wir reden hier von gut bezahlten Mitarbeitern mit Hochschulabschluss, die alle Annehmlichkeiten eines Großbetriebes genießen, in voll-klimatisierten Büros sitzen, bei besten Lichtverhältnissen und wunderbaren Arbeitsbedingungen. Sie müssen mit einem System leben, das für eine völlig andere Situation erfunden wurde: die Arbeit am Band unter schlechten Arbeitsbedingungen und mit möglichst wenig Pausen. Diese Mitarbeiter müssen also per Stechkarte festhalten, wann sie für das Unternehmen zu denken beginnen und wann sie damit wieder aufhören. Diese Menschen wären sicherlich selbst in der Lage zu beurteilen, wann sie eine kreative Pause brauchen, und würden ihre geforderte Leistung auch erbringen, ohne sie mit einer Stechuhr zu beweisen. Solche Ansätze, die Kreativität und geistiges Schaffen einschränken, werden früher oder später dazu führen, dass diese Mitarbeiter Dienst nach Vorschrift machen. Denn wenn dieser Mitarbeiter, weil er dazu Lust hat, einige Wochen lang für das Projekt Überstunden macht, dann ist das gegen die sicherlich gut gemeinten Regeln, die natürlich ihre Daseinsberechtigung haben. Diese Regeln wurden aber für die Industriegesellschaft, nicht für die Informationsgesellschaft gemacht.

Nach wie vor ist das Bild des Arbeiters weit verbreitet, dem man sagen muss, was er zu tun hat, und der am liebsten nicht arbeitet. Dieses Grundverständnis führt immer dazu, dass man Menschen mit Motivationshilfen zum Arbeiten bringen will. Oft überdecken diese „Incentives" aber nur an der Oberfläche, dass eine Kultur der Wertschätzung fehlt. Schon der Ursprung des Wortes Incentives ist verräterisch: Es kommt vom lateinischen „incendere", das „anzünden" bedeutet. Man muss seine Mitarbeiter erst „anzünden", damit sie für ihre Arbeit zu brennen beginnen. Incentives verglühen aber oft so schnell, wie sie entzündet wurden. Wir hören in unseren Seminaren oft, dass die Mitarbeiter nur da sind, weil der Chef sie geschickt hat. Quasi als „Belohnung".

8.2 Führungsverständnis in der agilen Organisation

Was uns immer wieder verblüfft: Auch in diesen traditionellen Kontexten gibt es erfolgreiche Projektmanager und Abteilungsleiter. Ihr Geheimnis liegt darin, dass sie ganz anders führen, als es die Rahmenbedingungen erlauben würden. Sie lassen ihren Mitarbeitern viel freie Hand, sind aber andererseits in ihren Vorgaben sehr klar und stringent. Sie kommunizieren viel und suchen das Gespräch mit ihren Mitarbeitern, egal wie viel Zeit sie das kostet. Dieses Bild einer erfolgreichen Führungskraft in traditionellen Kontexten ist anders, als man es erwarten würde, und kommt dem agilen Führungsverständnis schon sehr nahe. Im Spannungsfeld zwischen traditionellem Führungsverständnis und dem menschlichen Führen versuchen diese Manager etwas zu leben, das es im traditionellen hierarchischen Umfeld gar nicht geben kann: Den Mitarbeiter so arbeiten lassen, wie er will. Oft müssen dafür sogar Regeln gebrochen werden, die sowohl den Chef als auch den Mitarbeiter in Schwierigkeiten bringen können.

Das Führungsverständnis in der agilen Organisation hat gänzlich andere Wurzeln als das der klassischen Organisation. In den 1970er-Jahren hat Peter Drucker den Begriff des „Wissensarbeiters" geprägt.[2] Drucker hatte schon zu diesem Zeitpunkt geschrieben, dass die neue wissensbasierte Organisation so geschaffen sein muss, dass der einzelne Mitarbeiter weitgehend autark und selbstbestimmt arbeiten kann.[3] Er verglich die moderne Organisationsform mit einem Krankenhaus oder einem Orchester. In beiden Fällen muss der Einzelne zunächst einmal selbst sehen, wie er die notwendige Performance erbringt. Dennoch gibt es klare Richtlinien oder eine zugrunde liegende Vision: das Krankenblatt, das schlussendlich eine Diagnose enthalten muss, weil es die „Rahmenbedingung" bzw. die Handlungsanweisung für den Rest des medizinischen Teams ist. Im Orchester ist es die Partitur mit den zu spielenden Noten. Die Umsetzung dieser Handlungsanweisungen liegt jedoch vollkommen in der Hand desjenigen, der die Einzelaktion ausführt. Niemand würde einem Arzt oder einem Physiotherapeuten die Kompetenz absprechen, seine Aufgabe zu erfüllen. Genauso wenig braucht ein Orchester einen Generaldirigenten, eine Reihe von Vize-Dirigenten und ein halbes Dutzend Abteilungsdirigenten, die den Musikern ihre Instrumente erklären müssen. In einer solchen Konstellation würde die Erarbeitung einer Symphonie wahrscheinlich Jahre dauern und am Ende hätte man vielleicht ein korrekt vom Blatt gespieltes Werk, aber ohne Seele. Die Aufgabe des Dirigenten ist es, zu gewährleisten, dass der Wissensarbeiter seine individuellen Fähigkeiten zielführend für die Gesamtheit einsetzen wird.

Eigentlich hat Drucker damals schon den Kern eines agilen Führungsverständnisses formuliert. Seine Idee, dass der Wissensarbeiter möglichst autonom arbeiten können muss, wird heute von unserem agilen Führungsverständnis weitergeführt. Spricht man aber von Führung, dann muss man in diesem Kontext auch von zwei zusammenwirkenden Aspekten sprechen:

---

[2] Peter Ferdinand Drucker war ein US-amerikanischer Ökonom österreichischer Herkunft. Er gehört zu den Vordenkern des Management by Objectives.

[3] Drucker 1998

- andere führen und
- sich selbst führen.

Da Agilität beim Individuum beginnt, müssen wir folgerichtig zunächst von agiler Selbstführung sprechen. Erst wenn wir in der Lage sind, beides - Führung des anderen und Selbstführung - gleichzeitig zu leben, kann man von einem ganzheitlichen agilen Führungsverständnis sprechen. Hinzu kommt noch ein wesentlicher Aspekt der Führung, der gerne übersehen wird: die Verantwortung. In unserem Zusammenhang bedeutet das, dass ein Manager, ein ScrumMaster oder ganz allgemein eine agile Führungskraft sowohl Verantwortung für ihre Mitarbeiter als auch für sich selbst übernehmen muss.

8.3 Die Transition zur agilen Führungskraft

Wie lässt sich nun der Übergang von einer klassischen zu einer agilen Führungskraft schaffen? Sehen wir uns dazu ein traditionelles Führungsinstrument an: Zielvereinbarungen. Organisationen, die mit Zielvereinbarungen arbeiten, nennen das fälschlicherweise „Management by Objectives", verfehlen damit aber das, was Drucker wirklich gemeint hatte, und machen die Zielvereinbarungen, wie wir in Kapitel 5 dargestellt haben, zu einem sarkastischen Führungsinstrument.

Management by Objectives wurde von Peter Drucker entwickelt, um Wissensarbeiter managen zu können. Es war dazu gedacht, Menschen selbstorganisiert arbeiten zu lassen, wurde dann aber von den meisten Unternehmen und Führungskräften vollkommen falsch interpretiert, implementiert und genutzt. Drucker wollte ein Führungsinstrument schaffen, das Mitarbeiter möglichst autark arbeiten lässt, und kein Steuerungs- und Kontrollinstrument, in dem es um Vorgaben geht, wie etwa: „Die Performance des Teams muss um 5% steigen." In ihrem berühmten Buch „The One Minute Manager" haben Kenneth Blanchard und Spencer Johnson gezeigt, wie das Prinzip von Management by Objectives tatsächlich gemeint war.[4] Blanchard entwirft sogenannte One Minute Goals. Dabei handelt es sich um Ziele, die so eindeutig beschrieben sind, dass sie ein Mitarbeiter innerhalb von nur einer Minute verstehen kann. Um das zu schaffen, muss sich ein Manager spezifisch und ganz detailliert mit seinen Mitarbeitern auseinandersetzen, sie kennen und ihnen Ziele geben, die zu ihnen passen.

Warum erwähnen wir dieses klassische Führungsinstrument? Weil agile Führung nicht bedeutet, alle „klassischen" Ideen über Bord zu werfen und etwas vollkommen Neues zu beginnen. Agiles Führen bedeutet für uns, die richtigen Werkzeuge – und das können ganz klassische Führungsinstrumente wie das One Minute Goal sein – zum richtigen Zeitpunkt so einzusetzen, dass dadurch selbstorganisierte Teams entstehen können. Teams, in denen jeder Einzelne befähigt wird, zu einem selbstorganisierten und hyperproduktiven Team beizutragen. Wir vertreten im Gegensatz zu vielen anderen agilen Meinungen folgende Thesen:

[4] Blanchard, Johnson 1983

These 1: Eine agile Organisation braucht eine konsequente Führung

Im Gegensatz zu anderen Vertretern der agilen Bewegung sind wir der Meinung, dass Menschen nur dann selbstorganisiert arbeiten können, wenn es Manager gibt, die in einer Organisation die entsprechenden Rahmenbedingungen schaffen. Dabei ist der Begriff des Führens in einer agilen Organisation wesentlich weiter gefasst als in traditionellen Unternehmen: Führen fängt auf Managementebene (disziplinarisch) an und setzt sich bei ScrumMaster und Product Owner in fachlicher Führung des Teams fort. Sie alle sind Führungskräfte für das gleiche Team, haben aber unterschiedliche Verantwortungsbereiche. In der agilen Organisation setzt sich die Aufgabe des Führens bis in den Verantwortungsbereich der Teammitglieder fort, die sich untereinander ebenfalls fachlich führen sollen.

Wie verändert sich dadurch die Rolle der klassischen Führungskräfte, der Manager? Muss sie sich überhaupt verändern? Dazu muss man sich klarmachen, dass es einen Unterschied zwischen Theorie und Praxis des Managements gibt. Folgt man Peter Drucker, Tom Peters, Kenneth Blanchard, Fredmund Malik oder dem neuesten Vertreter Boris Grundl, dann hat sich in den Management-Theorien gar nicht so viel verändert. Sie alle sagen seit Jahrzehnten, dass Menschen grundsätzlich arbeiten wollen und wir die notwendigen Bedingungen schaffen müssen. Doch sieht interessanterweise die Führungspraxis in den Unternehmen vollkommen anders aus. Dort herrscht in unseren Augen gar nicht das vielbeschworene Übermaß an Führung, sondern es existiert vielmehr ein Führungs-Vakuum. Weil man Angst davor hat, wirklich Verantwortung zu übernehmen, flüchtet man sich in die Quasi-Sicherheit von Regeltreue und Prozess-Konformität.

Es gibt zu wenige Führungskräfte, die Mitarbeiter so bewegen können, dass sie aus eigenem Antrieb die gewünschten Ziele erreichen. Außerdem geht es in der Managementliteratur meistens um Führungskonzepte für Firmen in den Größenordnungen von American Express oder BMW. Millionen kleiner Firmen, die nur 5 bis 20 Mitarbeiter haben, werden ausgeklammert. Als gäbe es dort das Thema Führung gar nicht. Dabei zeigen gerade kleine Unternehmen auf, wie es funktionieren kann. Führung ist in kleinen und mittleren Unternehmen von der tatsächlichen Präsenz und Verantwortungsbereitschaft einer Identifikationsfigur gekennzeichnet, die Klarheit in das Wertesystem des Unternehmens bringt. Die Mitarbeiter dürfen und müssen Entscheidungen treffen, die Informationswege sind kurz und der Rückzug auf einen einzigen Zuständigkeitsbereich ist oft nicht möglich. Führungskräfte in Kleinunternehmen sind schon aufgrund ihrer viel größeren „Sichtbarkeit" dazu gezwungen, tatsächlich Entscheidungen zu treffen oder dafür zu sorgen, dass Entscheidungen getroffen werden.

Agile Führung muss Konzepte bieten, die sowohl in Kleinunternehmen als auch in Konzernen funktionieren. Die Prinzipien können nicht unterschiedlich sein. Um konsequent führen zu können, brauchen wir Prinzipien, Methoden und Werkzeuge, die einer Führungskraft helfen, Mitarbeiter situativ zu führen. Sie so zu führen, wie es die Mitarbeiter brauchen, nicht wie es die Führungskraft will. Konsequentes Führen bedeutet also nicht, zu befehlen, sondern Orientierung zu geben.

Was bedeutet situatives Führen?

Situatives Führen ist eine Abkehr von den stark vereinfachenden Prinzipien Macht, Anordnung und Kontrolle. In einer wissensbasierten Organisation, in der talentierte, hochintelligente Mitarbeiter agieren, ist dieses Führungsverhalten kontraproduktiv, weil es kreatives Potenzial unterdrückt. Es unterminiert die Motivation und würgt oftmals die hohe intrinsische Motivation ab, die Mitarbeiter von sich aus für die Bewältigung ihrer Aufgaben mitbringen. Vielmehr verlangen unterschiedliche Situationen unterschiedliche Führungsstile, wenn man zu effektiven Lösungen kommen und Mitarbeiter richtig motivieren will. Kenneth Blanchard und Paul Hersey verstehen unter situativer Führung einen Führungsstil, der sich an Qualifikation und Motivation der Mitarbeiter orientiert.[5] Ob gerade ein eher aufgabenorientierter (detaillierte Anweisung und Formulierung klarer Erwartungen) oder personenbezogener Führungsstil (Feedback, Ermunterung etc.) angebracht ist, hängt für Blanchard und Hersey vom sachlichen und psychologischen Reifegrad der Mitarbeiter ab, der unterschiedlich ausgeprägt sein kann, je nachdem, welche Aufgaben die Mitarbeiter gerade erfüllen müssen.

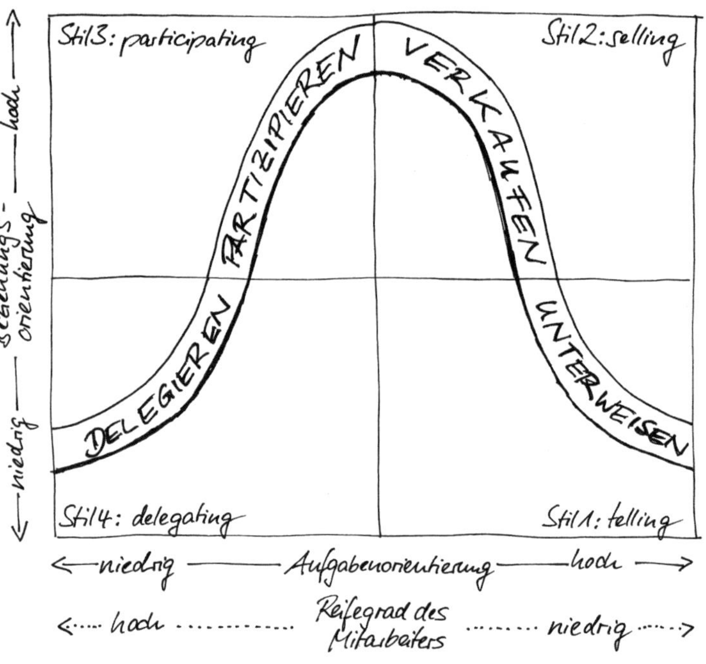

BILD 8.1 Situative Führung in Anlehnung an Blanchard und Hersey[6]

Entsprechend den Reifegraden sind nach Blanchard und Hersey vier Varianten des Führens angebracht (Bild 8.1):

---

5 http://de.wikipedia.org/wiki/Situatives_Führen

6 Pelz 2004; Blanchard, Zigarmi 1995

- **Führungsstil 1**
  Ein niedriger Reifegrad von Mitarbeitern braucht einen stark aufgabenorientierten und weniger beziehungsorientierten Führungsstil im Sinne von Unterweisung („telling“).
- **Führungsstil 2**
  Bei geringer bis mäßiger Reife der Mitarbeiter ist sowohl in der Aufgabenorientierung als auch in der Beziehungsorientierung eine stärkere Ausprägung nötig, die Mitarbeiter wollen überzeugt werden („selling“).
- **Führungsstil 3**
  Mäßige bis hohe Reife verlegt den Fokus allmählich auf die mitarbeiterbezogene, beziehungsorientierte Führung im Sinne von Partizipation der Mitarbeiter an Entscheidungen („participating“).
- **Führungsstil 4**
  Wenn Mitarbeiter einen sehr hohen Reifegrad erreicht haben, brauchen sie keine detaillierten Anweisungen mehr für ihre Arbeit und ihr Verhalten. Das ist das Stadium, in dem die Führungskraft die Verantwortung an die Mitarbeiter abgeben kann und sollte („delegating“).

Die Kunst besteht darin, den Reifegrad der zu Führenden zu erkennen und entsprechend zu handeln. Das funktioniert nicht aus einer Position der Macht heraus, sondern ist das Ergebnis von Beschäftigung mit den Mitarbeitern. Führungskräfte müssen ihre Mitarbeiter tatsächlich **kennen.** Gerade in einem Umfeld wie der Softwareentwicklung begegnen Führungskräfte sehr eigenwilligen und fordernden Mitarbeitern, die stark hinterfragen, warum sie etwas Bestimmtes tun sollen, und sich nicht mit einfachen Antworten abspeisen lassen, mit denen eine Führungskraft ihren Willen durchsetzen möchte. Aus den Grundsätzen der situativen Führung leitet sich unsere These 2 ab.

These 2:
Eine agile Organisation braucht eine mitarbeiterzentrierte Führung

Von einem Manager fordert situative Führung vollkommen neue und unterschiedliche Fähigkeiten. Plötzlich steht nicht mehr die Führung im Zentrum, sondern nur noch der äußere Rahmen, der Voraussetzungen schafft und den Raum absteckt, in dem ein Team eigenverantwortlich handelt. Entsprechend managt die Führungskraft nicht mehr, sondern steuert vielmehr den Prozess des Wachstums seiner Mitarbeiter. Er ist nicht mehr der Boss, und der Held ist nun sein Team. Für diesen Wandel braucht man auch eine gewisse charakterliche Stärke und es ist sicher eine Herausforderung für Persönlichkeiten, die einen Teil ihrer Identität aus verliehener Macht über die Position beziehen. Besonders schwierig ist diese Denkweise für Manager, die nicht wirklich daran interessiert sind, dass gute Leute erkannt werden, weil damit die Angst des Bedeutungsverlustes einhergeht.

Ein agiler Manager muss also lernen, Rahmenbedingungen zu schaffen, und er muss damit umgehen lernen, dass er seine Rolle auch noch mit anderen Führungskräften im und ums Scrum Team teilt. Wenn wir in diesem Buch von Führung als Schaffen von Rahmenbedingungen sprechen, dann müssen wir für die Rahmenbedingungen drei Ebenen unterscheiden:

- **Die Ebene des Mitarbeiters**
  In unserem Bild sind für die Führung des Mitarbeiters der Mitarbeiter selbst, das ihn umgebende Team und dessen Manager zuständig. Der Manager ist in gewisser Weise der „Tutor“ des Mitarbeiters.
- **Die Ebene des Teams**
  Im Team gibt es den ScrumMaster, der den Einzelnen täglich unterstützt, ihn aber nicht disziplinarisch führt, sondern ihn ohne Weisungskompetenz dazu bringt, die Dinge im Sinne des Teamerfolgs zu tun. Diese Art der Führung wird als laterale Führung bezeichnet.[7] Er ist auf diese Weise eher mit einem Coach des Mitarbeiters vergleichbar, der sofort sieht, wenn der Einzelne etwas braucht, um seine Funktion im Team ausführen zu können. Das Gesamt-Team hingegen wird im eigentlichen Sinne vom ScrumMaster geführt. Ja - im klassischen Sinne geführt. Der ScrumMaster stellt tatsächlich sicher, dass die Teammitglieder in Gesamtheit ihre Aufgaben erledigen, er klärt, ob sie Probleme haben, und sorgt dafür, dass sie die Arbeitszeit produktiv verbringen. Er hat den Überblick im Sinne des Beobachtens, um eingreifen zu können. Das geschieht ganz im Sinne des Minute Managers durch sofortiges Feedback. Dazu nutzt der ScrumMaster die Führungswerkzeuge aus dem Scrum-Prozess. Auf diese Weise führt der ScrumMaster also das Team lateral.
- **Die Ebene der Organisation**
  Die Führung der Organisation kann nur durch das Management erfolgen. Es ist nicht die Aufgabe des ScrumMasters, die Organisation zu führen. Es ist vielmehr die Aufgabe des Managers, dafür zu sorgen, dass die Teams innerhalb der Rahmenbedingungen, die in der Organisation gelten müssen, die notwendigen Leistungen erbringen. Der Manager selbst steuert dabei nicht die Teams inhaltlich, sondern gibt Aufträge an die Product Owner ab. Diese übernehmen dann die Aufgabe, ein Produkt zu erzeugen. Der Manager sorgt zum Beispiel dafür, dass die richtigen Mitarbeiter eingestellt werden, und er schafft eine Kultur, in der sie möglichst lange bleiben und die Organisation voranbringen wollen. Das kann wie im Falle von Semco[8] durch ein vollkommen demokratisches System geschehen oder wie bei Klaus Kobjoll[9] im Schindlerhof durch die Einführung von Qualitätssicherungssystemen. Oder in einer agilen Organisation durch die Einführung von Scrum.

---

[7] Bei der lateralen Führung wird das Verhalten nicht durch hierarchische Beziehung beeinflusst. Es ist das Führen zwischen Mitarbeitern, die sich auf der gleichen (hierarchischen) Ebene befinden und gemeinsame Aufgaben erfüllen müssen. Die Grundlage bildet eine kooperative, partizipative und partnerschaftliche Zusammenarbeit und dabei wird „Führung“ mit Hilfe von Kommunikationsprozessen gelebt. Konflikte werden nicht durch Weisung gelöst, sondern durch Konsens.

[8] Der brasilianische Industrielle Ricardo Semler wurde durch seinen unorthodoxen, aber besonders erfolgreichen Führungsstil bekannt. Er glaubt an Verantwortung, aber nicht an Hierarchie. Seine Maxime ist, Mitarbeiter als erwachsene Menschen zu behandeln, und er lässt sie ihre Arbeitszeit, ihre Gehälter und Boni weitgehend selbst bestimmen. Der Posten des CEO wird in einem Rotationssystem immer wieder neu besetzt.

[9] Klaus Kobjoll hat das Hotel „Der Schindlerhof“ zu Deutschlands erfolgreichstem Tagungshotel gemacht: www.schindlerhof.de

8.4 Agile Selbstführung

Halten wir noch einmal fest, dass Führung in einer agilen Organisation keine Sache ist, die nur einem bestimmten Personenkreis vorbehalten ist. Jeder der Akteure, vom Teammitglied über ScrumMaster und Product Owner bis hin zum Manager, muss verstehen, dass die Führung anderer ihren Ausgang in der Selbstführung nimmt, da agile Methoden völlig neue Denkweisen erfordern.

Scrum basiert nach Ken Schwaber auf den grundlegenden Werten Commitment, Fokus, Offenheit, Mut und Respekt. Eine Kultur, in denen diese Werte spürbar werden, kann nur entstehen, wenn jeder Einzelne diese Werte lebt. Der Weg dazu führt über Selbstverantwortung, Selbstorganisation, Charakter und die passenden Methoden und Instrumente.

Führung ist laut Fredmund Malik eine Aufgabe, die erlernbar ist. Boris Grundl ist der Meinung, dass eine Führungskraft fünf Aufgaben zu erfüllen hat, um effektiv zu führen:[10]

1. Menschen fördern
2. Systeme erzeugen (Rahmenbedingungen, Prozesse, Instrumente)
3. Delegieren
4. Kontrollieren
5. Den Unternehmenszweck erfüllen

Schauen wir uns für jede Rolle an, wie sie ihre Führungsaufgaben nach Grundl erfüllen müssten. Damit Manager, Product Owner, ScrumMaster und Teammitglieder ihre Führungsaufgaben effizient erledigen können, müssen wir zunächst, ganz im Sinne Grundls, die jeweiligen Führungsaufgaben definieren, und dann zeigen, welche Anforderungen das an die Selbstführung der einzelnen Rollen stellt. Aus den Kernaufgaben der einzelnen Rollen ergeben sich jeweils ihre Führungsaufgaben. Um diese Führungsaufgaben effektiv wahrnehmen zu können, müssen die Menschen in diesen Rollen unterschiedliche Kompetenzen zur Selbstführung mitbringen, die wir jeweils beschreiben.

[10] Grundl, Schäfer 2007

8.4.1 Agile Selbstführung: Der Manager

Kernaufgabe

Das Management verleiht der Organisation den stabilen Rahmen, der Sicherheit vermitteln soll. Es hat den Mitarbeitern gegenüber die Verantwortung, dass es ihre Jobs auch morgen noch gibt. In einer Scrum-Organisation ist die wichtigste Aufgabe des Managements, die Rahmenbedingungen für Scrum-Teams zu schaffen, in denen Mitarbeiter gleichzeitig ihre Individualität entwickeln können. Außerdem hat das Management einen Blick darauf, ob ScrumMaster und Product Owner ihre Aufgaben auf objektiven Kriterien basierend erfüllen.

Führungsaufgabe

Von der taktischen Ebene befreit haben Manager in agilen Organisationen mehr Zeit für ihre eigentlichen Aufgaben: die strategische Entwicklung des Unternehmens. Dazu gehört auch, Wege zu finden und zu planen, welche die Kreativität, Lernfähigkeit und Lernwillen der Mitarbeiter anfachen und zu einem immanenten Bestandteil der Organisationskultur werden lassen.

TABELLE 8.1 Der Manager – Umsetzung der Führungsaufgaben

Führungsaufgabe	Beispielhafte Umsetzung in der Rolle
Menschen fördern	Den Einzelnen weiterentwickeln und eine Kultur schaffen, in der Menschen wachsen können und wollen.
Systeme erzeugen	Rahmenbedingungen schaffen, z.B. Scrum einführen.
Delegieren	Produkte vom Product Owner entwickeln lassen, ohne sich einzumischen.
Kontrollieren	Product Owner und ScrumMaster an ihren Erfolgen messen. HR-Systeme nutzen, um die Weiterentwicklung des Einzelnen zu fördern.
Den Unternehmenszweck erfüllen	Den Unternehmenszweck definieren und die strategischen Aktionen setzen, damit die Organisation ihren Zweck erfüllen kann.

Führung und Kreativität bei Pixar

Ed Catmull ist Mitbegründer von Pixar und Präsident der Pixar und Disney Animation Studios. In den letzten Jahren waren es ausschließlich Filme von Pixar, die Maßstäbe in der Computeranimation gesetzt haben. Es ist aber nicht die Technologie, die den besonderen Zauber von Monster AG, Ratatouille, Toy Story, Findet Nemo oder WALL-E ausmacht und nicht nur die Kinokassen füllt, sondern auch einen Oscar nach dem anderen auf die Pixar-Regale stellt. Das Geheimnis sind vielmehr die ungewöhnlichen Geschichten, die erzählt werden und niemals die Kopie der Ideen anderer Filmstudios sind. Dieses außergewöhnliche Maß an Kreativität kann laut Ed Catmull nur entstehen, wenn das Management in den Hintergrund tritt und der natürlichen Tendenz zur Risikominimierung und -vermeidung widersteht. Unternehmen, die „das Original" schaffen wollen, müssen Unsicherheit über den Erfolg von Ideen ertragen können und die Fähigkeit haben, sich von Rückschlägen zu erholen.

Die Versicherung für die Erholung nach einem Rückschlag sind für Catmull talentierte Menschen, die effektiv miteinander arbeiten. Das verlangt Vertrauen und Respekt und ist nichts, was das Management anordnen kann. Das Management kann nur das Umfeld schaffen, in dem Vertrauen und Respekt wachsen können und die Kreativität jedes einzelnen Mitarbeiters entfesselt. Ein Management, das diesen Mut hat, bekommt als Ergebnis eine dynamische Gemeinschaft aus untereinander und ihrem Ziel gegenüber loyalen, talentierten Menschen. Jeder fühlt sich als Teil von etwas Außergewöhnlichem und die Leidenschaft der Mitarbeiter zieht neue Talente geradezu magnetisch an.

Catmull's Rat für das Management in kreativen Organisationen [Catmull 2008]:

- **Ermächtigen Sie die Kreativen.**
  Übergeben Sie kreativen Menschen die Kontrolle über jeden Schritt der Ideen-Entwicklung.
- **Schaffen Sie eine Peer-Kultur.**
  Ermutigen Sie die Mitarbeiter im gesamten Unternehmen, einander dabei zu helfen, beste Arbeit zu leisten.
- **Ermöglichen Sie offene Kommunikation.**
  Um Probleme in einem komplexen Projekt effizient zu lösen, müssen Mitarbeiter ihre ehrliche Meinung sagen und auch ohne Involvement des Managements Lösungswege in direkten Gesprächen mit anderen Abteilungen suchen dürfen.
- **Schaffen Sie eine lernende Organisation.**
  Stärken Sie das Mindset, dass alle in der Organisation lernen und dass gemeinsames Lernen Spaß macht.
- **Machen Sie mehr aus Post-mortem-Analysen.**
  Viele Menschen mögen Nachbesprechungen nicht. Sie reden lieber über die Erfolge und nicht über das, was falsch gelaufen ist. Nachdem sie viel Zeit in ein Projekt investiert haben, möchten sie endlich mit etwas anderem weitermachen. Strukturieren Sie die Nachbesprechungen, um Diskussionen anzuregen. Fragen Sie die Teilnehmer zum Beispiel nach den fünf Punkten, die sie genau so noch einmal machen würden, und nach den Top Five, die sie anders machen würden.

Kompetenzen für die Selbstführung

Wenn wir das Management betrachten, müssen wir vom „Prä-Scrum"-Status ausgehen. In diesem Status existieren in den meisten Unternehmen Abteilungsleiter, die für bestimmte Projekte und bestimmte Erfolge zuständig sind. Sie haben in der Zeit vor Scrum durch das Fehlen des ScrumMasters die direkten „Zugriffsrechte", und zwar nicht nur auf den Einzelnen, sondern auf das gesamte Team. Bereits hier zeigt sich der erste Aspekt der Selbstführung, wenn die Organisation mit Scrum zu arbeiten beginnt. Der Manager muss lernen, dass er gänzlich neue Aufgaben erhält, die ihn aus jenen operativen Arbeiten herausholen, in die er mit der Zeit immer mehr hineingerutscht ist. Das Abgeben der „Kontrolle" über das Team provoziert in manchen Führungskräften die Frage nach ihrer Daseinsberechtigung.

Selbstführung bedeutet also zunächst, dass ein Manager sich selbst dazu anhalten muss, den Scrum-Gedanken zu verstehen und hier seinen eigenen Platz zu finden. Einen Platz, an dem er überkommene Vorstellungen selbst über Bord werfen und gleichzeitig lernen muss, für die neuen Gegebenheiten Metriken zu entwickeln. Am Ende dieses Prozesses sollte ein Manager verstehen, dass er durch Rahmenbedingungen führt. Diese erzeugt er, indem er Strategien und Standards festlegt und indem er die richtigen Menschen auswählt. Menschen, die zu dem passen, was er in Zukunft in seiner Abteilung umsetzen und erreichen will.

Der Mechanismus der Selbstführung auf Management-Ebene ist am schwierigsten umzusetzen. Denn an dieser Stelle müssen die „Mächtigen" im Unternehmen zunächst zeigen, dass sie von einem Thema nicht so viel verstehen. Sie müssen sich möglicherweise in Gruppen zusammenschließen und miteinander neue Wege finden, um die Aufgaben, die sie vorher möglicherweise selbst erledigt haben, korrekt zu delegieren.

TABELLE 8.2 Der Manager – Merkmale der Selbstführung und ihre Auswirkungen auf das Team

Merkmale der Selbstführung	Auswirkung auf das Scrum-Team
Zeitmanagement	*Ein ansprechbarer Manager:* Der agile Manager nimmt sich Zeit für die Menschen und ist erreichbar. Er arbeitet für die Leute in seiner Organisation. Sein Kalender ist nicht ständig mit Meetings blockiert. Der Mitarbeiter wird persönlich wahrgenommen und das hebt die Stimmung.
Selbst-Bewusstheit	*Identität:* Der Manager kennt seine Grenzen und seine Rolle. Er weiß, dass er nicht zum Team gehört, aber dennoch alles tun muss, um eine dynamische und innovative Kultur zu schaffen.
Delegieren können/ Verantwortung abgeben	*Verantwortungsbewusstsein:* Der Manager gibt tatsächlich die Verantwortung für bestimmte Produkte an seine Scrum-Teams ab. Er versucht nicht mehr selbst, bessere Produkte zu erzeugen, sondern vertraut auf die Fähigkeit seiner Mitarbeiter.
Interesse statt Kontrolle	*Gefühl der Wertschätzung:* Die Teammitglieder erleben echtes Interesse der Führungskraft an ihrer Tätigkeit und fühlen sich dadurch geschätzt. Sie fühlen sich nicht beobachtet, sondern mündig.

8.4.2 Agile Selbstführung: Der Product Owner

Kernaufgabe

Der Product Owner muss sich in der agilen Organisation ebenfalls als Führungskraft verstehen. Als eine Person, die mit Hilfe eines Teams eine Produkt-Vision realisiert und für deren wirtschaftlichen Erfolg zuständig ist. Dazu benötigt er fachliche und emotionale Kompetenzen.

Führungsaufgabe

Der Product Owner muss sein Produkt verstehen und in der Lage sein, dem Team dieses Verständnis zu vermitteln. Er muss dem Team aber auch – und hier beginnt der Führungsaspekt – das Gefühl für die Vision vermitteln. An dieser Stelle muss auch klargestellt werden, dass nicht der ScrumMaster für die Motivation des Teams zuständig ist. Es ist die ureigenste Aufgabe des Product Owners, für sein Produkt so zu begeistern, dass das Team zur Höchstform auflaufen will. Der ScrumMaster liefert nur das Verständnis dafür, dass das Team diese Vision benötigt. Er wird mit dem Product Owner daran arbeiten, dass der Product Owner diese Vision tatsächlich erzeugt.

TABELLE 8.3 Der Product Owner – Umsetzung von Führungsaufgaben

Führungsaufgabe	Beispielhafte Umsetzung in der Rolle
Menschen fördern	Erkennen, dass das Team sich fachlich durch die Mitarbeit am Produkt weiterentwickelt.
Systeme erzeugen	Mit den Methoden von Scrum - Vision, Backlog, Story und Reviews - hat der Product Owner ein System, mit dem er strukturiert an seinem Produkt arbeiten kann.
Delegieren	Der Product Owner delegiert die Lösungskompetenz an das Team und vertraut darauf, dass er die richtigen Mitarbeiter für sein Produkt an Bord hat.
Kontrollieren	Die Leistungsfähigkeit seines Teams „kontrolliert“ der Product Owner mit Hilfe der Reviews, der täglichen Meetings und Abstimmungen.
Den Unternehmenszweck erfüllen	Der Product Owner vermittelt dem Team die Bedeutung des Marktes für das Produkt und umgekehrt die Bedeutung des Produktes für den Markt.

Kompetenzen für die Selbstführung

Gerade in der Anfangsphase treten immer wieder Animositäten zwischen Team und Product Owner auf. Hier treffen zwei verschiedene Welten aufeinander: auf der einen Seite die kunden-, verkaufs- und marketinggetriebene Sphäre, die manchmal mehr verspricht, als gehalten werden kann. Und auf der anderen Seite die technische Sphäre, die zu oft das Gefühl hat, unrealistische - dem Kunden bereits gegebene - Versprechen hinbiegen zu müssen.

Einem Product Owner grundsätzliche Ignoranz gegenüber technischen Möglichkeiten vorzuwerfen wäre falsch. Er agiert in einem Spannungsdreieck zwischen Kundenanforderungen, Außenwirkung des Unternehmens und den ausführenden Kollegen, das oft nervenzerreibend sein kann. Ein Product Owner muss also in erster Linie mutig sein. Er muss den Mut haben, sowohl dem Kunden als auch dem Team Konsequenzen von Entscheidungen aufzuzeigen, und er darf sich vom potenziellen Gegenwind nicht umwerfen lassen. Das darf aber nicht mit Sturheit gleichgesetzt werden: Die Bereitschaft, Aspekte der Produktentwicklung auch nach anderen Gesichtspunkten als nur den betriebswirtschaftlichen zu betrachten, schafft Vertrauen.

Stärker als jeder andere muss ein Product Owner aber analysieren, ob er andere Menschen für eine Idee bzw. eine Vision begeistern kann. Das geht über bloße Präsentationsskills weit hinaus. Es erfordert den eigenen Glauben an das, was erreicht werden kann, und den Glauben an die Teammitglieder, die an der Umsetzung arbeiten.

TABELLE 8.4 Der Product Owner - Merkmale der Selbstführung und ihre Auswirkungen auf das Team

Merkmale der Selbstführung	Auswirkung auf das Team
Mut	*Visionsvermittlung:* Der Product Owner geht mit seinem Produkt auf Neuentdeckung. Das Produkt soll am Markt Neues bewirken. Es benötigt Mut, einen Weg zu gehen, von dem man nicht weiß, ob er erfolgreich sein wird.
Standfestigkeit	*Respekt:* Gegenseitiger Respekt entsteht, wenn jede Partei, also Team und Product Owner, die Kompetenzen des anderen akzeptiert, und trotzdem die eigenen Standpunkte vertreten kann.
Glaube an die Idee	*Motivation durch die Mission:* Der Product Owner steht für eine Idee und diese Idee muss er dem Team vermitteln. Er macht ihnen klar, dass sie gemeinsam auf einer Mission sind.
Glaube an das Team	*Vertrauen/Selbstbild:* Der Product Owner spiegelt in seinem Verhalten und seinen Worten das Team. Mit der Zeit erkennt das Team, dass es sich selbst im Product Owner sieht.

8.4.3 Agile Selbstführung: Der ScrumMaster

Kernaufgabe

Die Kernaufgabe des ScrumMasters ist, für die Produktivitätssteigerung seines Teams zu sorgen. Dazu kämpft der ScrumMaster jeden Tag gegen die Probleme seines Teams und erweitert die Möglichkeiten desselben. Dazu benötigt er einen wachen Verstand und wilde Entschlossenheit, sich für sein Team einzusetzen. Dabei kämpft er häufig gegen die Windmühlen der Organisation. Optimistisch sieht er jeden Tag die aufgetretenen Hindernisse als Chance für Veränderung hin zur Besserung. Damit erzeugt er den optimalen Raum für die Entfaltung seines Teams.

Führungsaufgabe

Die Führungsaufgabe des ScrumMasters liegt darin, die Rahmenbedingungen um das Team herum zu schaffen, damit es sich selbst organisieren kann. Gleichzeitig muss er das Team fordern und damit fördern, das Management-Framework Scrum etablieren und die Teammitglieder darin unterstützen, sich selbst zu organisieren. Er erzeugt die Offenheit, die man für eine tatsächliche Selbstkontrolle braucht. Mit dem Product Owner arbeitet er daran, dass Vision und Zielrichtungen eindeutig werden.

TABELLE 8.5 Der ScrumMaster – Umsetzung von Führungsaufgaben

Führungsaufgabe	Beispielhafte Umsetzung in der Rolle
Menschen fördern	Das Team in seiner Entwicklung begleiten und unterstützen.
Systeme erzeugen	Das System Scrum nutzen, um den Mitarbeitern effektive und effiziente Arbeit zu ermöglichen.
Delegieren	Den Mitarbeitern helfen, die Aufgaben selbst zu erledigen, indem er ein System erzeugt, in dessen Rahmen ...
Kontrollieren	... sich die Teammitglieder selbst kontrollieren können und ...
Den Unternehmenszweck erfüllen	... sich klar an der Vision und dem Return on Investment ausrichten.

Kompetenzen für die Selbstführung

Der ScrumMaster muss zunächst für sich selbst klären, was er erreichen will und wie er das mit dem Team und für das Team erreichen will. Dafür muss er für sich auch sehr schnell klären, welche Kompetenzen er selbst erwerben muss. Ein ScrumMaster muss sich also damit auseinandersetzen, wie er selbst ein immer besserer ScrumMaster werden kann. Der Mensch, der diese Rolle ausfüllen will, muss sich darüber im Klaren sein, dass er in jeder Hinsicht ein Vorbild ist. Man kann nicht Regeln aufstellen und ihre Befolgung einfordern, wenn man sich selbst nicht dazu verpflichtet fühlt.

Ein ScrumMaster ist dazu da, Hindernisse aus dem Weg zu räumen. Er braucht dafür die Fähigkeit, zwischen wichtig und unwichtig, zwischen sofort und später unterscheiden zu können. Er muss dafür Prioritäten setzen können, die gleichsam die wichtigsten Pflastersteine auf dem Weg zum Ziel sind. Wer diese Fähigkeiten nicht mitbringt, läuft Gefahr, sich zwischen Nichtigkeiten zu zerreiben und die wirklich wichtigen Dinge zu übersehen.

Konflikte ansprechen und lösen, neutrales Feedback geben, Verbesserungspotenziale und falsche Verhaltensweisen aufzeigen - das alles ist eine Frage der Offenheit den Teammitgliedern gegenüber. Für einen ScrumMaster bedeutet Offenheit im Sinne der agilen Selbstführung aber vor allem: Selbstreflexion. Sich die eigenen Schwächen einzugestehen und zu erkennen, was sie mitunter bei anderen Menschen bewirken können, ist eine der härtesten Aufgaben für jemanden, der sich weiterentwickeln will. Gerade unter Männern wird nicht gerne über emotionale Führung geredet. Dabei bedeutet das nicht, einen Kuschelkurs zu fahren. In erster Linie geht es darum, sich darüber bewusst zu werden, ob jemand seine Emotionen im Griff hat oder ob die Emotionen ihn im Griff haben. Man kann einem Team Gelassenheit vermitteln oder man kann es verunsichern, wenn man bei jedem Impediment nervös wird.

TABELLE 8.6 Der ScrumMaster – Merkmale der Selbstführung und ihre Auswirkungen auf das Team

Merkmale der Selbstführung	Auswirkungen auf das Team
Entschlossenheit	*Stabilität:* Der ScrumMaster erzeugt auf diese Art die Sicherheit für das Team, sich auf ihn verlassen zu können.
Emotionale Ausgeglichenheit	*Konstruktive Arbeitsatmosphäre:* Schwankende Stimmungen verunsichern Gruppen. Teams übernehmen die Emotionen ihrer Führungskräfte. Hat der ScrumMaster Angst, haben die Teammitglieder auch Angst.
Selbstbewusstsein	*Identifikation:* Ein klares Standing einer Führungskraft erzeugt entweder Ablehnung oder Identifikation. Die Teammitglieder stimmen entweder mit den Einstellungen und Werten des ScrumMasters überein oder sie lehnen sie ab und verlassen das Team.
Entwicklungsfähigkeit/-willen	*Vorbildfunktion:* Der ScrumMaster muss sich nicht nur um die Weiterentwicklung des Teams kümmern, sondern auch um seine eigene. Er muss in seiner Rolle als Führungskraft wachsen und in seiner Rolle als agiler Manager mehr und mehr über die neue Art des Führens lernen. Er macht seinen eigenen Entwicklungsbedarf für die Teammitglieder transparent und wird auf diese Weise für sie zum Vorbild des Lernens.
Fähigkeit zur Priorisierung der eigenen Aufgaben und des nächsten Impediments	*Vermeidung von unnötigem Stress:* Ein ScrumMaster muss wissen, welche Schlacht er als nächstes kämpfen will. Was kann er mit dem geringsten Aufwand für sein Team sofort erreichen? Er muss erkennen können, was dem Team im nächsten Schritt am meisten helfen wird, um die Performance zu steigern.

Merkmale der Selbstführung	Auswirkungen auf das Team
Offenheit	*Vertrauen, Unterstützung:* Nur wenn der ScrumMaster sich selbst dem Team gegenüber fachlich, emotional und rational öffnet, wird auch das Team ihm vertrauen.
Geduld vs. Gelassenheit	*Wir im Team bekommen die Zeit, uns zu entwickeln:* Geduld ist keine Tugend eines ScrumMasters, er ist ungeduldig - das ist es auch, was Führungsrollen auszeichnet. Trotzdem muss er mit seinem Team Geduld haben. Er darf nicht zögern, Probleme zu lösen, muss aber auch die Gelassenheit mitbringen und sich aber darüber im Klaren sein, dass andere Menschen manchmal mehr Zeit brauchen als er.

8.4.4 Agile Selbstführung: Das Teammitglied

Kernaufgabe

Der ScrumMaster arbeitet mit dem Team und fordert von jedem Teammitglied, dass es sich an die gemeinsam aufgestellten Regeln, an die Scrum-Standards und die Firmen-Prozesse hält. Er übernimmt aber nicht die Verantwortung für das Handeln des Einzelnen. Dieser ist in erster Linie für sich selbst verantwortlich. Das Team liefert das Produkt und organisiert sich selbst.

Führungsaufgabe

Ein hyperproduktives Team arbeitet gemeinsam auf ein Ziel hin. Jedes Mitglied übernimmt die Verantwortung für das Gelingen des Projekts und ist für seine Leistung im Team verantwortlich. Wenn man das Spiel verliert, hat die ganze Mannschaft verloren. Der Einzelne muss auch dazu bereit sein, im Team situative Führungsaufgaben zu übernehmen.

Situative Führung in der Praxis

Jodok Batlogg, Agile Leader und Entrepreneur, erzählt aus seiner Erfahrung: „Es hat sich gezeigt, dass Leadership im Scrum-Umfeld eine situative Angelegenheit ist. Je nachdem, welche Entscheidung getroffen werden muss, ist dem Team implizit klar, wer für die Problemlösung geeignet ist. Was übrig bleibt, sind organisatorische Dinge wie Urlaubsanträge oder Budgetfreigaben. Eine mögliche Lösung ist ein ‚Klassensprecher'. Er ist keine disziplinarische Führungskraft, sondern das Sprachrohr des Teams und wird durch zwei Prinzipien ernannt: Er erklärt sich dazu bereit und wird in seiner Bereitschaft von den übrigen Kollegen unterstützt."

TABELLE 8.7 Die Teammitglieder - Umsetzung von Führungsaufgaben

Führungsaufgabe	Beispielhafte Umsetzung in der Rolle
Menschen fördern	Aufgabe jedes Teammitglieds ist es, andere Teammitglieder zu unterstützen, sie in ihrer fachlichen Entwicklung zu fördern und Wissen zu teilen.
Systeme erzeugen	Die Teammitglieder erzeugen über die Retrospektive die für sich schlüssigen Muster und Vorgehensweisen, die ihre Arbeit erleichtern.
Delegieren	Innerhalb eines Teams werden die Aufgaben von jenem Teammitglied ausgeführt, das diese Aufgabe am ehesten übernehmen kann. Jedes Teammitglied, das denkt, eine Aufgabe erfüllen zu können, packt einfach an.
Kontrollieren	Das Team und jedes einzelne Teammitglied kontrolliert seine Handlungen und Aktivitäten selbst, indem es täglich den eigenen Fortschritt mit Hilfe eins Taskboards überwacht. Die Teammitglieder überwachen sich gegenseitig durch die Transparenz, die mit dem Daily Scrum entsteht.
Den Unternehmenszweck erfüllen	Das Team arbeitet nur an den vom Product Owner priorisierten Backlog Items, ist für die technische Lösung verantwortlich und muss das „Beste" für das Unternehmen entwerfen.

Kompetenzen für die Selbstführung

Teammitglieder müssen innerlich dazu bereit sein, Verantwortung zu übernehmen und ein definitives Commitment zum gemeinsamen Ziel abzugeben. Der Einzelne agiert im Bewusstsein, dass er sich in die Karten schauen lassen muss und dass Kommunikation essenziell für den Erfolg ist. Ein echtes Teammitglied ist nicht mehr nur auf das eigene Weiterkommen fokussiert, sondern berücksichtigt in seinem Willen zur Weiterentwicklung auch die Weiterentwicklung des Teams. Echte Teamplayer sind bereit, über den eigenen technischen Tellerrand hinauszuschauen und Aufgaben anzunehmen, gegen die sie sich in früheren Zeiten vielleicht gesträubt hätten. Über den Tellerrand schauen inkludiert auch die Bereitschaft, andere Perspektiven einzunehmen - vor allem jene, mit denen die Softwareentwicklung oft auf Kriegsfuß steht: die wirtschaftlichen Perspektiven aus Sicht aktueller und potenzieller Kunden.

TABELLE 8.8 Die Teammitglieder - Merkmale der Selbstführung und ihre Auswirkungen auf das Team

Merkmale der Selbstführung	Auswirkung auf das Team
Ständiges Sich-Verbessern-Wollen	*Ständige Verbesserung:* Bessere Prozesse, höhere Transparenz, bessere Qualität des Produktes.
Commitment	*Identifizierung mit dem Produkt:* Alle gehen gemeinsam in eine Richtung und halten die Regeln ein.

Merkmale der Selbstführung	Auswirkung auf das Team
Zusammenarbeit	*Gemeinsam sind wir leistungsfähiger:* Durch den Wissenstransfer gibt es keinen Stillstand, wenn jemand das Team verlässt. Die Velocity wird besser, weil keine „Wissens-Bottlenecks“ entstehen.
Wille zu Kommunikation und Vertrauen	*Blindes Verstehen:* Gerade in schwierigen Situationen macht Rückzug in die Programmierecke wenig Sinn. In einem vertrauensvollen Umfeld fällt es leichter, Fehler und Schwierigkeiten offen zuzugeben und aus dem Weg zu räumen.

8.5 Führungsinstrumente im Rahmen eines agilen Führungsverständnisses

Für die Führung stehen jeder Rolle vor allem durch das Scrum-Instrumentarium selbst Werkzeuge zur Verfügung, von denen wir hier die relevantesten exemplarisch kurz darstellen. Bei allen diesen Instrumenten geht es in erster Linie darum, das Team und den einzelnen Mitarbeiter zur Erledigung seiner Aufgaben zu befähigen. Allen Instrumenten ist gemeinsam, dass sie prozessuale Rahmenbedingungen schaffen und Selbstreferenzialität ermöglichen, weil das Team durch Feedback direkt erfährt, wo es steht.

8.5.1 Führungsinstrumente des ScrumMasters

Die Führungsinstrumente des ScrumMasters sind prozessorientiert. Sie alle dienen dem Ziel, hochproduktive Teams zu schaffen, und bilden einen objektiven Führungsrahmen, in dem das Team wiederum die Selbstführung übt und verbessert.

Definition of Done

Die „Definition of Done“ beschreibt die Aktivitäten, Lieferungen und die Qualität, die ein Team leisten muss. Sie wird von allen Teammitgliedern akzeptiert und entspricht den Richtlinien und Standards eines Unternehmens. Alles, was als „fertig“ bezeichnet wird, muss dieser gemeinsamen Definition entsprechen. Der ScrumMaster kann das Team damit an die richtige und realistische Einschätzung seiner Velocity heranführen und schützt es damit auch vor Einflüssen von außen. Mit Hilfe der Definition of Done kann nämlich deutlicher aufgezeigt werden, welche Auswirkungen zusätzliche Wünsche während eines Sprints haben.

Wann gilt etwas als erledigt? Dazu existieren im Team so viele Ansichten, wie es Teammitglieder gibt. Entsprechend würde ein Produkt wahrscheinlich nie richtig fertig sein. Die Definition of Done gibt dem Team wirkliche Orientierung und ist im Prinzip nichts anderes, als die Zerlegung eines Ziels in seine Einzelteile. Diese Zerlegung sollte in einem gemeinsamen Brainstorming mit dem Team und dem Product Owner passieren, festgehalten und für alle gut sichtbar am Taskboard angebracht werden.

Das Taskboard

Ein Taskboard macht den Prozess der Produktentwicklung während des Sprints für alle sichtbar. Es hilft dem Team, seine Aufgaben übersichtlich anzuordnen und immer den Überblick zu behalten. Die Aufgaben sollten so definiert sein, dass sie innerhalb eines Tages erledigt werden können. Der ScrumMaster kann mit Hilfe des Taskboards schnell erkennen, an welchen Stellen er das Team auf Probleme oder Blockaden hinweisen muss, während das Team selbst durch das Taskboard seinen Fokus schärft. An dieser Stelle ist auch die Kommunikationsfähigkeit des ScrumMasters gefragt, weil Teammitglieder oft der Meinung sind, Blockaden selbst lösen und daher nicht darüber reden zu müssen. Viele glauben auch, sie stehen in einem schlechten Licht, wenn sie nicht ständig wiederholen, dass alles in Ordnung ist. Erst mit Hilfe eines Taskboards visualisiert das Team seinen eigenen Arbeitsfortschritt und bringt Schwächen in der Entwicklung, die Impediments und alle anderen störenden Aspekte an die Oberfläche.

Die Impedimentliste

Im Daily Scrum können die Teammitglieder alle Dinge auf den Tisch bringen, die sie in ihrer Arbeit behindern. Der ScrumMaster notiert das auf seiner Impedimentliste und kann das Ausräumen der einzelnen Hindernisse priorisieren. Auf diese Weise steht dem Team ein klarer und deutlicher Mechanismus zur Verfügung, der erkennen lässt, an welchen Problemen der ScrumMaster für das Team arbeitet. Hier geht es nicht so sehr um das Team und seine Selbstbeobachtung. Die Impedimentliste ist vielmehr die Bewusstmachung von Problemen des Teams nach außen. Die Liste der Impediments wird allen zugänglich gemacht und treibt so alle an, die etwas daran ändern können.

Das Einzelgespräch – Feedback

Obwohl der ScrumMaster das Team im Blick hat, wird er von Zeit zu Zeit auch mit den Teammitgliedern das Einzelgespräch suchen. Dieses Gespräch ermöglicht dem ScrumMaster, das einzelne Teammitglied durch geeignetes Feedback bei der Selbst-Bewusstwerdung zu unterstützen. Dieses Feedback ist kein Peer-Feedback, weil es der ScrumMaster aus einer gesonderten Position gibt.

Die Retrospektive

Das Scrum-Team hat durch die Retrospektive am Ende eines Sprints die Gelegenheit, seinen Arbeitsprozess zu analysieren und sowohl die teaminternen als auch die teamexternen Arbeitsabläufe zu identifizieren, die sich nicht verbessern lassen. Die Retrospektive gibt dem Team die Möglichkeit, in einem geschützten Raum über sich selbst zu reflektieren. Der ScrumMaster erzeugt über die Form der Moderation mit Hilfe von Pinnwand und Post-its die Fläche, auf der sich das Team selbst beobachten kann.

Der Team-Entwicklungsplan

Der Team-Entwicklungsplan ermöglicht die Sicht auf das Team von außen, wenn er öffentlich zugänglich für das Team gehandhabt wird. Der ScrumMaster formuliert aus seiner Position heraus einen Anspruch an das Team. Dieser Anspruch kann vom Team angenommen werden oder es geht mit dem ScrumMaster auf Konfrontation. Selbstreferenzialität entsteht für das Team durch das Gespräch und die Verhandlungen mit dem ScrumMaster über den Team-Entwicklungsplan.

8.5.2 Führungsinstrumente des Product Owners

Die Führungsinstrumente des Product Owners sind produktorientiert und helfen dem Team, das Produkt zu verstehen. Der Product Owner macht die Bedeutung des Produkts für die Organisation deutlich und zeigt dem Team damit gleichzeitig, wie wichtig sein Beitrag zum Gelingen der Mission ist.

Die Vision

Die Vision des Produkts ist die Zielrichtung für die Produktentwicklung. Sie muss nicht zu 100 Prozent exakt, detailliert und ausgefeilt sein, sondern muss in allen Beteiligten das Bild erzeugen, in welche Richtung es geht. Sie erzeugt die Rahmenbedingungen für das Team und darf zwar einerseits sehr fantasievoll sein, muss aber noch genügend Raum für die Kreativität des Teams lassen. Damit ergibt sich automatisch auch der Selbstbezug für das Scrum-Team. Das Ausrichten an der Vision erzeugt eine ständige Feedback-Schleife, an der sich alle an der Entwicklung Beteiligten ständig messen können.

Das Product Backlog

Das Product Backlog erzeugt für alle den Fahrplan der Entwicklung. Durch die Estimation Meetings und die ständige Neu-Priorisierung des Backlogs unterwirft sich das Entwicklungsgeschehen ebenfalls einem ständigen Rückbezug auf sich selbst. Entscheidend ist jedoch, dass das Backlog öffentlich aufgehängt ist. Es zeigt an, ob der Product Owner vorbereitet ist und ob das Team den Fahrplan versteht.

Das Review

Das Review steht am Ende der Produktentwicklung pro Sprint. Auf diese Weise ist das Team gezwungen, sich einem ständigen Selbsttest zu unterziehen. Ist gelungen, was geplant war, oder muss nachjustiert werden? Gleichzeitig erzeugt das Produktergebnis eine Reaktion auf sich selbst. Diese Reaktion fließt dann wieder in die Veränderung des Produktes ein.

8.5.3 Führungsinstrumente des Teams

Das Team, das ein sich selbst führendes, selbst organisierendes System ist, muss sich zunächst bewusst sein, in welchem Rahmen es sich bewegt. Innerhalb dieses Rahmens beginnen die Teammitglieder selbstständig, sich einzufügen und mitzubewegen. Was kreiert diese Rahmenbedingungen und welche Instrumente stehen zur Verfügung, mit denen sich sowohl das Team als auch das Teammitglied führen können?

Die Timebox

Das Management-Framework Scrum verlangt, dass jede Aktivität zeitlich gebunden ist. Jedes Meeting und jeder Sprint unterliegen dieser Anforderung. Die Timebox erzwingt den „Sense of Urgency", nach John P. Kotter[11] der wichtigste Faktor, um Veränderungen zu erzeugen. Für ein Team bedeutet das, dass es nur einen gewissen (Zeit-)Raum hat, um sich mit einem Thema zu befassen. Der ScrumMaster hilft dem Team, diesen Raum einzuhalten. Entfalten muss sich das Team darin selbst.

Gruppendynamik

Die Gruppendynamik ist sicher kein klassisches Führungsinstrument, aber in der Praxis in jedem funktionierenden Team wirksam. Als Teil einer sozialen Gruppe unterliegt man den Regeln dieser Gruppe. Die Gruppe entwickelt eine eigene Identität und formt sich durch das gemeinsame Ziel zu einem Team. Diese identitätsstiftende Kraft kennt jeder, der sich schon einmal einer Gruppe zugehörig gefühlt hat. Je nach Kraft der Gruppenidentität werden Zuwiderhandlungen gegen die formellen oder informellen Regeln sanktioniert. Dadurch wird die Integrität der Gruppe gewahrt. Sogar Außenseiter haben innerhalb des Systems der Gruppe ihre Funktion, stabilisieren sie doch die Gruppe nach innen. Der Außenseiter wird als Anti-Gruppenmitglied zur Reflexionsfläche.

8.5.4 Führungsinstrumente des Managers

Wie führt ein Manager agil? Welche Instrumente stehen ihm zur Verfügung? Der Manager ist zumindest in den meisten Fällen isoliert. Er gehört nicht zum Team, er gehört aber auch nicht zur nächsten Führungsebene und ist oft auch zu den Seiten hin von seinen eigenen Peers isoliert, da unterschiedliche Gruppen zumeist unterschiedliche, manchmal sogar konkurrierende Ziele haben. Hier sind einige ausgewählte Instrumente, die wir benutzen:

[11] Kotter 2009

Das 360°-Feedback oder Sonderarten dieses Instrumentes

Der Manager muss einen Weg finden, Feedback über seine Mitarbeiter einzuholen, da er ihn selbst beim Arbeiten nicht beobachten kann. Aber wie gelingt es, über die eigenen Mitarbeiter ein valides Feedback zu bekommen? „Alle Menschen lügen“, sagt Dr. House, und genau dieses Phänomen kennen Soziologen als das Grundproblem jeder soziologischen Testreihe. Es ist quasi unmöglich, ehrliche und damit valide Antworten von Probanden zu bekommen. Nur durch geschicktes Fragen und solche Fragen, die den Mitarbeiter in Widersprüche verwickeln, lässt sich die Wahrheit interpretieren. Eine Führungskraft, die sich dessen nicht bewusst ist, wird zwar möglicherweise glauben, dass ihre Mitarbeiter ehrlich sind, und dass sie ein ehrliches Feedback über sich selbst und ihre Kollegen geben. Aber das ist in der Regel eine Illusion. Feedback-Gespräche zwischen Mitarbeitern und ihren Vorgesetzen müssen daher so gestaltet werden, dass der Mitarbeiter sicher sein kann, dass seine Antworten keinesfalls gegen ihn verwendet werden. Gleichzeitig müssen wir einen Weg finden, wie diese Gespräche möglichst objektiviert ablaufen können.

Das 360°-Feedback kann hier ein valides Instrument sein. Es muss dem Manager nur klar sein, dass dieses Instrument nicht alleine ausreicht, den Mitarbeiter zu beurteilen. Wichtig: Übertreiben Sie es nicht mit den Fragen im 360°-Feedback. Sollte Ihre HR-Abteilung Ihnen Fragbögen liefern, die Ihre Mitarbeiter stundenlang beschäftigen, dann sind diese Bögen zu umfangreich. Die Beantwortung der Fragebögen sollte nicht länger als 15 Minuten dauern.

Das Feedback-Gespräch des Managers mit dem Mitarbeiter

Es empfiehlt sich, dass Karrieregespräche und Gespräche zur Leistungsfähigkeit getrennt voneinander durchgeführt werden. Der Einzelne bekommt von seiner Führungskraft Informationen dazu, wie er in deren Augen abschneidet. Hierzu wird der Manager das 360°-Grad Feedback heranziehen, aber vielleicht gibt es auch noch andere Quellen. Das Karrieregespräch wird vom Leistungsbeurteilungsgespräch getrennt geführt. Dazu kann man sich auch den Personalreferenten als Unterstützung holen, der als Berater am Gespräch teilnimmt und es moderieren kann, damit es nicht zu Leistungsbeurteilungen kommt. Entscheidend ist wieder, dass der Manager dem Mitarbeiter die Gelegenheit gibt, seine eigenen Wünsche und Vorstellungen einzubringen. Der Redeanteil des Mitarbeiters muss also wesentlich höher sein als der des Managers.

Der Entwicklungsplan des Mitarbeiters

In diesem Kontext steht auch der Entwicklungsplan des Mitarbeiters. Dieser muss gemeinsam mit dem Mitarbeiter ausgearbeitet werden, der Manager ist lediglich die Reflexionsfläche für den Mitarbeiter. Dieser Entwicklungsplan kann ja nur ein Versuch sein, dem Mitarbeiter die Chance zu geben, sich über die eigenen Kenntnisse und Potenziale klarer zu werden. Das heißt, der Entwicklungsplan ist kein Zielentwicklungsplan aus Sicht des Managers, sondern ein Entwicklungsplan aus der Sicht des Mitarbeiters.

Zusammenfassung

Führung im agilen Unternehmen bedeutet für das Management Abschied von Macht und Kontrolle. Gefragt ist ein situativer Führungsstil, in dessen Rahmen sich das Selbstverständnis des Managers dahin entwickeln muss, dass er in erster Linie die optimalen Rahmenbedingungen schaffen muss, in denen sich seine Mitarbeiter entwickeln und Verantwortung übernehmen können. Der Manager muss auch damit leben, dass sich seine bisherigen Führungsaufgaben auf ScrumMaster, Product Owner und die Teammitglieder verteilen. Das fordert aber nicht nur vom Manager, seine eigene Rolle zu hinterfragen und neu zu definieren. Agilität beginnt bei jedem Individuum, das eine agile Rolle ausfüllen muss, und ist in punkto Führung daher zunächst einmal eine Frage der Selbstführung: Mit welchen Einstellungen und Werten geht man an seine Aufgaben heran? Jede Rolle wird von speziellen Merkmalen der agilen Selbstführung geprägt, die der Einzelne mitbringen muss, um seine Führungsaufgaben erfolgreich auszufüllen. Für die Führung des Teams durch den ScrumMaster und Product Owner, für die Führung der Teammitglieder untereinander und für die Führung des einzelnen Mitarbeiters durch den Manager stellt Scrum selbst die wesentlichsten Instrumente zur Verfügung.

9 Erfolgsfaktoren des Personalmanagements

Cap Gemini Consulting widmet sich mit seinem HR-Barometer im Zwei-Jahres-Rhythmus der Frage: „Wie ist es um den Stellenwert der Personalarbeit in großen und mittelständischen Unternehmen in Deutschland, Österreich und der Schweiz bestellt?" Eines der hervorstechendsten Ergebnisse des HR-Barometers 2011 ist, dass nur bei 44 % der befragten Unternehmen ein HR-Vertreter im Vorstand oder in der Geschäftsleitung zu finden ist.[1] Je größer ein Unternehmen ist, desto eher findet sich jemand in den Führungsetagen, der personalpolitische Sichtweisen einbringen darf. Je kleiner die Unternehmen, desto geringer ist die Wahrscheinlichkeit, einen gleichberechtigten Personaler auf höchster Führungsebene zu finden. Laut Studie entscheidet HR nur bei 32 % der befragten Unternehmen bei der Planung strategischer Aktivitäten mit, hauptsächlich wird der Personalabteilung eine beratende Rolle zugebilligt. Und nur in jedem zweiten Unternehmen darf HR bei der Umsetzung strategischer Aktivitäten auch mit entscheiden. Die Untersuchung von Cap Gemini ist ein Querschnitt über sämtliche Branchen und fokussiert nicht speziell auf IT und Softwareentwicklung. Trotzdem zeigt sich hier eine grundsätzliche Problematik: Strategische Entscheidungen über die Zukunft eines Unternehmens werden weitgehend losgelöst von Personalfragen getroffen. Anstatt die Konsequenzen für die schlussendlichen Umsetzer - die Menschen - von Beginn an in die Überlegungen miteinzubeziehen, werden sie zu einem nachgelagerten Faktor, der für die Strategie letztlich passend gemacht werden muss. Personalabteilungen haben also nur eine ausführende Funktion und werden immer wieder aufs Neue in ihre lediglich administrative Rolle gedrängt. Im europäischen und weltweiten Vergleich fällt auf, dass das Nichtvorhandensein von Personalern in den Vorstands- und Geschäftsführungsebenen ein Spezifikum des deutschsprachigen Raums ist. Die Gründe dafür liegen wohl in der bewegten Geschichte. Rechte der Arbeitnehmer mussten schwer erkämpft werden und ganz anders als etwa in den USA wachen in Europa und vor allem in Deutschland und Österreich mächtige Gewerkschaften und Institutionen darüber, dass Arbeitnehmer nicht übervorteilt werden. Das ist auch gut so, allerdings schwingt dadurch immer wieder ein unterschwelliges „Gegeneinander" mit, und die Personaler stehen dabei in der Mitte. Sie fühlen sich den Zielen des Unternehmens genauso verpflichtet wie den Anliegen der Mitarbeiter und müssen es beiden Seiten recht machen.

[1] Cap Gemini Consulting 2011

Die institutionellen Rahmenbedingungen der Arbeitswelt, die auf Entscheidungen in einem Unternehmen einwirken, bleiben die gleichen, egal ob klassisches oder agiles Unternehmen. Die Entscheidung für Scrum oder andere agile Methoden gibt einem Unternehmen aber die Chance bzw. zwingt es geradezu, seine Strategien, Strukturen und die Kultur grundsätzlich zu überdenken und seine Handlungsoptionen innerhalb der gegebenen Rahmenbedingungen neu zu definieren. In einer agilen Organisation sollte also eine Transformation des HR-Bereiches weg von den rein administrativen Agenden hin zu einer strategischen, beratenden und verbindenden Funktion stattfinden (Bild 9.1).

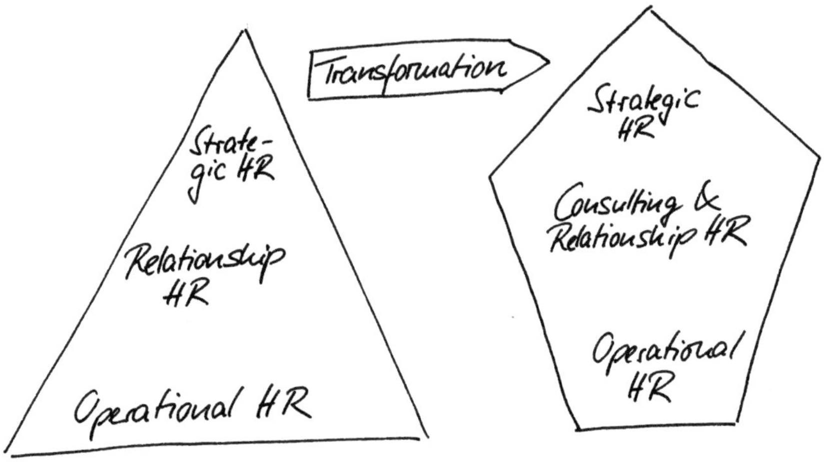

BILD 9.1 Transformation der HR-Aufgaben in einem agilen Unternehmen

Agile Denkweisen setzen immer beim Menschen und seinem Willen zur Leistung an. Daher kann es nicht sein, dass sich in einem Unternehmen gerade jene Abteilung aus den agilen Denkweisen heraushält, deren Kernaufgabe die Gestaltung des Arbeitsumfelds von Menschen ist. Wie wir in den vorangegangenen Kapiteln gezeigt haben, fordert Agilität einen vollkommen anderen Umgang mit Mitarbeitern von der Rekrutierung bis zur Trennung, und ein auf Vertrauen basierendes Verständnis von Führung. Dabei handelt es sich nicht um bloße operative Eingriffe oder kleinere Kurskorrekturen, sondern um neue strategische Denk- und Herangehensweisen. Dieses hohe Maß an nötigen Veränderungen ist alles andere als ein rein administrativer Prozess, sondern braucht kompetente Change Agents und Change Manager, die sich mit den auftretenden Kräften und Wirkungen intensiv auseinandersetzen, sie begleiten und in die richtigen Bahnen lenken. Die Veränderung zur Agilität bietet Personalabteilungen also die Chance, ihr Selbstverständnis zu überdenken und sich durch den Beweis ihrer Kompetenz im Veränderungsprozess selbst neu zu positionieren. Diese Kompetenz sollte einerseits von den zum Beispiel von Scrum am stärksten betroffenen Unternehmenseinheiten aktiv eingefordert und genützt werden. Vor allem muss es aber ein Anliegen der Personalabteilungen sein, diese Kompetenz zu zeigen, einzubringen und notfalls zu entwickeln.

Um ein agiles Personalmanagement in einem Unternehmen aufzubauen, müssen wir drei Ebenen unterscheiden:

1. **Strategie**
   Welchen Stellenwert haben Personalfragen überhaupt im Unternehmen? Sind sie ein „Nebenprodukt“ der Unternehmensstrategie oder einer ihrer wichtigsten Bestandteile?
2. **Kultur**
   Wie schaffen wir eine anpassungsfähige Kultur der ständigen Veränderung, in der hohe Leistung gefördert wird?
3. **Struktur**
   Wie muss sich das Personalmanagement an die Agilität des Unternehmens anpassen, um selbst agil arbeiten zu können?

9.1 Strategisches Personalmanagement als Erfolgsfaktor in agilen Unternehmen

Nach Dave Ulrich sollen HR-Professionals bzw. Personalabteilungen alle vier Rollen - Strategic Partner, Change Agent, Administrative Expert und Employee Champion - beherrschen (siehe Kapitel 2). In der Rolle als Strategic Partner sollte HR die Unternehmensstrategie und die verantwortlichen Führungskräfte durch adäquate Strategien im Personalmanagement unterstützen, die passenden Organisationsstrukturen dafür aktiv entwerfen, vorschlagen und implementieren. Ob das auch wirklich so funktioniert, hängt in letzter Konsequenz von der Akzeptanz und Wahrnehmung ab, die Personaler auf höchster Leitungsebene und von allen anderen „Kunden“ in einem Unternehmen haben. Wenn es um die strategische Bedeutung des Personalmanagements geht, zeigt sich in der Praxis aber oft eine gewisse Diskrepanz zwischen Selbst- und Fremdbild von Personalabteilungen. Einer der wichtigsten Gründe dafür ist, dass man „nicht einfach so“ zum Strategic Partner wird, es gibt keine Vorschusslorbeeren für gut gemeinte Ansätze. Scrum postuliert die Nähe der Teams am Kunden. Das bedeutet, dass Teams das Business eines Kunden, seine spezifischen Probleme kennen und verstehen müssen, um ihm am Ende das passende Produkt zur Lösung in die Hand zu geben. Nichts anderes wird von HR gefordert, wenn es in einem Unternehmen - völlig unabhängig davon, ob agil oder klassisch - zu einem strategischen Partner werden will: Es muss verstehen, wie und woran die Menschen in den einzelnen Geschäftsbereichen arbeiten, es muss deren Prozesse kennen und ein gewisses Grundverständnis von den Arbeitsinhalten entwickeln. Hier liegt einer der größten Stolpersteine für die Akzeptanz der Personaler auf Augenhöhe: Sie haben zwar nette Ideen, aber der Mehrwert für das Unternehmen ist nur sehr schwer nachzuvollziehen. Es fehlt der klare Zusammenhang zwischen Maßnahme und tatsächlichem Bedarf in den Geschäftsbereichen, der oft ein ganz anderer ist, als die Kollegen in den Personalabteilungen glauben. Die Erfolgsfaktoren für strategisches Personalmanagement in agilen Organisationen sind also:

1. **Klares Commitment im Top Management**
   Auf dieser Ebene sind Scrum und das strategische Personalmanagement sozusagen „Waffenbrüder". Scrum kann langfristig nur funktionieren, wenn sich das gesamte Unternehmen von der Geschäftsführung abwärts dazu bekennt. Genauso ist es beim strategischen Personalmanagement: Wenn sich die Geschäftsführung nicht dazu durchringen kann, strategische Personalfragen auf ihre Prioritätenliste zu setzen, werden HR-Abteilungen bei aller Liebesmüh nie zu Business-Partnern werden können. Gegen Widerstände zu neuen, agilen Instrumenten der Führung, gegen veraltete Menschenbilder zu kämpfen, ist meistens vergeblich. So wie auch bei Scrum geklärt werden muss, was man sich vom Einsatz erwartet, muss auch zwischen HR und Geschäftsführung geklärt werden, welche Erwartungen in ein Business-Partner-Modell gesetzt werden. Fatalerweise hängt das Gelingen von Scrum von der Wertigkeit der Personalfragen in einem Unternehmen ab. Commitment ist zwar einerseits eine Bringschuld der Unternehmensführung, es ist aber genauso eine Bringschuld der Personalabteilungen, die ihre Instrumente und Prozesse schlussendlich auch entlang des agilen Mindsets gestalten müssen. Allererste Aufgabe von Personalabteilungen muss es also sein, sich selbst mit dem neuen Mindset auseinanderzusetzen und es verstehen zu wollen. Wenn dieser Schritt getan ist, kann HR auf oberster Ebene die nötigen – oder sowieso entstehenden – Veränderungen kompetent kommunizieren, Auswirkungen aufzeigen und Lösungen anbieten. Hier ist also in erster Linie eine proaktive Änderung des Personaler-Selbstverständnisses gefragt: Sie müssen direkt hin zu ihren Kunden in den Abteilungen, entweder in Form von Job Rotation oder indem in den Geschäftsbereichen selbst ständig Personaler bei den Teams als direkter Support sitzen. Sie müssen sich dafür interessieren, wie Scrum die Arbeitsweisen der Mitarbeiter verändert, welche Gruppendynamik entsteht, welche Fähigkeiten Mitarbeiter brauchen, um erfolgreich mit Scrum arbeiten zu können, welche Kompetenzen ein ScrumMaster entwickeln muss, um Teams erfolgreich lateral führen zu können. Personaler müssen wissen, wie die Produktentwicklung mit Scrum abläuft und welche Herausforderungen sich an den Schnittstellen zu anderen Geschäftsbereichen ergeben. Wenn eine Personalabteilung noch nicht als strategischer Business-Partner im Unternehmen verankert ist, liegt es hier also völlig in ihrer eigenen Hand, das Top-Management von ihrer strategisch beratenden Funktions*fähigkeit* durch Know-how und Know-why zu überzeugen und darauf aufbauend strategische Linien für wertschöpfende, transformationale Themen wie Recruiting, Talent Management, Performance Management und Vergütung zu entwerfen.

2. **Professionelle Kommunikationsstrukturen**
   Das Wichtigste in einem agilen Umfeld, in dem es zuweilen auch chaotisch zugehen kann, ist die Kommunikation. Transparenz und Offenheit bleiben nur gewährleistet, wenn über Veränderungen und Entwicklungen auch gesprochen wird. Einer der wesentlichsten Kritikpunkte von Mitarbeitern – vor allem in größeren Unternehmen – an den Personalabteilungen ist, dass diese zwar auf Nachfrage in administrativen Belangen service- und kundenorientiert agieren, aber ansonsten viel zu selten aktiv mit ihren Projekten in Erscheinung treten. Daher haben die unternehmensinternen Kunden oft eine bestenfalls indifferente Wahrnehmung der Personaler. Gerade in Veränderungsprozessen fängt aber auch die Gerüchteküche schnell zu brodeln an, wenn nicht klar ist, was denn nun passiert, wer in welcher Weise von Veränderungen betroffen ist und wohin man sich eigentlich entwickelt

bzw. entwickeln soll. Den Personalabteilungen steht hier ein breites Spektrum an Möglichkeiten zur Verfügung, von der Nutzung sämtlicher Features des Intranets – zum Beispiel in Form von Blogs, Newslettern, Videobotschaften – bis hin zu den traditionelleren Formen wie etwa Mitarbeiterveranstaltungen und Mitarbeiterzeitungen.

3. **Klar definierte, messbare HR-Prozesse – Operational Excellence**
Die Entwicklung von HR zu einem strategischen Business-Partner ist ein Wunsch, dem oft ganz handfeste operative Hürden im Weg stehen. Zwar sind möglicherweise Wunsch und Commitment vorhanden, dem strategischen Personalmanagement mehr Platz einzuräumen, gleichzeitig bleibt die Menge der operativen Aufgaben für die Personalabteilung gleich. Nun kann man argumentieren, dass auch in der kleinsten Hütte Platz ist und man sich der strategischen Aufgaben nicht mit dem Hinweis auf operative Überlastung entziehen kann. Tatsächlich geht es bei dieser Frage aber darum, vor allem die rein verwalterischen HR-Prozesse zu straffen, zu standardisieren und nach Möglichkeit auch auszulagern. Solange zum Beispiel die Lohnverrechnung nicht einwandfrei und pünktlich funktioniert, gerät die Personalabteilung der Geschäftsführung gegenüber in Argumentationsnotstand und braucht über Talent Management erst gar nicht zu reden. Die Frage, an welchen Kennzahlen der Wertschöpfungsbeitrag von HR gemessen werden sollte, und ob es überhaupt sinnvoll ist, ihn zu messen, hängt vom jeweiligen Unternehmen ab. Wahrscheinlich wird in diesem Bereich die Meinung zwischen Personalabteilung und dem Rest der Organisation oft auseinanderklaffen. Für manche Unternehmen liegt der wesentliche Beitrag schon darin, wenn die administrativen Prozesse problemlos funktionieren. In Zeiten von Kurzarbeit und Massenentlassungen wird der Fokus lediglich auf den kurzfristigen Kosteneffekten liegen. Strategisch gesehen ist aber die Frage wichtiger, wie HR durch „Mehrwertthemen" wie Recruiting, Talent Management, Personal- und Führungskräfteentwicklung oder Change Management messbar zum Unternehmenserfolg beiträgt. Hier geht es also um die Frage, ob die richtigen Dinge getan werden (und in weiterer Folge, ob sie wirtschaftlich und kosteneffizient richtig getan werden), um die strategischen Ziele – in unserem Fall: Agilität auf allen Ebenen – mittel- bis langfristig auch erreichen zu können. Schlussendlich geht es bei der Messbarkeit von HR-Prozessen um einen ständigen Abgleich mit der gesamten Unternehmensstrategie: Sind der Entwicklungsstand des Personals, die Mitarbeiterstruktur und die Attraktivität des Unternehmens als Arbeitgeber dazu angetan, die Wettbewerbsfähigkeit des Unternehmens zu unterstützen oder lauern an bestimmten Stellen Gefahren, um die man sich schon jetzt kümmern sollte? Die Kennzahlen, an denen HR gemessen wird, folgen also der Unternehmens- und der daraus abgeleiteten Personalstrategie. Sie müssen dem Bedarf der internen Zielgruppen entsprechen. Reine Kennzahlenfriedhöfe sollten allerdings nicht das Ziel sein, sinnvoller sind vielmehr wenige Kennzahlen, die qualitativ in die Tiefe gehen und Problembereiche stärker ausleuchten (z.B. was sind die Ursachen für hohe Fluktuationsraten und wie kann gegengesteuert werden?).

Das verbindende Element zwischen den Implikationen von Scrum für eine Organisation und den strategischen Positionierungsfragen der betroffenen Personalabteilungen in agilen Unternehmen ist, dass es dabei schlussendlich um das „Produkt" von HR geht – den Menschen. Mit dem agilen Mindset als Basis soll die Verankerung von HR als strategischer Business-Partner schlussendlich Antworten auf die Fragen geben: Welche Mitarbeiter wollen wir anziehen, welche Mitarbeiter sind für unser Business nötig, wie halten wir gute Mitarbeiter im Unternehmen, wie und womit positionieren wir uns am Arbeitsmarkt, welchen Anforderungen der Zukunft müssen wir mit welchen Maßnahmen begegnen?

9.2 Unternehmenskultur als Erfolgsfaktor des Personalmanagements in agilen Unternehmen

Wir haben in Kapitel 2 ausgeführt, dass der Erfolg oder Misserfolg von Scrum im Wesentlichen eine Kulturfrage ist. Um zu funktionieren, muss sich das Werteverständnis von Scrum darauf ausrichten, den eigenständigen Willen des Menschen zur Best- und Höchstleistung, seine intrinsische Motivation, zu fördern. Das gelingt durch ein positives Menschenbild, das dem Einzelnen die Fähigkeit zubilligt, Verantwortung für sein Handeln zu übernehmen und im Sinne der übergeordneten Strategien und Ziele des Unternehmens zu handeln. Die Basis für den erfolgreichen Einsatz von Scrum bildet also die Lernfähigkeit – jene des Individuums, aber vor allem auch jene der Organisation, in der das Individuum arbeitet. Zentraler Bestandteil der Unternehmenskultur in einem agilen Unternehmen ist die Anpassungsfähigkeit der Organisation als Ganzes. Die Aufgabe des Personalmanagements bzw. der Personalabteilungen in agilen Unternehmen muss es also sein, eine lernende Organisation zu bauen. Das bedeutet, alle Aktivitäten darauf auszurichten, um die Organisation und die Menschen, die in ihr arbeiten, so flexibel zu halten, dass Veränderungen nicht ausschließlich auf Widerstand stoßen, sondern als Chancen begriffen werden. Wenn wir vom Menschen selbst ausgehen, so erfolgt das Lernen durch Selbstorganisation, Selbststeuerung und Selbsterneuerung. Genau die gleichen Prinzipien wendet auch Scrum auf Teamebene mit seinem Mindset und seinen Prozessinstrumenten an. Auf die gesamte Organisation skaliert sollten einer agilen Unternehmenskultur fünf grundlegende Fähigkeiten zugrunde liegen:[2]

1. Wege der systematischen Problemlösung
2. Experimentieren mit neuen Ansätzen
3. Lernen aus den eigenen Erfahrungen der Vergangenheit
4. Lernen aus den Erfahrungen und Best Practices anderer Unternehmen
5. Schneller und effizienter Wissenstransfer innerhalb des Unternehmens

Der Weg hin zu diesen fünf Fähigkeiten führt nur über die Menschen in der Organisation. Daher ist das Personalmanagement gefordert, eine neue Qualität in die Führung von und die Zusammenarbeit zwischen Mitarbeitern zu bringen.

---

2 Garvin 1998

Welchen Beitrag können Personalabteilungen in diesem Zusammenhang leisten? Was sind die Erfolgsfaktoren für eine agile Unternehmenskultur, deren Ergebnis schlussendlich eine anpassungsfähige, lernende Organisation sein soll?

Wie gesagt trägt Scrum den Samen für eine lernende Organisation in sich. Setzen wir voraus, dass auch seitens des Top-Managements das Commitment zu agilen Werten und Methoden gegeben ist. Die Personalabteilung hat somit die Aufgabe, den Samen zum Wachsen zu bringen, und das tut sie am besten, indem sie jene Instrumente, die ihr zur Verfügung stehen und die wir in den vorigen Kapiteln beleuchtet haben, auf die agilen Werte ausrichtet und entsprechend gestaltet:

- Zunächst muss HR an sich selbst arbeiten, um das agile Mindset zu verstehen. Es geht „hinaus“ zu den Menschen, die mit Scrum oder agilen Methoden arbeiten, macht sich vertraut mit den Anforderungen und wendet Scrum im besten Fall sogar für seine eigenen Prozesse an.
- Die Personalabteilung unterstützt alte und neue Führungskräfte mit Trainings und Coachings dabei, in ihre neue Rolle zu finden und ein neues Verständnis von Leadership zu entwickeln. Sie hilft den Führungskräften dabei, sich selbst als Multiplikatoren des kulturellen Wandels zu verstehen, selbst auch die Rolle des Coaches für Mitarbeiter zu übernehmen und sich damit anzufreunden, Verantwortung und Kontrolle über Weg und Ergebnis der Produktentwicklung an die Mitarbeiter abzugeben.
- Da die Weitergabe von Wissen und dadurch das Lernen in einer Organisation nur auf Basis intensiver Kommunikation funktionieren können, sieht die Personalabteilung in einem agilen Unternehmen ihre Aufgabe auch darin, Möglichkeiten zur intensiven Kommunikation und zum Wissensaustausch zu schaffen. Das fängt bei der optimalen räumlichen Zusammensetzung und der optimalen infrastrukturellen Ausstattung von Teams an und hört beim Einsatz von Tools des Wissensmanagements auf.
- HR lenkt im Recruiting seine Aufmerksamkeit auf Menschen, die Verantwortung übernehmen wollen, hohe kommunikative Kompetenz besitzen, konfliktfähig sind und kein Problem damit haben, ihr Wissen weiterzugeben. Durch die intensive Beschäftigung mit den Anforderungen an Menschen, die mit Scrum arbeiten, kann HR Auswahlprozesse schneller gestalten und Scrum im Employer Branding als Aushängeschild nutzen, um die richtigen – lernfähigen und lernwilligen – Mitarbeiter anzuziehen.
- Neue Karrieremodelle wie die Expertenlaufbahn verhindern, dass hochtalentierte Wissensträger nach oben „weggelobt“ und damit zwar neue Manager gewonnen werden, aber Innovationskraft und Wissen aus fachlicher Sicht langfristig verloren gehen. Abseits der Karriere schafft eine lernende Organisation für alle Mitglieder unternehmensbezogene und zielgerichtete Lernmöglichkeiten on the job und off the job, um dadurch die Entfaltung der Leistungspotenziale zu unterstützen.
- Performance Management und die Vergütung betonen die Bedeutung des Lernens und des Zusammenarbeitens im Team, indem sie nicht mehr ausschließlich am Individuum ausgerichtet werden, sondern individuelle und teamorientierte Komponenten miteinander vereinen.

- HR schafft in einem agilen Unternehmen ein Klima, in dem die vielfältigen Formen von Trennung nicht mehr ausschließlich negativ gesehen werden. Über die Führungskräfte als Multiplikatoren und über Gespräche, die HR mit Mitarbeitern selbst führt, wird das Verständnis geschaffen, dass Fehler und das Scheitern in einer Rolle nichts „Schlechtes" sind, sondern eine weitere Möglichkeit des Lernens darstellen. Durch offene Kommunikation kann es HR auch schaffen, interne Trennungen als eine Form der Mitarbeiterentwicklung und -bindung zum Beispiel in Form von Job Rotation zu etablieren und damit den Wissensaustausch zwischen unterschiedlichen Bereichen des Unternehmens zu fördern.

Alleine aus dieser Aufzählung bzw. extremen Kurzzusammenfassung der letzten Kapitel wird deutlich, dass Personalverantwortliche (wenn wir darunter auch disziplinarische Führungskräfte verstehen) generell und Personalabteilungen im Speziellen sämtliche Fäden in der Hand haben, um eine tatsächlich agile, lernende Organisation zu schaffen.

9.3 Agile Strukturen als Erfolgsfaktor des Personalmanagements

Wir haben bis jetzt darüber gesprochen, wie jene Instrumente agil gestaltet werden können, die dem Personalmanagement bzw. der Personalabteilung zur Verfügung stehen. Wie kann aber die Personalabteilung ihre eigenen Prozesse und Strukturen agil gestalten? Hier müssen wir drei Schwerpunkte unterscheiden:

1. Die Gestaltung der operativen HR-Funktionen
2. Die Gestaltung von HR-Projekten
3. Die Transformation vom klassischen zum agilen Personalmanagement

9.3.1 Die Gestaltung der operativen HR-Funktionen

Um Kapazitäten für die strategische Personalarbeit freizuspielen, müssen die operativen HR-Funktionen - die sogenannte „transaktionale" Personalarbeit - neu organisiert werden. In die transaktionale Personalarbeit fallen alle weitgehend standardisierten administrativen Aufgaben wie etwa die Gehalts- oder Reisekostenabrechnung. Es sind also Substrukturen des Tagesgeschäfts in der Personalabteilung, die aber sehr zeitintensiv sind. Das Ziel sollte es sein, diese Basisarbeiten schnell, gut und günstig abzuwickeln. Dazu müssen Strukturen flexibilisiert und verschlankt, mitunter auch ausgelagert werden. Um dieses Ziel zu erreichen, schlägt Dave Ulrich drei Ansätze vor:

1. **Service Center**
   Die zentrale Idee ist es, alle Back-Office-Aufgaben der HR-Abteilung zu bündeln und im Sinne einer effizienten Administration so weit wie möglich zu standardisieren. Vor allem für Unternehmen mit mehreren Niederlassungen ist das natürlich ein Thema, weil redundante administrative Strukturen ein massiver Kostenfaktor sind. Ulrichs Gedanke ist hier sozusagen eine „interne Auslagerung“: Es wird ein tatsächlich „physisches“ Zentrum für organisationsweit gleichartige und leicht standardisierbare Prozesse installiert, im Idealfall mit einer 24x7-Verfügbarkeit. Teil davon kann auch ein Call Center sein, das regelmäßig wiederkehrende Mitarbeiter- und Managementanfragen schnell und unbürokratisch beantworten kann.
2. **Employee Self Service (ESS)**
   Entsprechende IT-Systeme bieten nicht nur die Möglichkeit, die Funktionen des Service Centers weitgehend zu standardisieren und zu verschlanken. Über Internet- oder Intranet-Personalportale kann ein Großteil der wiederkehrenden Fragen von Mitarbeitern und Führungskräften selbst beantwortet, personenbezogene Stammdaten selbst verwaltet und manche administrativen Prozesse – wie zum Beispiel Reiseanträge – selbst bearbeitet werden. ESS-Systeme bieten den Vorteil, dass sie Tag und Nacht verfügbar und nicht von der Anwesenheit der Mitarbeiter in der Personalabteilung abhängig sind. Für Fragen, die nicht über das ESS-System gelöst werden können, sollte aber allen Mitarbeitern bekannt sein, wer ihr nächster Ansprechpartner ist.
3. **Outsourcing**
   Um Wissen und Prozesskapazität nutzen zu können, muss man sie nicht zwangsläufig im Unternehmen besitzen. Durch ihre Spezialisierung, die darauf ausgerichteten Technologien und Skaleneffekte können Dienstleister manche Services wesentlich kostengünstiger erbringen, als es im Unternehmen selbst möglich wäre.

Ob und in welchem Umfang alle drei transaktionalen Service-Funktionen der HR-Abteilung im Sinne von Ulrich eingesetzt werden, hängt natürlich von der Unternehmensgröße ab. ESS-Systeme zum Beispiel sind aber bei Kleinunternehmen genauso sinnvoll wie bei Großunternehmen. Genauso stellt sich für sämtliche Unternehmensgrößen die Frage, ob die Lohn- und Gehaltsverrechnung nicht bei dezidierten Fachleuten besser aufgehoben ist.

Grundsätzlich sollte man mit dem Begriff der Neuorganisation aber sehr vorsichtig umgehen, denn viel zu oft wird darunter von der Geschäftsführung „Einsparung von Personal“ verstanden. Es geht aber in einem agilen Unternehmen darum, die strategischen Kapazitäten der Personalabteilung zu stärken. Daher geht die Rechnung „Gesamtzahl der HR-Mitarbeiter minus administrative Kräfte = strategischer denkender Mitarbeiter-Rest“ nicht auf.

9.3.2 Die Gestaltung von HR-Projekten mit Scrum

In den meisten Fällen ist bereits viel damit gewonnen, dass sich die Personaler grundsätzlich damit befassen, wie Scrum in der Praxis funktioniert, um ihren internen Kunden besser zur Seite stehen zu können. HR-Projekte unterliegen aber den gleichen Prinzipien wie andere Projekte im Unternehmen, und daher lassen sich Methodik und Artefakte von Scrum auch in der Personalabteilung sinnvoll und erfolgreich einsetzen. Grundsätzlich sind zwei Scrum-Varianten in der Personalabteilung denkbar:

1. **Prozessorientierung**
   Zum einen können Teams in der Personalabteilung die Vorgehensweise und die Artefakte von Scrum für ihr Tagesgeschäft bzw. ihre Standardprozesse nutzen. Stellenbesetzungen und ihr Fortschritt zum Beispiel lassen sich als einzelne Tasks auf einem Taskboard ganz einfach abbilden, welches einen schnellen, tagesaktuellen Überblick darüber gibt, welche Aufgaben noch offen sind und wer im Prozess noch was zu erledigen hat. Dazu ist nicht notwendigerweise ein ganzes Team nötig, auch ein einzelner Mitarbeiter kann sich die Systematik zunutze machen, um selbst effizienter zu werden. Natürlich können (oder sollten) diesen Tagesgeschäften strategische Überlegungen zugrunde liegen: Als Vision kann zum Beispiel formuliert werden, dass Rekrutierungs-Prozesse innerhalb einer klar definierten Zeitspanne erledigt werden sollen. Innerhalb dieser Zeitspanne lassen sich pro Rekrutierungsschritt Sprint Goals festlegen (z.B. Schalten von Stellenanzeigen, Kontaktaufnahme, unterschriebener Vertrag) und im Daily Scrum der aktuelle Stand der Dinge besprechen und die Aufgaben verteilen. Die Kompetenzprofile und Suchkriterien könnten pro zu besetzender Stelle in einem Backlog definiert werden. Um die Prozesse zu verbessern, können Impediment Backlogs angelegt werden, und auf jeden Fall macht es Sinn, die Abläufe in Retrospektiven immer wieder zu reflektieren.

2. **Projektorientierung**
   In größeren Unternehmen bzw. wenn umfassendere HR-Projekte abgewickelt werden sollen, wird die Scrum-Rollenverteilung eine größere Bedeutung bekommen. Ob sich Personalabteilungs-Teams an der Scrum-Rollenverteilung ausrichten können, ist vor allem auch eine Frage der Teamgröße. Sinnvoll ist eine Rollenverteilung ab einer Teamgröße von 15 Mitarbeitern aufwärts. Im Gegensatz zu Projekten in der Softwareentwicklung ist im HR-Bereich aber eine Sprintdauer von vier Wochen sinnvoll, weil zwei Wochen erfahrungsgemäß zu kurz sind. Alle Scrum-Artefakte lassen sich hingegen vollkommen analog zur Softwareentwicklung einsetzen.

Auch der Veränderungsprozess selbst hin zur agilen Organisation kann als Projekt betrachtet werden, das mit den Methoden von Scrum erfolgreich über die Bühne gebracht werden kann. Im Sinne der Business Partnerschaft hat vor allem auch die Interdisziplinarität in HR-Projekten ein starkes Gewicht: In den Projektteams sollte auf jeden Fall jemand aus dem Business mit dabei sein, damit das Projekt nicht zum HR-Selbstzweck wird, sondern ganz an den Kunden ausgerichtet ist (seien es bestimmte Mitarbeitergruppen oder die Organisation in ihrer Gesamtheit), dem es schlussendlich zugutekommen soll.

Die Rollen

1. Wenn es ausschließlich um die Transformation des HR-Bereichs geht, gibt es im Idealfall im Unternehmen einen HR-Direktor oder eine andere, für Personalbelange verantwortliche Person auf Geschäftsführungsebene, die eine klare Vision zu einem agilen Personalmanagement entwickelt. Diese Person ist somit der Product Owner für HR-Projekte. Mitarbeiter auf Abteilungs- oder Teamleiterebene (oder je nach Abteilungsgröße: die am besten geeigneten Mitarbeiter) wären dann die ScrumMaster, die in ihren Teams alle HR- und Business-Professionals sammeln, die sie für die Umsetzung eines Projektes brauchen.
2. Ist das anstehende Projekt die Veränderung der gesamten Organisation hin zur Agilität, gibt es in der Rollenverteilung noch einmal eine Verschiebung. Als Product Owner würde die Geschäftsführung mit ihrer Vision eines agilen Unternehmens auftreten, der zuständige Personaler wäre der ScrumMaster, der mit seinem oder seinen (interdisziplinären, mit HR- und Business-Vertretern besetzten) Team(s) diese Vision umsetzt. Die wohl wichtigste Aufgabe für die Personaler als ScrumMaster der Organisation ist im Veränderungsprozess das Ausräumen, zunächst aber in erster Linie das Aufzeigen von Impediments, die der Veränderung im Wege stehen. Anders als in „alltäglichen" Scrum-Projekten geht es hier vor allem darum, den Finger in wunde Punkte zu legen und die Organisation auch durch diese heikle Zeit der Selbstkonfrontation zu führen, die zweifellos nie ganz schmerz- und verlustfrei vonstattengehen kann.

9.3.3 Transformation vom klassischen zum agilen Personalmanagement

Die Grundlage für die konkrete Ausgestaltung neuer Strukturen und der operativen HR-Funktionen bildet eine eingehende Analyse der Ist-Situation und darauf aufsetzend die Definition des Soll-Zustandes.

IST-Analyse

1. *Erstellen einer HR-Prozesslandkarte*
   Bevor Prozesse geändert werden können, muss zunächst festgestellt werden, welche Prozesse aktuell in den Verantwortungsbereich der Personalabteilung fallen. Sie müssen definiert, transparent und messbar gemacht werden.
2. *Erfassung aller HR-Instrumente*
   Welche Instrumente werden aktuell in welcher Form für welche Zwecke eingesetzt?
3. *Strukturierte Kundenbefragung*
   Wenn Führungskräfte, Betriebsrat, Geschäftsbereiche und Mitarbeiter als Kunden gesehen werden, muss die Personalabteilung auch wissen, was diese Kunden eigentlich brauchen, um in ihrer Arbeit und Weiterentwicklung sinnvolle Unterstützung zu bekommen. Mit den Ergebnissen einer Befragung können Instrumente und Prozesse zielgerichteter adaptiert werden.

Szenarioplanung

1. *Planung von Aufgaben und Rollen im HR-Bereich*
   Wer wird unter agilen Voraussetzungen welche Rolle übernehmen? Wie werden sich die Teams innerhalb der HR-Abteilung zusammensetzen, wer übernimmt für HR-Projekte die Rolle des Product Owner, wer wird ScrumMaster?
2. *Entwicklung eines Beratungs- und Kommunikationsmodells*
   Vor allem um sich auf die speziellen Anforderungen bestimmter Geschäftsbereiche oder einzelner Teams einstellen zu können, sollte geklärt werden, welche Mitarbeiter der Personalabteilung welche Kollegen im Unternehmen beraten, und für wen sie Ansprechpartner in welchen Belangen sind. Hier sollten auch Varianten geprüft werden, wie mehr Nähe zwischen dem Tagesgeschäft der mit Scrum arbeitenden Geschäftsbereiche und der HR-Abteilung hergestellt werden kann, wie bereits erwähnt zum Beispiel dadurch, dass Personaler ihren Arbeitsplatz direkt zu den Teams verlagern.
3. *Regelung der Zusammenarbeit und Schnittstellendefinition im HR-Bereich*
   Wenn mit agilen Methoden gearbeitet wird, wenn in der Personalabteilung auch die Rollen Product Owner, ScrumMaster und Team verteilt werden, müssen genauso wie bei anderen Scrum-Teams neue (Selbst-)Verantwortlichkeiten und Führungsverständnisse definiert werden.

Solldefinition und Umsetzung

1. *Sollprozessmodellierung und Umsetzung*
   Wie müssen Prozessen aussehen, welchen Grundsätzen müssen sie folgen, damit sie dem agilen Mindset entsprechen? Welche operativen Maßnahmen knüpfen sich an die neue Prozessdefinition?
2. *Adaption der HR-Instrumente*
   Für jedes neu gestaltete Instrument (z.B. Einstellungsgespräche, Mitarbeitergespräche, Entwicklungsmaßnahmen, Vergütung) müssen neue Visionen und die zukünftige Ausgestaltung festgelegt werden.
3. *Roll-out mit begleitenden Kommunikationsmaßnahmen*
   Schließlich wird noch definiert, in welchem Zeitrahmen die Maßnahmen umgesetzt werden, und wie die Kommunikation mit den Mitarbeitern über die Neuerungen und deren Konsequenzen gestaltet wird.

9.4 Kompetenzen der Personaler in agilen Unternehmen

Wir haben in Kapitel 3 ausführlich die Kompetenzen beleuchtet, die ScrumMaster und Product Owner benötigen, um ihre Rolle erfolgreich auszufüllen. Der Einsatz von Scrum oder anderer agiler Methoden fordert aber nicht nur von jenen Menschen besondere Kompetenzen, die zunächst am unmittelbarsten und direktesten von Scrum „betroffen" sind. Über kurz oder lang – wenn die Einführung von Scrum tatsächlich als umfassende Veränderung begriffen wird – müssen auch die Mitarbeiter der Personalabteilung Kompetenzen aufweisen, die dem agilen Mindset entsprechen. Schon allein deshalb, um die induzierten Veränderungen in ihrer Gesamtheit und ganzen Tragweite zu erfassen. Im Wesentlichen sind vor allem die sozialen und persönlichen Kompetenzen analog zu jenen zu sehen, die wir im Verlauf des Buches für ScrumMaster und Product Owner im Speziellen bzw. für Mitarbeiter in agilen Unternehmen generell bereits aufgezeigt haben. Für die Aufgaben der Personaler in einem agilen Unternehmen sind darüber hinaus aber sicher noch einige „Bonus-Kompetenzen" erforderlich:

1. **Fachliche Kompetenzen**
   Scrum fordert in der Softwareentwicklung vom Einzelnen generalistisches Denken. Das bedeutet nicht, in allen Spezialgebieten Experte sein zu müssen, aber zumindest ein gewisses Grundverständnis von unterschiedlichen Aspekten der Softwareentwicklung zu haben. Wenn dieses Grundverständnis nicht vorhanden ist, muss zumindest die Bereitschaft vorhanden sein, sich neue Kenntnisse im Austausch mit den anderen Teammitgliedern aneignen zu wollen. Personaler, die nach agilen Maßstäben arbeiten wollen, müssen auch die Bereitschaft zum Generalistentum zeigen. Vor allem, um ihre beratende Funktion im Unternehmen richtig wahrzunehmen, denn eine Führungskraft oder das Top Management sollte sich nicht zu jedem einzelnen Aspekt des HR-Instrumentariums mit jemand anderem unterhalten müssen. Die tatsächlich rein administrativen Kompetenzen einmal beiseite gelassen, sollten Personaler also ein generalistisches Wissen über Methoden und Instrumente des Recruitings, Talent Managements, Performance Managements, des Change Managements und der Führung aufweisen. Nicht zuletzt deswegen, weil diese Instrumente miteinander zusammenhängen und das Drehen an den Schrauben eines Instruments Auswirkungen auf andere Instrumente hat. Im agilen Unternehmen kommt noch hinzu, dass Personaler auch wesentlich genauer darüber Bescheid wissen sollten, worin eigentlich das Business des Unternehmens besteht und wie es in den einzelnen Geschäftsbereichen gehandhabt wird. Ein Personaler muss natürlich nicht selbst ein Entwickler sein, aber er muss im Laufe seiner Funktion als Business-Partner zumindest ein Grundverständnis für die Arbeitsweisen seiner Kollegen entwickeln und sich mit den Produkten seiner Kunden auseinandersetzen, um das eigene Unternehmen am Talentmarkt strategisch richtig positionieren zu können.

2. **Methodische Kompetenzen**
   In klassischen Organisationen genügt es, wenn Personaler wissen, wann und wie sie die Instrumente einsetzen, die für das Personalmanagement zur Verfügung stehen. Scrum

bringt eine neue Dynamik ins Unternehmen, die sich für die Personaler auf drei Arten auswirkt:

- Erstens müssen sie sich mit den Methoden von Scrum selbst auseinandersetzen, um zu verstehen, worauf sie in Zukunft Acht geben müssen, wenn es zum Beispiel um Fragen der Personalauswahl oder der Nachfolgeplanung geht. Wenn Scrum auch in die Projektorganisation der Personalabteilung Einzug hält, müssen sich Personaler erst recht die Scrum-Methodik aneignen.
- Zweitens müssen Personaler in der Lage sein zu erkennen, welche Auswirkungen Scrum auf die Ausgestaltung der Instrumente des Personalmanagements hat, und sie müssen in der Folge auch in der Lage sein, die bestehenden Instrumente entsprechend neu zu justieren.
- Drittens müssen Personaler erkennen, dass Scrum die Organisation in ihrer Gesamtheit verändert. Mehr als in jedem anderen Unternehmen müssen agile Personaler daher die Methoden des Change Managements beherrschen.

Wenn sich die Mitarbeiter der Personalabteilungen weg von der reinen Dienstleistungsrolle hin zu einer beratenden Funktion entwickeln wollen, werden auch methodische Kompetenzen des Trainings und Coachings notwendig sein. Auch die Fähigkeit des Networkings zum Beispiel in der Scrum Community ist sicher kein Nachteil, um selbst aktiv am Befüllen der Talentpipelines mitwirken zu können.

3. **Soziale Kompetenzen**
   Auf dem Weg zu einem strategischen Business-Partner in einem agilen Unternehmen müssen Personaler ein neues Selbstbewusstsein entwickeln. Raus aus der reaktiven Ecke des Dienstleisters, rein in die Rolle des aktiven Gestalters. Überzeugungs-, Kommunikations- und Durchsetzungsfähigkeit sind bei diesem Wandel, dem sich die Personaler auch selbst in ihrer Denkweise unterziehen müssen, wohl die wichtigsten sozialen Kompetenzen. Es geht schließlich nicht nur darum, mit der Einführung von Scrum ein umfassendes Veränderungsprojekt in punkto Organisationsstruktur zu vollziehen. Kern der Sache ist die kulturelle Veränderung, die sich rund um ein neues Menschenbild dreht, und damit müssen Fragen des Personalmanagements zu einer strategischen Priorität gemacht werden. Das geht nicht mit Erfüllungsgehilfen, sondern nur mit vorausschauend denkenden und agierenden, selbstbewussten Partnern.
4. **Persönliche Kompetenzen**
   Mit der Scrum-Brille betrachtet ist die Personalabteilung der Product Owner sämtlicher Produkte für und rund um die Kunden „Mensch“ und „Organisation“. Im Idealzustand der Business-Partnerschaft werden Personaler in strategische Unternehmensentscheidungen von Anfang an eingebunden. Alle persönlichen Kompetenzen, die wir für den Product Owner in Kapitel 3 definiert haben, kommen hier in besonderer Intensität zum Tragen: visionäres Denken, unternehmerisches Denken, Kreativität und Integrität.

Über allem steht der Mut, Verantwortung für die Veränderung zu übernehmen. Aus der makroskopischen Perspektive ist die Personalabteilung der ScrumMaster der Organisation. In ihrem neuen Selbstverständnis muss sie zum Change Agent werden, der dem Unternehmen dabei hilft, das Ziel der umfassenden Agilität zu erreichen. Sie räumt die Impediments im

Personalmanagement und in den Organisationsstrukturen aus dem Weg, die das Unternehmen daran hindern, zu einer lernenden Organisation zu werden. Und sie hilft den Menschen, ihre neuen Rollen zu verstehen und auszuüben.

Zusammenfassung

Die Schwäche vieler Unternehmen im deutschsprachigen Raum ist, dass es Personaler immer noch nicht wirklich geschafft haben, sich auf höchster Unternehmensebene als gleichberechtigte Partner und Mitgestalter zu etablieren. Das signalisiert indirekt auch, dass strategische Entscheidungen über die zukünftige Ausrichtung von Unternehmen weitgehend entkoppelt von Überlegungen dazu getroffen werden, welchen Stellenwert die Menschen in der Organisation bei der Erreichung der Unternehmensziele spielen. Gerade Unternehmen, die stark vom Wissen ihrer Mitarbeiter und von der Verteilung des Wissens ihrer Mitarbeiter abhängen, müssen Fragen des strategischen Personalmanagements einen besonderen Stellenwert beimessen. Agile Denkweisen setzen immer beim Menschen und seinem Willen zur Leistung an. Das fordert einen vollkommen anderen Umgang mit Mitarbeitern von der Rekrutierung bis zur Trennung, und ein vertrauensbasiertes Verständnis von Führung. Um diese neuen strategischen Denk- und Herangehensweisen zu etablieren, braucht ein Unternehmen kompetente Change Agents und Change Manager, die sich mit den auftretenden Kräften und Wirkungen intensiv auseinandersetzen, sie begleiten und in die richtigen Bahnen lenken. Die Veränderung zur Agilität bietet Personalabteilungen also die Chance, ihr Selbstverständnis zu überdenken und sich durch den Beweis ihrer Kompetenz im Veränderungsprozess selbst neu zu positionieren.

Agiles Personalmanagement baut auf drei Säulen auf:

1. **Strategie**
   Es gibt ein klares Commitment seitens des Top-Managements dazu, welchen Stellenwert Personalfragen im Unternehmen haben. Gleichzeitig bekennen sich Personalabteilungen dazu, zu einem wirklichen Business-Partner zu werden, indem sie sich intensiv mit dem Geschäft ihrer „Kunden“ auseinandersetzen, um es zu verstehen und dadurch rasch und adäquat die richtigen Lösungen anbieten zu können.
2. **Kultur**
   Personalabteilungen übernehmen die Verantwortung dafür, auf Basis des agilen Mindsets alle Voraussetzungen zu schaffen, um ein Unternehmen zu einer lernenden Organisation werden zu lassen. Die Personaler arbeiten also intensiv daran, eine agile Unternehmenskultur zu bauen, und leisten ihren Beitrag dazu, indem sie die verfügbaren Instrumente des Personalmanagements an agilen Prinzipien ausrichten und mit agilen Werten füllen.
3. **Struktur**
   Um Strategie und Kultur eines agilen Unternehmens richtig gestalten zu können, müssen Personalabteilungen selbst agil agieren. Dazu werden einerseits vorwiegend administrative Prozesse verschlankt, beschleunigt, transparenter gemacht und möglicherweise auch ausge lagert. Dadurch wird mehr zeitlicher Spielraum

für strategische Projekte geschaffen. Andererseits können Personalabteilungen auch für ihre eigenen Projekte das Prozessmodell, die Rollen und Artefakte von Scrum übernehmen.

Wenn die Einführung von Scrum tatsächlich als umfassende Veränderung begriffen wird, müssen auch die Mitarbeiter der Personalabteilung Kompetenzen aufweisen, die dem agilen Mindset entsprechen. Schon allein deshalb, um die induzierten Veränderungen in ihrer Gesamtheit und ganzen Tragweite zu erfassen. Vor allem um eine Rolle als beratender Business-Partner einnehmen zu können, müssen auch die Personaler Generalisten sein, die sämtliche Instrumente des Personalmanagements und des Change Managements kennen und anwenden können. Sie müssen auch den Willen haben, mehr über Arbeitsinhalte und Arbeitsmethoden ihrer unternehmensinternen Kunden zu lernen, als das bisher oft der Fall ist. Als „ScrumMaster der Gesamtorganisation“ brauchen agile Personaler Durchsetzungsfähigkeit, Kommunikationsgeschick und vor allem Mut, Veränderungsprozesse anzustoßen und zu begleiten. ■

10 Plädoyer für ein agiles Personalmanagement

Boris Gloger: *Wir beschäftigen uns seit Langem mit dem Einfluss des Personalmanagements auf Scrum. Was sind aus deiner Sicht die wesentlichsten Erfolgsfaktoren des Personalmanagements im agilen Umfeld?*

André Häusling: Der wichtigste Punkt ist für mich, dass die Personalabteilung bei der Transition zu Scrum von Anfang an eingebunden ist. Je früher die Personalabteilung mit an Bord ist, desto schneller und besser kann sie die einzelnen Instrumente des Personalmanagements darauf ausrichten, aber auch den Prozess der Veränderung zielgerichtet steuern. Und dazu beitragen, dass Teams so schnell wie möglich zu Effektivität und Produktivität finden.

Boris Gloger: *Wie unterscheidet sich die Produktivität in unserem Verständnis von der Produktivität, wie sie Frederick Taylor vertreten hat? Ticken wir da beim Einsatz von Scrum wirklich anders? Wir reden ja auch immer von Personalmanagement und Produktivität. Das Ziel ist auch bei uns Leistung.*

André Häusling: Einer der wesentlichsten Unterschiede ist, dass Agilität auf Selbstbestimmung beruht und nicht auf Fremdbestimmung. Ein tayloristisches System arbeitet immer mit Vorgaben. Wenn wir die Personalinstrumente als Beispiel heranziehen, würde Taylor eher von Zielvorgaben als von Zielvereinbarungen sprechen. Aber damit noch nicht genug: Er würde auch sagen, dass wir den Mitarbeitern nicht nur sagen müssen, was sie zu tun haben, sondern auch, wie sie es zu tun haben. Durch die Selbstorganisation und Selbstbestimmtheit schöpfen wir aus einer ganz anderen Potenzialquelle, die der einzelne Mitarbeiter mitbringt.

Boris Gloger: *Wir sagen ja in diesem Buch, dass Führung in Scrum deswegen funktioniert, weil sie auf Vereinbarung beruht. Nun wissen wir, dass vor allem die Zielvereinbarungen, wie sie in vielen Unternehmen mit Mitarbeitern getroffen werden, auf dem falschen Verständnis von „Management by Objectives" beruhen. Inwiefern kann eine Personalabteilung das traditionelle Verständnis von Zielvereinbarung verändern und das Management in die richtige Richtung schubsen?*

André Häusling: Gerade das Thema Ziele und Zielsetzung ist natürlich sehr komplex. An einem erreichten oder nicht erreichten Ziel lässt sich für ein Unternehmen am leichtesten ablesen, wo es steht und wo es noch Handlungsbedarf hat. Dabei hat diese Orientierung aber offenbar für die Führungsetagen mehr Bedeutung als für die Mitarbeiter. In Kapitel 5 haben wir eine Studie der Saaman AG zitiert, wonach 37 % der Führungskräfte, aber nur 9 % der Mitarbeiter der Meinung sind, dass ohne Zielvereinbarungen Orientierungslosigkeit herrschen würde. In Scrum sagen wir ja auch nicht, dass es keine Ziele mehr geben soll. Die Art und Weise, wie sie gesetzt werden, wie oft sie gesetzt werden, wem sie gesetzt werden und ihre Inhalte müssen sich aber ändern. Starre Jahresziele haben nichts mit Agilität zu tun, denn sie ignorieren die Tatsache, dass sich in der Zwischenzeit das Umfeld und die Bedingungen für Handlungsoptionen permanent verändern. Dahinter steckt durchaus ein massiver Umdenkprozess und es ist klar, dass diese andere Sichtweise im Management Unsicherheit und Abwehr hervorrufen kann. Wo die Personalabteilung eines Unternehmens ansetzen kann, ist, die Führungskräfte zu schulen. Und das meine ich nicht nur fachlich-inhaltlich, es geht also nicht nur darum, zu erklären, was Scrum ist und wie es funktioniert. In Führungskräftetrainings muss es in erster Linie darum gehen, das Mindset von Scrum und das damit verbundene Menschenbild zu vermitteln. Es müssen die Faktoren und die Führungsinstrumente dargestellt werden, mit denen ein Manager eine Kultur schaffen kann, in der sich Talente optimal entfalten und zur Höchstleistung auflaufen. Und idealerweise macht die Personalarbeit ihre Ergebnisse messbar. Das schafft deutlich mehr Glaubwürdigkeit im Management.

Boris Gloger: *Müssen Personalabteilungen - wenn man von Erfolgsfaktoren spricht - also so etwas wie ein Controlling von Führung in Unternehmen erzeugen? Beim Controlling geht es ja um Zielsetzung und Erwartungen. Also bräuchte das Personalmanagement ja auch Werkzeuge und Messkriterien, mit denen es den Managern bei der Selbstkontrolle helfen kann. Personalabteilungen kümmern sich ja meistens ganz großartig um Verträge oder Stellenausschreibungen. Letzteres machen sie aber auch meistens auf Anweisung. Zumindest haben die Personaler zu mir immer gesagt: „Du musst mir schon eine genaue Stellenbeschreibung geben, damit ich für dich überhaupt ein Inserat machen kann." Das sind die klassischen Aufgaben oder die wahrgenommenen Aufgaben der Personalabteilung. Im Buch sagen wir ja auch, dass sich diese Elemente nicht ändern werden. Die Personalabteilung soll sich aber in den Wandel des Unternehmens zur Agilität einmischen.*

André Häusling: Das Business-Partner-Modell von Dave Ulrich beschreibt das. Es geht wirklich darum, dass eine strategische Partnerschaft auf Unternehmensebene entstehen soll. Und das betrifft auch den ersten Punkt, den du angesprochen hast: Führungsleistung messbar zu machen. Dazu gibt es durchaus Modelle, zum Beispiel Leadership Scorecards, wenn wir noch einmal das Controlling bemühen. Im Prinzip geht es um den Nachweis, dass ein Team *wegen* seiner Führung erfolgreich wird, nicht *trotz* seiner Führung, das ist ein wesentlicher Unterschied. Ich glaube, dass die Menschen in Personalabteilungen aber auch sehr stark an ihrem Selbstverständnis arbeiten müssen. Sie müssen sich selbst erst bewusst werden, dass sie wirkliche Change Agents, die Katalysatoren für Veränderungen, sind. Inhaltlich werden sie immer das Gleiche tun: Sie werden immer neue Mitarbeiter ins Unternehmen holen, entwickeln und auch immer wieder Trennungsprozesse gestalten. Aber sie müssen es auf agile Art und Weise tun. Das heißt, sie müssen die Einstellungsverfahren beschleunigen, eine anpassungsfähigere Organisation und anpassungsfähigere Mitarbeiter entwickeln, ein Leistungsklima fördern und auch Trennungsprozesse gestalten, die dem Mindset von Scrum oder agiler Denkweisen generell entsprichen. Da müssen die Personaler zunächst einmal bei sich selbst anfangen und überlegen, welche Kompetenzen sie dazu eigentlich brauchen, um diesen Weg der Veränderung mitzugehen.

Boris Gloger: *Erfolgreiches Personalmanagement oder besser gesagt erfolgreiche Personalabteilungen müssen sich in modernen Unternehmen – ganz unabhängig davon ob agil oder nicht – selbst neu begreifen.*

André Häusling: Absolut.

Boris Gloger: *Ist denn die Personalabteilung wirklich nur abhängig? Ich sehe dieses Problem oft bei unseren Kunden: Die Personalabteilung sieht sich als Dienstleister. Wenn ich dich richtig verstehe, ist eine Personalabteilung aber eher der Treiber, der eine Organisation in eine bestimmte Richtung erzieht.*

André Häusling: Genau. Jack Welch beschreibt das in seinem Buch „Winning"[1] ganz gut. Natürlich weiß ich nicht, ob es in der Realität bei General Electric tatsächlich so war. Aber Jack Welch sagt, dass für ihn der Personalvorstand neben dem CFO der wichtigste Mann im Unternehmen ist. Auch Welch beschreibt dieses Verhältnis als strategische Partnerschaft, in der das Unternehmen, die Organisation, ganz entscheidend mitgestaltet wird. Natürlich gibt es dabei den „Serviceanteil", der Dienstleistungscharakter hat. Aber vom Grundsatz her hat es viel damit zu tun, wie sich die Abteilung „Personal" selbst versteht und wie sie in der Organisation verankert ist. Je besser Personaler in der Unternehmensspitze eingebunden sind, desto stärker wird das Unternehmen davon profitieren. In einer reinen Dienstleistungsfunktion unter einem kaufmännischen Leiter wird die Personalabteilung nicht den Einfluss haben, um die Themen umsetzen zu können, die für den Wandel zu einem agilen Unternehmen nötig sind.

Boris Gloger: *Wir haben im ersten Kapitel beschrieben, dass sich die Art der Arbeit komplett verändert hat. Zunächst war da der Wandel vom Industrie- zum Wissensarbeiter. Aber die Wissensarbeiter können oft nicht produktiver werden, weil die Rahmenbedingungen einfach nicht stimmen. Wir glauben, dass wir das mit Scrum in den Griff bekommen. Jetzt beschäftigen sich schon einige Vordenker damit, wie sich die Arbeitsbedingungen in den nächsten zehn Jahren verändern werden. 2020 werden mehrere Generationen miteinander im Unternehmen arbeiten, Globalisierung und Social Networking werden die bestimmenden Faktoren sein. Welche Bedeutung haben in einem solchen Umfeld die Themen, die wir in diesem Buch behandelt haben?*

André Häusling: Meiner Meinung nach zeigt das nur noch deutlicher, dass sich durch diese Trennung von Arbeitsorganisation und Organisationsstruktur das Gesamtunternehmen verändern muss. Arbeitsweisen werden immer internationaler, die Hierarchien werden immer flacher und es spielen neue Instrumente wie Social Networks eine Rolle. Mit allen diesen Voraussetzungen ist es gar nicht mehr möglich und auch nicht sinnvoll, in den Organisationsstrukturen zu arbeiten, die wir heute haben. Es macht keinen Sinn mehr, elends lange auf die Informationen der Führungskraft zu warten, wenn man sie viel schneller aus dem Netz der Kollegen oder von jemandem anderen bekommen kann. Die Wechselwirkungen zwischen Instrumenten, Umfeld, Einflussfaktoren und Megatrends haben automatisch Einfluss auf das Personalmanagement. Daher müssen sich die Organisationsstrukturen, muss sich die Arbeitswelt darauf ausrichten. Für diese neue Lage müssen wir die vorhandenen Instrumente durch ein neues Selbstverständnis richtig nutzbar machen. Meistens sind dabei die bestehenden Organisationsstrukturen die größten Impediments dafür, dass Teams nicht selbstorganisiert arbeiten können.

---

[1] Welch 2005

Boris Gloger: *Nun können sich Organisationsstrukturen ja nicht in allen Fällen von heute auf morgen verändern. Glaubst du, dass das, worüber wir in diesem Buch schreiben, eher etwas für Großunternehmen ist oder ist es etwas, das dem Mittelstand helfen könnte, die Großen zu schlagen?*

André Häusling: Ich denke, dass unsere Anregungen grundsätzlich in allen Organisationsgrößen anwendbar sind. Natürlich sind sie in kleinen Unternehmen schneller umzusetzen, aber das ist bei anderen Themen auch der Fall. Ein kleines Schnellboot kann man immer wesentlich schneller in eine neue Richtung bringen als einen riesigen Öltanker. Ich glaube, dass kleine Unternehmen zu Beginn einen Vorteil haben, und das bestätigst du auch immer wieder mit deinen Erfahrungen. Die kleinen Unternehmen haben eine Art Vorbildfunktion: Sie beginnen einfach, mit Scrum zu arbeiten, und wenn die Großen dann sehen, dass es klappt, springen sie auf. Das kann auch im Personalmanagement der Fall sein. Grundsätzlich glaube ich, dass die Veränderungen bei kleinen und großen Unternehmen möglich sind, nur dauert es in Konzernstrukturen natürlich länger. Dort gibt es auch wesentlich größere Ängste und Vorbehalte, weil die Unternehmen schwerer zu steuern sind. Da plötzlich mit einem so großen Vertrauen zu arbeiten, ist ein größerer Schritt als in kleinen Unternehmen. Man darf auch nicht vergessen, dass Konzerne und Kleinunternehmen ganz unterschiedliche Arten von Menschen und Kompetenzen anziehen. Meine Annahme ist, dass Mitarbeiter in kleinen Unternehmen einfach Spaß daran haben, dass es eine größere Dynamik gibt als in einer großen Organisation.

Boris Gloger: *Man hört ja immer wieder, dass das Freiberufler-Dasein so toll ist, weil man selbstbestimmt arbeiten kann. Das scheint aber nicht für jeden was zu sein. Es gibt ja nach wie vor Millionen Menschen, die gerade deshalb in Konzernen arbeiten, weil sie da jeden Tag um 8.30 hingehen und um 16 oder 17 Uhr wieder nachhause gehen können. Nun gehen die Trends aber in die Richtung der Selbstbestimmung, weil es die Unternehmen wollen. Wie können die Personaler den Mitarbeitern die Angst davor nehmen, dass die Strukturen mit Scrum zu „weich" werden?*

André Häusling: Ich glaube nicht, dass es der Job der Personaler ist, diese Angst zu nehmen. Es ist in erster Linie die Aufgabe des Mitarbeiters selbst, sich mit diesen neuen Voraussetzungen zu arrangieren. Personalabteilungen können den Führungskräften die entsprechenden Instrumente zur Verfügung stellen und den Veränderungsprozess begleiten. Der Mitarbeiter hat aber ein hohes Maß an Verantwortung für seinen eigenen Veränderungsprozess. Die Veränderung von der Agrar- zur Industriegesellschaft ist ja auch schleichend passiert. Allmählich gab es immer weniger Landwirte und dafür immer mehr Industriearbeiter. So ist es meiner Meinung nach auch jetzt. Wir befinden uns in einem gesellschaftlichen Wandel, der völlig natürlich ist und der sich in den nächsten Jahren beschleunigen wird. Es ist zwar noch nicht bei jedem angekommen, aber grundsätzlich liegt es an den einzelnen Mitarbeitern, ihre Kompetenzen zu gestalten und auszubauen. Die Verantwortung wird immer schnell auf andere abgeschoben, aber wichtig ist, dass jeder für sich selbst Verantwortung übernimmt.

Boris Gloger: *Ich gebe dir grundsätzlich Recht, der Mitarbeiter ist für sich selbst verantwortlich. Uns beiden ist das klar, weil wir beide so sind. Aber trotzdem existiert da ja ein gewisser Widerspruch: Seit den 1970ern wurde die Selbstverantwortung in Organisationen eigentlich unterdrückt. Und nun sagen wir plötzlich: Du bist für Dich selbst verantwortlich. Siehst du keine Chance, dass das Personalmanagement diese Krux auflösen kann?*

André Häusling: Das Personalmanagement kann die Rahmenbedingungen, die Kultur schaffen. Es kann über die Gestaltung der Organisationsstrukturen, über die Personalinstrumente, über die Führungsinstrumente ein Leistungsklima schaffen. Darauf kann das Personalmanagement einen Einfluss nehmen, weniger aber auf den Mitarbeiter selbst.

Boris Gloger: *Was muss ein Unternehmen tun, um aus dem Personalmanagement einen Erfolgsfaktor zu machen? Wie nutze ich das Personalmanagement, um erfolgreich am Markt zu sein?*

André Häusling: Das Wichtigste ist, dass das Unternehmen eine klare Vision hat. Nicht nur der Product Owner für das Produkt, auch das Unternehmen für das Unternehmen. Personalmanagement wird dann zum Erfolgsfaktor, wenn man es schafft, die richtigen Talente für die Erreichung der Unternehmensziele intern zu identifizieren oder von außen zu akquirieren. Es wird zu einem Erfolgsfaktor, wenn Personalabteilungen als strategische Partner gesehen werden, die administrative Prozesse im Sinne des agilen Gedankens gestalten. Wenn Administration und Dokumentation so schlank wie möglich gehalten werden, wenn Mitarbeiter die Möglichkeit bekommen, ihr Potenzial im wahrsten Sinne des Wortes gewinnbringend einzubringen. Wenn ein Ansatz geschaffen wird, bei dem persönlicher Entwicklungswunsch und Unternehmensziele miteinander harmonieren können. Wenn ein Klima geschaffen wird, in dem Höchstleistungen gewollt sind, in dem sich Menschen so wohl fühlen, dass sie aus eigenem Antrieb Höchstleistungen bringen wollen, und in dem beide Seite profitieren.

Boris Gloger: *Du hast während des Schreibens immer wieder Vergleiche zum Fußball gezogen. Wo sitzt die Personalabteilung beim Fußball?*

André Häusling: In einem Fußballclub ist das Personalmanagement eine wesentliche Verantwortung der Clubführung, des Managements. Auch da geht es darum: Wie bekommen wir die besten Spieler? Im Scouting wird ebenfalls eine Talentpipeline aufgebaut. Talentscouts schwirren permanent durch die ganze Welt, suchen nach den versteckten Talenten und versuchen, sie rechtzeitig zu verpflichten. Es gibt U18-Nationalmannschaften, U21-Nationalmannschaften, für die gezielte Nachwuchsprogramme entwickelt und aufgebaut werden. Es wird alles getan, um die besten Spieler so früh wie möglich an einen Club zu binden, über schulische Ausbildung zum Beispiel. Bei den Trainingsplänen wird darauf geschaut, wie die Physiologie und körperliche Fitness beschaffen sein müssen, damit die Spieler Höchstleistungen erbringen können. Und es werden alle Impediments aus dem Weg geräumt, die ein Team am Erbringen von Höchstleistung hindern. Wenn der Rasen nicht in Ordnung ist, wird eben ein neuer verlegt. Vor allem wird alles getan, um Spitzenspieler zu halten. Aber inhaltlich ist alles vorhanden: vom Scouting bis zum Managementposten nach Ende der Profikarriere.

Mich interessiert aber auch, wie du das Ganze aus deiner praktischen Erfahrung siehst? Du beschäftigst dich ja täglich mit Organisationen, die Scrum implementieren. Was ist für dich der effektivste Hebel, damit Scrum besser funktioniert? Welchen Beitrag können HR-Abteilungen dabei leisten?

Boris Gloger: Wir haben immer das gleiche Problem: Wir werden von den falschen Leuten angerufen, wenn Scrum implementiert werden soll. Meistens werden wir ja von Fachabteilungen gebeten, mit ihnen diesen Übergangsprozess zu gestalten. Ich sage dann immer wieder: „Das wird extreme Auswirkungen auf eure gesamte Organisationsstruktur haben.“ Dieser Hinweis wird zwar gehört, aber auch sofort abgetan. Nach dem Motto: „Naja, das mag er zwar gesagt haben, aber wir glauben es ihm eigentlich nicht.“ Wir hatten einmal einen Kunden, der uns schon in der Presales-Phase gesagt hat, dass er sich auch um die Organisationsstrukturen kümmern will. Weil Scrum einfach die Art und Weise, wie Menschen miteinander arbeiten, komplett verändern wird. Aber in der Mehrzahl der Fälle erlebe ich, dass die Veränderung durch Scrum einfach nicht wahrgenommen wird. Weil die meisten Leute immer noch denken, dass Scrum nur eine Arbeitsmethode ist. Solange man Scrum oberflächlich betrachtet, ist es das ja auch. Dass eine Umstellung der Arbeitsorganisation, wie wir sie betreiben, aber tief in die Softwareentwicklung, in die Produktentwicklung, in das Marketing hineingreift, verstehen die Wenigsten. Dieser Wandel ist vergleichbar mit dem, der damals von der Massenfertigung zur Lean Production stattgefunden hat. Ich weiß leider nicht, was Personalabteilungen in der Automobilindustrie alles gemacht haben, um dafür zu sorgen, dass die armen Menschen dort die ganzen Veränderungen verstehen und mitvollziehen. Aber ich glaube tatsächlich, dass die Personaler diejenigen sind, die am ehesten begreifen können, was mit Scrum auf eine Organisation zukommt. Sie sind ja von ihrer Ausbildung her meistens Organisationspsychologen, Psychologen oder Pädagogen. Eine agile Organisation braucht solche Leute, die methodisch in der Lage sind, die Veränderung zu begleiten.

André Häusling: *Was passiert denn in den Organisationen, die agiles Personalmanagement als Nebensache betrachten?*

Boris Gloger: Die verlieren ihre wichtigsten und ihre besten Leute. Meistens sitzen die besten Leute ja auf Teamleiterpositionen. In diesen Positionen haben sie inhaltlich Teams geführt, die gesamte Verantwortung für die Teams übernommen und waren die Schnittstellen zu den Businesskollegen. Die wenigsten Pflichtträger machen eigentlich gerne, was ihnen an Verantwortung aufgetragen wurde. Aber sie fühlen sich trotzdem bauchgepinselt, da sie jetzt so viel Macht haben. Und dann kommt jetzt so ein agiler Coach daher und sagt: „Das Team soll direkt mit dem Kunden reden.“ Eine solche Ansage ist nichts, was man mit seinem gekränkten Ego so leicht auf die Reihe kriegt. Wenn man das nicht gut managt, wenn keine gute Führungskraft da ist, um das abzufedern, gehen die Leute. Und meistens gehen gerade die Leute, die es sich leisten können, das ist in einer agilen Organisation nicht anders. Diese Leute werden von der Konkurrenz natürlich gerne genommen. Um bei deinen Fußball-Analogien zu bleiben: Diese Topspieler passen in dieser Form vielleicht nicht mehr ins Team. Aber die HR-Abteilung könnte für einen Spielertausch innerhalb der eigenen Organisation sorgen.

André Häusling: *Was sind also deine konkreten Anforderungen an die Personaler?*

Boris Gloger: Nehmen wir an, eine Organisation will die Transition zu Scrum ohne Berater vornehmen. Die Leute fangen an, mit Scrum zu arbeiten, und vielleicht müssen sie sogar damit anfangen. Und sofort kracht es, weil es niemanden in der Organisation gibt, der sagt: “Was ihr da macht, ist ein Change. Eine Veränderung.“ In großen Konzernen werden Change-Programme aufgesetzt, bevor man so etwas startet. Zwar dauert es meistens zwei Jahre, bis das Ganze wirklich losgeht, aber zunächst wird einmal das Bewusstsein geschaffen. Das Bewusstsein, dass diese Veränderung Auswirkungen auf die Karriere hat, auf die Art und Weise, wie miteinander gearbeitet wird, und vor allem auf die Kultur. Scrum basiert ja auch auf bestimmten Werten. Die werden zwar gerne aufs Papier gebracht, aber dort allein nützen sie wenig. Wenn sie umgesetzt werden sollen, erzeugt das Druck. Wir brauchen in den Organisationen daher Menschen, die das begreifen, und die Personaler wären die richtigen dafür.

André Häusling: *Nun ist es ja so, dass sich die meisten Personaler in ihrem Leben noch nicht mit Scrum beschäftigt haben. Die wissen nicht einmal, was das ist. Wenn wir jetzt bei deinem Beispiel bleiben: Wir wollen Scrum implementieren und fangen damit an. Die Personaler haben keine Ahnung, was passiert. Wo kann man die Personaler am besten abholen und ab welchem Punkt sollen sie in den Prozess integriert werden?*

Boris Gloger: Ehrlich gesagt stehen wir da ganz am Anfang. Wenn wir Scrum in einem Unternehmen einführen, laden wir immer die gesamte Organisation zu einem Überblickstraining ein. Damit jeder weiß, worum es grundsätzlich geht. Neuerdings schaffen wir es auch, die Manager direkt zu adressieren und zu sagen: „Bitte bringt auch die Personalabteilung mit." Aber wir merken auch, dass noch ein weiter Weg zu gehen ist, weil das Bewusstsein einfach nicht vorhanden ist. In diesen Überblickstrainings sitzen die Leute, die später direkt mit Scrum arbeiten. Die haben eine Menge Fragen zum Arbeitsalltag. Genau da schalten die Personaler dann oft ab, weil sie denken, dass es sie nicht betrifft. Die Chance, ihre Leute besser zu verstehen, nehmen sie oft nicht wahr.

André Häusling: *Was schade ist, weil sie auf diese Weise keine Partner werden können. Es heißt ja „Business Partner". Wenn ich als Personaler das Business nicht verstanden habe, habe ich ein Problem.*

Boris Gloger: Richtig. In diesen Trainings sitzen selten diejenigen, die lernen wollen, was ihre Organisation eigentlich tut. Vielleicht wäre es eine Möglichkeit, für die Personaler selbst so etwas wie Job-Rotation-Programme zu schaffen, damit sie einmal genau mitbekommen, worum es geht. Das ist die eine Seite. Die andere Seite ist, dass Scrum Consultancies auch verstehen müssen, dass es nicht immer nur darum gehen kann, aus den Personalabteilungen das Geld für irgendwelche Trainings zu kassieren. Wir als Berater müssen auch darüber nachdenken, wie wir in diesen Veränderungsprozessen zu Partnern werden können.

André Häusling: *Personalmanagement bzw. die Personalabteilungen haben ja häufig ein etwas angestaubtes und schlechtes Image. Woran liegt das, wie kann man das ändern und wie kann man das durch ein agiles Personalmanagement ändern?*

Boris Gloger: Also wie man den staubigen Ruf wegbringen kann, weiß ich nicht. Nehmen wir an, die Personaler würden sich damit auseinandersetzen, was ein ScrumMaster macht. Dann müsste ein Personaler sofort merken, dass der ScrumMaster aus jedem Rollenbild von Führungskräften herausfällt. Gleichzeitig verkörpert er ein sehr altes Rollenbild einer Führungskraft, nämlich das laterale. Meine Vorstellung – und da bin ich vielleicht naiv – ist, dass die Personaler sehr genau wissen, was dadurch auf den ScrumMaster zukommt. Was heißt laterales Führen, was heißt Führen ohne disziplinarische Verantwortung, welche Methoden muss man ihm an die Hand geben, wie können wir ihn unterstützen? Als Personalabteilung kann man sich auf den Standpunkt stellen: „Ich unterstütze meine ScrumMaster und zeige ihnen, worum es geht." Natürlich nicht inhaltlich in dem Sinne, wie ein Scrum-Prozess funktioniert. Aber als Führungs-Coach. Genau in dem Moment müsste aber auch auffallen: „Moment, der hat ja jetzt ein Problem mit seinem Manager." Man implementiert ja nun eine Rolle, die gegen das Establishment agiert. Welche Mechanismen müssen also geschaffen werden, damit sich ein Manager nicht auf den Schlips getreten fühlt? Er soll ja Prozesse verändern, und zwar genau jene, die er selbst einmal guten Gewissens etabliert hat. Die Personalabteilung muss also als Mediator agieren. Ich glaube schon, dass sich die Rolle der Personaler in den nächsten zehn Jahren ganz massiv verändern wird. Es wird nicht mehr möglich sein, sich nur auf die Suche nach Talenten zu beschränken. Wenn sich Personalabteilungen nicht anders aufstellen, werden sie irgendwann durch etwas anderes ersetzt.

André Häusling: *Stichwort neu aufstellen: Wie glaubst du, lassen sich agile Methoden auch in einer Personalabteilung anwenden?*

Boris Gloger: Das ist eigentlich sehr einfach. Das ist ein Zusammenführen von Prozessen mit neuen Aspekten. Wir haben ja beschrieben, was in den einzelnen Aufgabenbereichen des Personalmanagements alles passieren muss, und das könnte ganz einfach auf einem Taskboard abgebildet werden. Wenn zum Beispiel jeden Monat zehn Stellen besetzt werden müssen, macht man einfach für jede Stelle eine eigene Karte, auf der auch die Abteilung und die Ansprechpartner draufstehen, und diese Karte wandert im Laufe des Einstellungsprozesses über das Taskboard. Man stellt sich jeden Morgen vor dieses Taskboard und kann dann gleich sehen, ob soweit alles erledigt ist und ob man andere Aufgaben übernehmen kann. Das wäre die eine Variante, das prozesshafte Arbeiten.

In einem Veränderungsprojekt braucht man die Scrum-Methode selbst, um es zu implementieren. Wir machen das gerade bei einem Kunden: Die Transition bekommt ein Backlog, mit allen Punkten, die umgesetzt werden müssen. Es gibt ein Board, auf dem draufsteht, was zu tun ist, und dann gibt es das Team, das die Aufgaben bearbeitet. In meiner Vision wäre der Personalmanager der ScrumMaster dieses Teams, weil er den Change eigentlich verantwortet. Die Geschäftsführung will Scrum oder agile Methoden. Damit ist sie der Product Owner, der von seiner eigenen Organisation etwas will. Ein Personalmanager wäre der ideale Sparringpartner für den Product Owner, der sagt: „Verstanden, Change ist mein Thema. Ich kann dafür sorgen, dass die Prozesse funktionieren. Hast du schon dieses und jenes gemacht, denn das nötig für die Veränderung!“ Das wäre also eine Art Überbau, um den Scrum-Teams zu helfen, von Anfang an ihren Job richtig zu machen. Für die rein Scrum-methodische Seite kann man ja Beratung von außen zukaufen.

André Häusling: *Was kommt deiner Meinung nach nach Scrum? Ist das mit der Selbstorganisation auch wieder nur ein Hype?*

Boris Gloger: Diese Frage höre ich wirklich oft. Nein, ich glaube nicht, dass es nur ein Hype ist. Ich komme noch einmal auf das Buch „The 2020 Workplace“ von Meister und Willyerd[2] zu sprechen. Die Quintessenz daraus ist, dass 2020 in einem Unternehmen sechs Generationen zusammenarbeiten werden: die 75-Jährigen, die 60-Jährigen, bis zu jener Generation, die in den nächsten Jahren erst in die Arbeitswelt eintreten wird. Das Faszinierende daran ist, dass trotzdem alle Generationen das Gleiche wollen. Natürlich in den verschiedensten Ausprägungen, denn die verschiedenen Aspekte haben für die einzelnen Generationen mehr oder weniger Gewicht. Aber eine Sache wollen alle: Sie wollen sich selbst verwirklichen. Alle Wissensarbeiter, alle Menschen in den Industrienationen wollen endlich von oben Anerkennung für das bekommen, was sie tun. Sie wollen Sinn in dem finden, was sie tun. Egal ob sie 75 oder 21 sind.

André Häusling: *Weil es ein Grundbedürfnis des Menschen ist.*

---

[2] Meister, Willyerd 2010

Boris Gloger: Exakt. Das wird sich nie verändern. Jetzt müssen wir die Antworten darauf finden, wie man dieses Grundbedürfnis stillen kann. Die Veränderung zu Scrum ist eine Veränderung des Mindsets. Die Menschen miteinander arbeiten lassen, gemeinsam, cross-funktional. Auch mal akzeptieren, dass ein Mensch gerade nicht hochgradig ausgelastet ist, sondern zu schauen, wo liegt sein kreatives Potenzial und wie kann man es heben. Wenn der richtige Weg ist, dass man einen Mitarbeiter auch mal zur Massage gehen und danach ausruhen lässt – warum nicht? Das mag vielleicht auf den ersten Blick schwachsinnig klingen, aber wenn der Mitarbeiter danach wieder entspannt ist und tolle Ideen hat? Wir müssen uns doch einfach nur die neuen erfolgreichen Unternehmen ansehen, die gute Mitarbeiter anziehen wie der Speck die Mäuse. Google macht es zum Beispiel vor: Die legen für ihre Mitarbeiter bestens mit WLAN versorgte Basketballplätze an. Der Mitarbeiter hat seinen Rechner dort liegen und wenn er während des Spielens eine Idee hat, setzt er sich halt hin und schreibt. Wir müssen neue Arbeitsbedingungen schaffen. Wir müssen uns von der Vorstellung trennen, dass man Produktivität nur an der Zahl der abgesessenen Stunden festmachen kann. Die Werte von Scrum verlangen Respekt für alle Seiten, die Konzentration auf eine Sache, um sie richtig zu machen. Wenn man Scrum so versteht – nicht als Methode, sondern als Mindset –, verlangen wir von den Mitarbeitern, dass sie sich engagieren. Ein weiterer Wert von Scrum ist „Openness". Wir übersetzen das immer mit Transparenz, aber eigentlich bedeutet es Offenheit. Ein Mitarbeiter muss sagen dürfen, was er will und für seine Leistung braucht. Umgekehrt hat aber auch eine Führungskraft das Recht, einmal auf den Putz zu hauen und zu sagen, wenn etwas nicht passt. Auch ein Scrum-Team muss akzeptieren, dass der Kunde stinksauer wird, wenn es Blödsinn baut. Scrum bedeutet also nicht, das Team um jeden Preis zu schützen und einen Kuschelkurs zu fahren. Mut – vielleicht ist das das Spannendste an einem agilen Unternehmen. Es gibt einen wunderschönen Spruch: „Frage nicht, wie die Zukunft sein wird. Gestalte sie einfach. Dann wird sie so, wie du sie haben willst." Mut zum Gestalten – und dann ist Scrum sicher etwas, das uns noch die nächsten 20 Jahre begleitet. Davon bin ich fest überzeugt.

11 Literatur

Amabile, Teresa M.: The Motivation for Creativity in Organizations, Harvard Business School, 9-396-240, January 23, 1996.

Andrzejewski, Laurenz: Trennungskultur. Handbuch für ein professionelles wirtschaftliches und faires Kündigungsmanagement. 2., aktualisierte Auflage. München/Unterschleißheim 2004.

Bahnmüller, R.; Fisecker, Ch.: Dezentralisierung, Vermarktlichung und Shareholderorientierung im Personalwesen. Folgen für die Stellung und das Selbstverständnis des Personalwesens und die Interaktionsmuster mit dem Betriebsrat. Ein Literaturbericht. Forschungsinstitut für Arbeit, Technik und Kultur e.V. an der Universität Tübingen, Februar 2003.

Bastgen, K.-P.; Häusling, A.: Der Erfolg ruht auf drei Säulen. In: Personalmagazin 07/09, S. 16-17.

Bethke-Langenegger, Pamela: Talentmanagement in Schweizer Unternehmen. Ein Forschungsprojekt der Universität Zürich, Lehrstuhl Human Resource Management, Zürich 2009.

Birkenbihl, Vera: Vera F. Birkenbihl on Management, 4. Auflage, Ullstein 2006.

BITKOM: Presseinformation „Rekordbeschäftigung in der BITKOM-Branche" vom 19.Oktober 2010. http://www.bitkom.org/de/markt_statistik/64054_65555.aspx, abgerufen am 16.3.2011.

Blanchard, K.; Johnson, Sp.: The One Minute Manager. Berkeley Trade 1983.

Blanchard; K.; Zigarmi, P.: Der Minuten-Manager, Führungsstile. 6. Auflage. Reinbek/Hamburg, 2001.

Blanchard, K.; Zigarmi, P.; Zigarmi, D.: Der Minuten-Manager, Führungsstile. Reinbek/Hamburg, 1995.

Boes, A.; Kämpf, T.: Hochqualifizierte in einer globalisierten Arbeitswelt. Von der Erosion der „Beitragsorientierung" zu neuen Arbeitnehmeridentitäten. In: Arbeits- und Industriesoziologische Studien, Jg. 1, Heft 2, November 200, S. 44-67.

Boes, A., Kämpf, T., Marrs, K., Trinks, K.: Der IT-Standort Deutschland und die Chancen einer nachhaltigen Internationalisierung. Dokumentation von Ergebnissen des 3. Expertenforums des Projekts Export IT am 8. März 2008 auf der CeBIT. München, 2008.

Breitfelder, Matthew D.; Wademan Dowling, Daisy: Warum in aller Welt Personalwesen? In: Harvard Business Manager, August 2008, S. 90-96.

Buckingham, M.; Coffman, C.: Erfolgreiche Führung gegen alle Regeln. Wie Sie wertvolle Mitarbeiter gewinnen, halten und fördern. Frankfurt/New York 2005.

Cap Gemini Consulting: HR-Barometer 2011. Bedeutung, Strategien, Trend in der Personalarbeit – Schwerpunkt: Organisationsdesign und -entwicklung. München 2011.

Catmull, Ed: How Pixar fosters collective creativity. In: Harvard Business Review, September 2008.

Chambers, E.; Foulon, M.; Handfield-Jones, H.; Hankin, St..; Michaels III, E.: The War for Talent. In: The McKinsey Quarterly, Number 3, 1998.

Csikszentmihalyi, Mihaly: Flow. Das Geheimnis des Glücks. 12. Auflage. Stuttgart 2005.

Cohn, Mike: Succeeding with Agile. Software Development Using Scrum. Addison-Wesley 2010.

Covey, Stephen R.: Die 7 Wege zur Effektivität. Prinzipien für persönlichen und beruflichen Erfolg. Gabal 2005.

Gallo, Amy: Bouncing back from a negative 360-Degree Review, http://blogs.hbr.org/hmu/2010/07/bouncing-back-from-a-negative.html, abgerufen am 14.2.2011.

Garvin, David A.: Building a Learning Organization. In: Harvard Business Review on Knowledge Management, S. 47-80, Harvard Business Review 1998.

Gloger, Boris: Scrum. Der Paradigmenwechsel im Projekt- und Produktmanagement. Eine Einführung. In: Informatik-Spektrum, Heft 33, Ausgabe 2/2010, S. 195-200.

Gloger, Boris: Scrum. Produkte zuverlässig und schnell entwickeln. Hanser, München, 2009.

Goffee, R.; Jones, G.: Wie Sie Talente richtig managen. In: Harvard Business Manager, Juni 2007, S. 24-31.

Groysberg, B.; Hill, A.; Johnson, T.: Which of these people is your future CEO? The different ways military experience prepares managers for leadership. In: Leadership lessons from military, Harvard Business Review Spotlight Collection, S. 15-19.

Grundl, B.; Schäfer, B.: Leading Simple. Führen kann so einfach sein. Offenbach 2007.

Guthridge, M.; Komm, A.; Lawson, E.: Making talent a strategic priority. In: The McKinsey Quarterly, Number 1, 2008.

Herzberg, Frederick: Work and the Nature of Man. Ty Crowell 1966.

Kaluza, B.; Kemminer, J.: Dynamisches Supply Management und Dynamische Produktdifferenzierungsstrategie. Moderne Konzepte für schlanke Industrieunternehmen, S. 4-53. In: *Kaluza, B.; Trefz, J.* (Hrsg.): Herausforderung Materialwirtschaft, Duisburg 1997.

Kaplan, R.; Norton, D.: Using the Balanced Scorecard as a Strategic Management System. In: Harvard Business Review, Juli-August 2007.

Kaschube, J.; von Rosenstiel, L.: Motivation von Führungskräften durch leistungsorientierte Bezahlung. Zeitschrift für Organisation 69. Jg. (2000) Heft 2, S. 70-76.

Knoblauch, Jörg: Die Personalfalle. Schwaches Personalmanagement ruiniert Unternehmen. Frankfurt/New York 2010.

Köbler, Gerhard: Althochdeutsches Wörterbuch, 3. Auflage, Innsbruck 1993.

Kohn, Alfie: No Contest. In: INC Magazine, November 1987.

Kohn, Alfie: Challenging behaviorist dogma: Myths about money and motivation. In: Compensation & Benefits Review, March/April 1998.

Kohn, Alfie: Punished by rewards. New York 1999.

Kohn, Alfie: Five Reasons to stop saying „Good Job!“. In: Young children, September 2001.

Kotter, John P.: Das Prinzip Dringlichkeit. Schnell und konsequent handeln im Management. Frankfurt/M. 2009.

Laudenbach, Peter: Spiel ohne Grenzen. In: brand eins 04/10, S. 117-121.

Leimbach, Timo: Software und IT-Dienstleistungen: Kernkompetenzen der Wissensgesellschaft Deutschland. Studie des Fraunhofer Instituts für System- und Innovationsforschung, Competence Center neue Technologien. Karlsruhe 2010.

Leitl, Michael: Die Stunde der Personalmanager. In: Harvard Business Manager, Juni 2009, S. 42-47.

Lopp, Michael: Being Geek. The Software Developer's Career Handbook. Sebastopol: O'Reilly 2010.

McCafferty, Dennis: IT Management Slideshow: What motivates your Top IT Employees?

http://www.cioinsight.com/c/a/IT-Management/What-Motivates-Your-Top-IT-Employees-615817/, abgerufen am 8.3.2011.

Meister, J.; Willyerd, K.: The 2020 Workplace: How Innovative Companies Attract, Develop, and Keep Tomorrow's Employees Today. New York 2010

Nasscom, booz&co: Global ER&D. Accelerating innovation with Indian Engineering. New Delhi 2010.

Nerur, S.; Mahapatra, R.; Mangalaraj, G.: Challenges of migrating to agile methodologies. Organizations must carefully assess their readiness before treading the path of agility. In: Communications of the ACM, 48 (5): S. 73-78, 2005.

Nonaka, Ikujiro: The Knowledge-Creating Company. In: Harvard Business Review on Knowledge Management, S. 21-45, Harvard Business Review 1998.

Oestereich, Bernd: Führen in (agilen) Projekten. Vortrag auf der OOP 2008.

Pelz, Waldemar: Kompetent führen. Wiesbaden 2004.

Peters, Tom: Re-imagine! Dorling Kindersley 2003.

Pfeffer, Jeffrey: The trouble with performance reviews. Bloomberg Business Week online, 30.9.2009; http://www.businessweek.com/managing/content/jun2009/ca20090630_570973.htm, abgerufen am 13.2.2011.

Pfläging, Niels: Führen mit flexiblen Zielen. Beyond Budgeting in der Praxis. Frankfurt/New York 2006.

Pfläging, Niels: Mit relativen Zielen zu mehr Leistung. In: JoPM 3/2007, S. 9-12.

Pichler, Roman: Scrum. Agiles Projektmanagement erfolgreich einsetzen. Heidelberg 2008.

Pogorzelski, St.; Harriott, J.; Hardy, D.: Die Monster Methode. Die besten Mitarbeiter finden und langfristig binden. München 2009.

Robbins, Anthony: The Six Human Needs, http://www.lgpgroup.com/The6HumanNeeds.html, abgerufen am 13.2.2011.

Schwuchow, K.; Gutmann, J. (Hrsg.): Jahrbuch Personalentwicklung 2008: Ausbildung, Weiterbildung, Management Development. Luchterhand 2008.

Semler, Ricardo: The Seven-Day Weekend. London 2004.

Sliger, M.; Broderick, St.: The Software Project Manager's Bridge to Agility. Addison-Wesley 2008.

Stowasser, Josef M.: Der kleine Stowasser: Lat.-dt. Schulwörterbuch, München 1979.

Stark, Michaela: Die Rolle der HR-Manager und PersonalentwicklerInnen in Trennungsprozessen. In: Hernsteiner 3/2003, S. 19-22.

Takeuchi, H.; Osono, E.; Shimizu, N.: The Contradictions that drive Toyota's success. In: Harvard Business Review, June 2008.

Toyota Produktionssystem: http://de.wikipedia.org/wiki/Toyota-Produktionssystem, abgerufen am 13.1.2011.

Toyota Production System: http://www.toyota-global.com/company/vision_philosophy/toyota_production_system/index.html, abgerufen am 13.1.2011.

Tuckman, Bruce W.: Developmental sequence in small groups, 1965.

Ulrich, D.; Brockbank, W.: HR's new mandate: Be a strategic player. http://hbswk.hbs.edu/archive/4861.html, abgerufen am 1.1.2011

Useem, Michael: Four lessons in adaptive leadership. In: Leadership lessons from military, Harvard Business Review Spotlight Collection, S. 20-24.

Vasek, Thomas: Die Rache der Nerds. In: brand eins, Heft 4/2010, S. 128-133.

Vigenschow, Uwe: Agile Entwicklungsteams führen. Selbstorganisation in der Praxis. In: *Hoffmann, K.; Mörike, M.* (Hrsg.): IT-Projektmanagement im Wandel, HMD – Praxis der Wirtschaftsinformatik, Heft 260, S. 86-94, April 2008.

Wadhwa, Vivek: The global innovation, http://www.businessweek.com/print/technology/content/nov2009/tc2009119_331698.htm, abgerufen am 13.12.2010.

Warneken, F.; Tomasello, M.: Extrinsic rewards undermine altruistic tendencies in 20-Month-Olds. In: Developmental Psychology, 2008, Vol. 44, No. 6, S. 1785-1788.

Warneken, F.; Lohse, K.; Melis, A. P.; Tomasello, M.: Young children share the spoils after collaboration. In: Psychological Science, http://pss.sagepub.com/content/early/2010/12/31/0956797610395392, first published December 31, 2010; abgerufen am 13.1.2011.

Welch, Jack: Winning: Das ist Management. Frankfurt am Main 2005.

Williams, Monci J.: What you can learn from the people who manage the people who write software. In: Harvard Management Update, August 1996.

Index